柴胡种质资源圃

承德国家可持续发展议程创新示范区

防风标准化种植

黄芩种质资源圃

中药材田间除草

热河黄芩田间管理

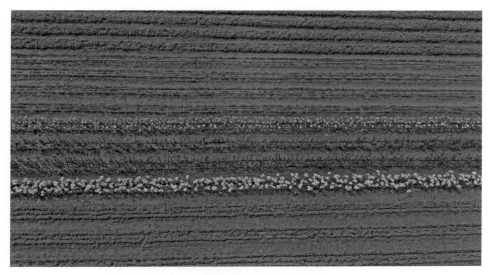

中药材绿色防控技术示范区

中药材采收

农业技术专家深入田间地头指导

科研人员观察多花黄精根部生长情况

科研人员调查桔梗的根部生长情况

中药材机械化采收

科研人员查看北苍术育苗情况

热河黄芩花期取样

科研人员到多花黄精
主产区考察学习

科研人员进行北柴胡
田间调查

千日红

热河黄精林下种植

科研人员田间调查芍药生长情况

科研人员进行田间数据统计

科研人员指导农民进行林下中药材种植

桔梗

中药材采收处理

科研人员查看丹参长势情况

科研人员查看林下柴胡生长情况，并取样调查

农业技术专家深入田间地头指导农民种植百合

科研人员赴山东省诸城市考察学习多花黄精栽培关键技术

科研人员指导中药材种植户药材采收

科研人员调查桔梗长势情况

科研人员调查北苍术生物学特性

紫苏＋北苍术种植模式

彩插图片摄影：王海崎

北方中药材规范化栽培技术

主编　周志杰　谷佳林　尹　鑫　薛乾鑫

中国农业大学出版社
·北京·

内 容 提 要

本书主要针对当前中药材产业发展中存在的重点问题而编著。第一章分别从选择药材种类、把握种植时期、购买种子种苗、掌握生产原则、掌握种植加工技术、广辟销售渠道、走产、加、研、销一体化道路七个方面，论述了种植中药材实现高效增收的发展策略。第二章至第八章，分别从其用途的差别出发，筛选阐述了冀北地区中药材、药食兼用中药材、药用与保健兼用中药材、菌类中药材、药用观赏中药材、林下中药材以及其他中药材等 7 类 47 种北方常用中药材的规范化栽培技术。本书可供广大中药材种植者、经营者、技术人员及相关教学、科研、推广人员阅读、学习和参考，也可作为基层开展新型农民技术培训的参考教材。

图书在版编目(CIP)数据

北方中药材规范化栽培技术 / 周志杰等主编 . --北京：中国农业大学出版社，2024.7. --ISBN 978-7-5655-3239-9

Ⅰ.S567

中国国家版本馆 CIP 数据核字第 2024AZ1115 号

书　名	北方中药材规范化栽培技术
作　者	周志杰　谷佳林　尹　鑫　薛乾鑫　主编

策划编辑	张　玉	责任编辑	张　玉　邢永丽
封面设计	北京中通世奥图文设计中心		
出版发行	中国农业大学出版社		
社　址	北京市海淀区圆明园西路 2 号	邮政编码	100193
电　话	发行部 010-62733489,1190	读者服务部	010-62732336
	编辑部 010-62732617,2618	出　版　部	010-62733440
网　址	http://www.caupress.cn	E-mail	cbsszs@cau.edu.cn
经　销	新华书店		
印　刷	天津鑫丰华印务有限公司		
版　次	2024 年 12 月第 1 版　2024 年 12 月第 1 次印刷		
规　格	170 mm×240 mm　16 开本　18.75 印张　343 千字　插页 4		
定　价	59.00 元		

图书如有质量问题本社发行部负责调换

编 委 会

前　言

近些年来,党中央、国务院先后制定下发了《中华人民共和国中医药法》《国务院中药材保护和发展规划(2015—2020 年)》《中医药发展战略规划纲要(2016—2030年)》《中药材产业扶贫行动计划(2017—2020 年)》《"健康中国 2030"规划纲要》《中医药振兴发展重大工程实施方案》等一系列的保护、支持中医药发展的重要文件,加之各级地方党委、政府的高度重视与大力支持,极大地调动和促进了中医药产业的发展,尤其是中药材种植业的快速发展,出现了有史以来最高涨的全国中药材种植热潮。与此同时,中药材种植也有效地提高了广大农民的种植收入,加快了乡村振兴进程。但是,在快速发展的中药材种植业进程中,也有很多基层种植专业合作社及种植户,因为找不到有效的技术支撑和实用规范的技术指导书籍,出现了"忽略中药材产业发展特点、选择品种不当、品种特性不熟、种植时机不对、种植技术落后、操作欠规范、收获加工技术跟不上、市场信息不灵"等众多问题,导致种植失败或种植效益不理想。尤其是在当前国家反复强调防止耕地"非粮化"和严格实施耕地保护政策的背景下,如何科学地发展好中药材种植业,已成为各级地方政府和广大中药材种植企业、合作社及种植大户亟待解决的问题。为此,编写组组织了长期从事中药材教学、科研和技术推广的专业人员,编著了《北方中药材规范化栽培技术》一书。

本书第一章分别从选择药材种类,把握种植时期,购买种子种苗,掌握生产原则、掌握种植加工技术,广辟销售渠道,走产、加、研、销一体化道路 7 个方面,论述了种植中药材实现高效增收的发展策略。第二章至第八章,分别从中药材用途等的差别,分类筛选了冀北地区中药材、药食兼用中药材、药用与保健兼用中药材、菌类中药材、药用观赏中药材、林下栽培中药材以及其他中药材等 7 类 47 种北方常用中药材,各种中药材分别从概况(概述)、形态特征、生物学特性、规范化栽培技术、病虫害防治、采收加工技术等方面作了详细的介绍。这些为解决种植者发展中药材产业的盲目性及栽培技术中的不规范性问题提供依据。尤其是在当前国家反复强调"防止耕地非粮化"国策下,将"林下中药材种植"单独列为一章,介绍了林下中药材种植的意义、政策依据及适宜的种植品种,对当下山区中药材产业的科学发展将起到一定的指导意义。本书语言通俗,内容翔实,关键技术参数齐全,可操作性强,可供广大中药材种植者、经营者、技术人员及相关教学、科研、推广人员阅读、学习和参考,也可作为北方各地基层开展新型农民技术培训及基层中药材种植人员技术培训的参考教材。

由于编著者水平所限及时间仓促,书中不妥之处在所难免,敬请广大读者及同仁批评指正。

编 者

2024 年 3 月于承德

目 录 ●●●●

第一章

中药材产业发展策略

第一节　科学选择药材种类

科学选择中药材种类是种好中药材、实现高产优质、高效益的重要前提。应注意以下几点：

一、根据自然条件因地制宜地选择中药材种类

（一）根据区域气候条件选择好中药材种类

只有充分发挥当地的气候及土壤优势，因地制宜地发展道地药材，才能生产出高产优质的中药材，实现种植高效。

各地适宜发展的中药材种类，因其区域自然条件、用药历史及用药习惯的不同，具有较大的差异和显著的地域性。因此，各地在发展中药材生产时必须因地制宜地进行规划和布局，选择适宜的中药材种类，以便生产出质量好、药效稳定、适销对路的中药材产品。

1. 我国各主要区域适宜发展的中药材种类

我国黄河以北的广大地区以耐寒、耐旱、耐盐碱的根类及根茎类药材居多，果实类药材次之。

我国长江流域及南部广大地区以喜暖、喜湿润种类为多，叶类、全草类、花类、藤木类、皮类和动物类药材所占比重较大。

我国北方各地区种植收购的家、野药材一般在 200～300 种；南方各地区种植收购的家、野药材在 300～400 种。

东北地区栽培的种类主要有人参、细辛、防风、龙胆等。

华北地区栽培的种类主要有党参、黄芪、地黄、山药、金银花、黄芩、柴胡、远志、知母、连翘等。

华东地区栽培的种类主要有贝母、金银花、延胡索、白芍、厚朴、白术、牡丹等。

华中地区栽培的种类主要有茯苓、山茱萸、辛夷、独活、续断、枳壳、半夏、射干等。

华南地区栽培的种类主要有砂仁、槟榔、益智、佛手、广藿香、何首乌、石斛等。

西南地区栽培的种类主要有黄连、杜仲、川芎、附子、三七、天麻、郁金、麦冬等。

西北地区栽培的种类主要有天麻、杜仲、当归、党参、枸杞子、甘草、麻黄、大黄、肉苁蓉等。

2. 我国北方各省、自治区、直辖市适宜发展的中药材种类

河北：黄芩、知母、北苍术、防风、板蓝根、柴胡、远志、桔梗、黄芪、黄精、玉竹、白芷、紫菀、藁本、牡丹、薯蓣、地黄、丹参、苦参、穿山龙、荆芥、栝楼、连翘、薏苡、枸杞子、酸枣仁、苦杏仁、王不留行、山楂、猪苓、金莲花等。

北京：黄芩、知母、北苍术、酸枣、益母草、玉竹、瞿麦、柴胡、桔梗、射干、丹参和远志等。

天津：板蓝根、茵陈、牛膝、北沙参、芍药、酸枣等。

山西：黄芪、党参、地黄、柴胡、远志、黄芩、苦杏仁、连翘、麻黄、秦艽、防风、猪苓、知母、苍术等。

内蒙古：甘草、黄芪、麻黄、芍药、黄芩、银柴胡、防风、锁阳、苦参、地榆、升麻、沙棘、木贼、郁李、金莲花等。

辽宁：人参、细辛、五味子、西洋参、藁本、黄柏、党参、升麻、柴胡、苍术、荆芥、龙胆、黄芩、黄精、薏苡、远志、酸枣仁等。

吉林：人参、西洋参、五味子、桔梗、黄芩、黄芪、地榆、紫花地丁、知母、平贝母、黄精、玉竹、红景天、薏苡、草苁蓉、白薇、穿山龙等。

黑龙江：人参、龙胆、防风、苍术、赤芍、黄柏、牛蒡、刺五加、槲寄生、黄芪、知母、柴胡、桔梗、黄芩、平贝母、红景天、板蓝根、五味子等。

山东：金银花、北沙参、丹参、桔梗、瓜蒌、酸枣仁、远志、黄芩、山楂、茵陈、香附、牡丹皮、徐长卿、西洋参、地黄、柴胡、天南星、半夏、连翘等。

河南：地黄、牛膝、菊花、山药、金银花、辛夷、柴胡、白芷、桔梗、款冬花、红花、连翘、半夏、猪苓、白附子、瓜蒌、天南星、酸枣仁、山茱萸等。

江苏：桔梗、薄荷、太子参、菊花、芦根、荆芥、瓜蒌、紫苏、百合、板蓝根、芡实、半夏、丹参、苍术、夏枯草、薏苡、杜仲等。

安徽：芍药、牡丹、何首乌、女贞、紫苏、白前、独活、柏子仁、枇杷叶、荆芥、天南星、

玄参、射干、菊花、前胡、茯苓、葛根、苍术、板蓝根、半夏、太子参等。

陕西：天麻、杜仲、山茱萸、附子、地黄、黄芩、丹参、麻黄、柴胡、防己、连翘、远志、绞股蓝、薯蓣、秦艽、黄芪、苍术、猪苓、茯苓等。

甘肃：当归、大黄、甘草、羌活、秦艽、党参、黄芪、锁阳、麻黄、远志、猪苓、知母、肉苁蓉、半夏、宁夏枸杞、黄芩等。

（二）科学且慎重地引种外地高效药材

注意合理引种经济效益高且能基本适应当地生态条件的外地药材品种，如西洋参、人参、天麻、贝母等。

（三）根据地块特点选择适宜栽培的药材

不同种类的药材具有不同的生长特性，因此根据土壤的特性，选准选好土质，是种植中药材最关键的一步。适宜的土质，种出的药材不但质量好、产量高，增产增收，而且合理地利用了土地资源，可谓一举两得。几种不同土质及不同土壤生态下适宜栽培的药材品种如下，供参考。

1. 荒山秃岭

适宜在荒山秃岭种植的药材种类很多，主要品种有：蒲公英、葛根、黄芪、甘草、玉竹、菊花、山豆根、牛膝、黄芩、徐长卿、防风、远志、吴茱萸、连翘、马兜铃、酸枣仁、山杏、金银花、枸杞、荆芥、刺五加、紫草、穿山龙、土贝母等。

2. 盐碱沙地

盐碱沙地中只要土壤含盐量在 0.5% 以下，适当增施有机肥，加强水肥等田间管理，同样可以获得好收成。主要品种有：射干、白术、沙参、甘草、枸杞、金银花、蔓荆子、草红花、水飞蓟、地肤皮、白茅根、大麻、蓖麻、酸枣、牛蒡子、知母、香附、麻黄、小茴香、红花等。

3. 微酸沙质地

适宜土质微酸、温和、中性沙地的品种主要有：贝母、黄芪、人参、川芎、白术、百合、刺五加、远志、芍药、玉竹、紫菀、紫草、穿山龙、小茴香、白扁豆、红花等。

4. 土质肥沃地

排水良好、疏松、土层较厚、肥沃沙质地适宜种植菊花、防风、桔梗、党参、紫苏、红花、沙参、黄芪、板蓝根、苍术、黄芩、贝母、玉竹等。

5. 较干旱地

主要品种有：柴胡、远志、射干、花粉、元参、黄芪、红花、牛膝、枸杞、补骨脂、葫芦巴、山芝麻等。

6. 黏土地块

黏土地块适宜的品种有：荆芥、元参、牛膝、栝楼、薏苡、薄荷、藿香、紫苏、决明子等。

7. 闲散地块

可充分利用楼前楼后以及农村的房前屋后、河边地堰、农家庭院等闲散地块,种植中药材,既美化环境,还有经济收入,一举两得。如牡丹、芍药、菊花、银杏、麦冬、杜仲、花椒、枸杞、牛蒡子、车前草、蒲公英、黄芩、合欢、黄柏、金银花、槐树、皂角、玉竹、白扁豆、鸡冠花、女贞子、蓖麻、薄荷、旋覆花、款冬花等。

二、根据市场信息选择适销对路的药材种类

(一)准确筛选中药材生产信息

根据准确的中药市场信息选择品种。要获取准确的市场信息,首先就要注意鉴别真假广告,要学会从众多的广告宣传中筛选可靠的生产信息,剔除虚假广告信息;其次就要找内行鉴别,如可找可信的药材科研单位及大中专院校的内行专家或收购部门有经验的购销人员进行了解咨询;也可亲自到附近的药材市场了解行情,以此选择适销对路的品种。对于一些以营利为目的、以卖种子为主的机构的信息,尤其应认真鉴别其准确性与真实性。归纳起来就是:寻找正规渠道的信息,找内行或专家咨询,或实地考察附近中药材市场。

(二)谨防因虚假广告导致上当受骗

常常有一些骗子,利用农民想发家致富的心理,以签订产品包销合同和高额的亩经济收入为诱饵,引诱农民购买其高价种子、种苗以达到挣钱的目的。现将虚假广告惯用的几种欺骗手段分析如下,以供大家对照、鉴别。

(1)夸大药材生产的适宜地区　常见之词如"不择土壤、气候""南北皆宜"等。众所周知,不同的药材(少数品种除外)对自然条件,均有各自的适宜生长地区,这也是道地药材的成因。如黄连、三七(又名田七),均为适宜南方温湿气候生长的药材,如引种到长江流域或以北,不易成功;而人参、西洋参却喜欢冷凉气候,仅适宜在北方种植,如引种到南方种植,其结果可想而知。

(2)故意"缩短"中药材的生长周期,以迎合人们致富心切的心理　如山茱萸(又名枣皮、药枣)以去除果核的果实入药,一般6~8年才始花始果,10年以后进入盛果期,而广告常言"第二年就可结果",甚至"当年收益",如此速成栽培,实在让人难以置信。再如丹皮、芍药和北苍术等一般需3~4年才能收获,如想受益,尚需一定的耐心。

(3)虚估产量和产值,以极高的亩产和亩产值哄骗购种者　药材市场也在随着供需矛盾的变化不断变化,所以,各种中药材的市场价格也是经常变动的。

(4)以高价包收产品为诱饵,诱使种植者上当受骗　有些人以高价包收产品为诱

饵,甚至谎称签订包回收合同等引诱种植者上当。因为大多数种植者对中药材市场的变化规律还不太熟悉,因此最主要的后顾之忧便是种出的中药材销到何处?又因为,对高价回收产品很感兴趣,容易冲动,回收产品的质量又不很明确。所以,在按合同送交产品时,却又因商品质量规格不符合要求而遭拒收或被判为质次不合格而折价。更有甚者,购买的中药材种子和种苗或根本就不适合引种地区自然条件,必然也就无合格产品可收。此种情况尤以小面积发展的种植者上当受骗者为多。

三、科学选择和搭配药材种类

1. 适当上规模,防止多、乱、杂

因为不上规模就难有规模效益,所以种植中药材应掌握适当规模。一要避免因种植品种太多,没有重点及主导品种,导致多、乱、杂,难以形成产品优势和稳定效益。二要防止一开始种植,规模太大。由于既缺乏种植经验,又缺乏产品销售渠道,常常存在较大的潜在风险。

2. 科学搭配药材种类,防止药材种类单一化

发展中药材产业,既要防止种植品种过多,没有重点,眉毛胡子一把抓。又要防止栽培品种单一化,降低市场变化风险。要做到多年生的与当年生的长短结合,以及稀有贵重品种与常规药材品种相结合,以便均衡收入、降低风险。

第二节　科学把握中药材的种植时期

科学把握中药材的发展时期是降低药材种植风险,实现增收增效的又一重要环节。在科学把握中药材的发展时期上,应注意做到如下两点。

1. 在药材价格的低谷期发展种植

无论是整个中药材产业,还是任何一种中药材,其行情或价格都会随着国家经济发展大环境以及国际市场的变化而变化。同时还会随种植面积的增减和供求关系的变化,而发生不规则的周期性变化。当市场火爆、价格处于高峰期时,种植效益极其诱人,属于效益超值期。这时许多人由于超值效益的刺激,纷纷购种发展种植。一方面,由于药材价格此时处于高峰,种子价格也同样处于高峰,使种植成本大幅度增加。另一方面,由于种植面积急剧增加,使产品供过于求,甚至严重供过于求。从而使商品价格急剧下降,甚至降到成本以下,使广大药材种植者深受价格大跌之害。所以,在药材价格高峰期发展种植,生产成本过高,潜在风险过大,不宜采用。随着药材价

格低谷期的出现,种植该种药材已几乎没有效益,种植者已寥寥无几,甚至已有的种植者也会提前把正在生长的药材刨掉,廉价售出。这样,在基本无产新的情况下,经过2～3年的市场消化,市场供求关系开始由供过于求逐渐转向供不应求,药材价格逐渐回升,并逐渐再次进入另一个价格高峰期和另一轮的价格变化周期。药材的市场和价格就是这样不依任何人的意志为目标,人们只能预测而不能控制的、周而复始的、不规则的周期性的变化。所以,人们只有掌握了这种规律,敢于和善于把握规律,在药材价格的低谷期或低谷期刚过时发展药材种植。一方面,药材种子价格低、生产成本低、无风险;另一方面,药材生长过程也是药材价格逐渐回升的过程,容易赶上好行情,最后实现低投入、高产出、高效益。所以,在药材价格的低谷期或低谷期刚过时发展药材种植,是降低药材种植风险,实现增收增效的又一重要环节。

2. 在野生资源出现供不应求趋势时发展种植

各种植物类中药材最初都是由野生植物资源提供的。随着人口的增加和药材新用途的开拓,尤其是特殊新用途的开拓,导致部分中药材的社会用量急剧增加。社会需求的急剧增加,又常常伴随价格的上涨,进而刺激人们连年超量采挖。越采越少,越少越贵,越贵越采。从而导致野生资源的数量急剧减少,并很快近于枯竭。进而使市场供需矛盾突出,供不应求,价格暴涨。因此,在野生资源供不应求时发展种植,一方面能缓解供需矛盾、有利于保护野生资源,具有重要的社会效益和生态效益。另一方面资源短缺,供不应求,价格上涨,也有利于提高药材种植的经济效益。所以在野生资源出现供不应求趋势时发展种植,既有利于实现高效利用又利国利民,一举多得。

第三节　慎重购买中药材种子种苗

一、注意种子、种苗来源

由于中药材种子、种苗没有专营,经营种苗的单位、个人较多,种苗质量参差不齐,而且时有假种子、劣种子坑害药农的事件发生,所以一定要找到可靠的、信誉好的销售单位购买。一是到专业药材种子市场购买。全国已有17家大型的较为规范的中药材经营市场,每个市场都有一些专门经营药材种子的公司和门市,例如河北安国药材市场就有几十家专门销售药材种子的门市,他们经营证照齐全,应该说绝大部分都是合法与诚实经营的,种子质量相对来说是有保障的。二是就近购买。若就近有销售药材种子的,可就近购买。虽说价格可能稍高些,但不用四处奔跑,药材种子一般也比较安全。另外,就近购种,即使出了问题,也好协调解决。

二、购买优良品种的种子、种苗

多数药材由于种植历史比较短,尤其是一些近年刚刚家种成功的药材,尚未上升到优良品种的程度。但也有一些栽培历史较长的药材,如栝楼、金银花、山药、地黄、人参等都有不同的品种或类型。还有一些因产地生态环境不同形成一些具有不同特性的类型,如菊花、贝母等。因此,购买种子、种苗时,应选择适合本地种植的,产量和品质都相对较高的品种或类型购买。

三、购买优质种子、种苗

好种出好苗,优种产量高。优质种子是实现全苗、壮苗和高产的重要基础。所以购种者应掌握一些鉴别种子真假好坏的基本常识。多数药材种子尚无严格的质量标准,不同售种者的种子质量有时相差很大。若不掌握一些鉴别种子真假好坏的基本常识,常会上当受骗。药材种子以无杂或少含杂质、籽粒饱满、大小均匀、种皮新鲜富有光泽、无霉变、无病虫害、发芽势与发芽率高者为优。

第四节　熟悉中药材的生产特点,掌握中药材生产的原则

一、生产目标的商品性与以市场信息为导向原则

中药材是专门用于人民防病治病的特殊商品,具有"少了是宝,多了是草,缺了不行,多了无用"的特点。商品少了供不应求,价格猛涨;商品多了供过于求,价格猛跌。农民种植的粮食和蔬菜在收获以后,既可直接作为商品出售变成现实效益;也可作为食品自家消费,减少支出;还可作为饲料转化成肉、蛋、奶、皮、毛等经济价值更高的动物商品变成现实效益。而农民种植的中药材既不能自家大量消费,也不能将其转化成其他经济商品变成效益,只能作为商品出售,满足人们防病治病的社会需求。所以这就决定了中药材生产目标的商品性特点,进而也就决定了中药材生产必须以市场信息为导向的原则。只有以市场信息为导向,发展适销对路的中药材,才能适时优价地销售出去,实现中药材种植的高效益。

二、中药材生产的道地性与以发展道地和地产药材为主导原则

中药材之所以能防病治病是由于中药材中含有一些能防病治病的药效活性成分。这些药效活性成分是药用动物、植物长期适应一定生态环境所形成的次生代谢产物。特定的动植物物种在特定的地区和生态环境下，经过一定的生长年限和特定的加工技术，生产出来的药效良好而稳定、被中医界所公认的优质中药材，就是药材市场常说的道地药材。久而久之，道地药材也就成了优质中药材的代名词。道地性也就成了中药材生产的重要特点。植物生长具有严格的地域性，其实质就是植物长期以来对特定地区土壤和生态环境的适应性。由此看来，中药材生产的道地性与植物生长的严格地域性是相一致的。由于中药材生产具有道地性特点，所以中药材生产应坚持以发展道地和地产药材为主导的原则。只有这样，才能最大限度地生产高产优质的中药材，实现药材种植的高效益。

三、高效益和风险的并存性与科学搭配药材种类防风险原则

人们都知道种植中药材效益高，每年每亩产值大都在三四千元，多者七八千元，甚至上万元。但这只是药材生产的好的一面。而其另一面，就是存在多种风险。例如，药材种植技术还不普及，如不掌握技术，容易造成种植失败；同时药材价格变化大，若不准确掌握药材信息，存在着极大的市场风险，常常药材产出后，价格大跌，不仅无法实现高效，甚至导致赔本。所以高效益和风险的并存性是药材生产的又一个重要特点。对于市场经济时代的药材价格而言，人们只能根据药材价格的变化规律去预测市场行情，但很难控制行情。所以种植单一的药材品种，这种市场风险是很难绝对避免的。若在科学预测药材行情的前提下，进行科学的药材种类搭配，如生长期长的与生长期短的搭配，根茎类与花果类搭配，名贵药材与常规药材搭配等。这样就能有效地降低风险。所以，发展中药材生产还应坚持科学搭配药材种类防风险的原则。

四、栽培技术的复杂多样性与以技术为保障原则

我国药用植物种类繁多，经普查鉴定的已达 11 172 种。其中有低等植物的菌类，高等植物的草本、藤本和木本。草本又分为一年生、二年生和多年生，木本又分为灌木和乔木等。不同种类药用植物的生物学特性各不相同，入药部位和繁殖方法也不尽相同，所以形成了栽培技术的复杂多样性。原属低等植物的菌类药材，如灵芝、猴头、茯苓等，需用特殊的培养设备、材料和条件。喜干旱的甘草、黄芪与喜潮湿的泽

泻等,各需不同土壤水分条件的生态环境。阳性植物的地黄、莨菪、北沙参和喜阴的人参、细辛、黄连等,各需要不同的地势与管理条件。原产高寒山区的当归不宜移到低海拔的地区种植。药用部位的不同,栽培管理措施也有所不同。根及根茎类药用植物,需选土层深厚,排水良好的沙壤土与壤土。叶类和全草类药用植物应注意合理使用氮肥,配合磷钾肥。花和果实类药用植物则应满足光照条件,多使用磷钾肥,科学整形修剪。繁殖方法不同的药用植物,栽培技术也有所不同。有性繁殖的药用植物应注意优良性状的分离。无性繁殖的药用植物应注意防止种性退化。由于药用植物栽培技术的复杂多样性,一种药用植物的栽培技术不能照搬另一种药用植物的栽培技术。要做到科学栽培,实现高产优质高效,就必须坚持因药材种类而异、以技术为保障的原则。

五、产量与质量的并重性与以实现"两高一优"和"三效统一"为目标原则

栽培药用植物不仅要重视产量,而且要重视质量,尤其是有效成分和有害成分含量等内在质量。当然中药材的性味也是中药材质量不可忽略的重要方面。只有有效成分、有害成分含量及相关指标均达到国家药典规定的标准,才算合格的药材。只有优质的药材,才会有良好的疗效,才能有稳定的市场销路和发展前景;只有优质和高产的有机结合,才会有农民种植药材的高效基础。产量与质量的并重性是药材生产的又一重要特点。为此,发展药材生产就必须坚持以实现高产、优质、高效("两高一优")和经济效益、社会效益、生态效益"三效统一"为目标的原则。只有实现"两高一优",中药材种植者才有种植药材的热情。只有实现了"三效统一",中药材种植业才能实现良性循环和长久发展。

第五节　了解中药材生长习性,掌握中药材种植加工技术

一、中药材对环境的要求

药用植物生长发育所需的环境条件

药用植物生长发育及产品器官的形成,一方面取决于植物的遗传特性,另一方面

取决于外界环境条件。在生产上,通过育种技术来获得具有新的遗传性状的品种;也要通过栽培技术及适宜的环境条件来控制生长发育,达到高产优质的目的。

影响生长发育的主要环境条件包括:温度(空气温度及土壤温度)、光照(光的组成、光照度及光周期)、水分(土壤水分及空气湿度)、土壤(土壤肥力、物理性质及土壤溶液的反应)、空气(大气及土壤中空气的氧气及二氧化碳的含量、有毒气体的含量、风速及大气压)、生物条件(土壤微生物、杂草及病虫害等)。这些条件不是孤立存在而是相互联系的。而环境条件对生长发育的影响往往是综合作用的结果。例如阳光充足,温度升高,土壤水分的蒸发及植物的蒸腾就会增加。但当茎叶生长繁茂以后,又会遮盖土壤表面,降低土壤水分的蒸发,也增加了地表层空气的湿度,进而对土壤微生物的活动就会产生不同程度的影响。

1. 温度

在影响药用植物生长发育的环境条件中,以温度最为敏感。每一种植物的生长发育都有温度的"三基点":最低温度、最适温度和最高温度。温度过低、过高都会给植物生长发育造成障碍,使生产受到损失。了解药用植物对温度适应的范围与生长发育的关系,是选择中药材种类与品种、安排生产季节、获得高产的重要依据。

(1)药用植物种类对温度的要求 根据药用植物种类对温度的不同要求,可以分为四类:

①耐寒的药用植物 如人参、细辛、百合、五味子、刺五加等,能耐-2~-1 ℃的低温。短期内可以忍耐-10~-5 ℃低温。同化作用最旺盛的温度为15~20 ℃。

②半耐寒的药用植物 如板蓝根、白芷等,能耐短时间-2~-1 ℃低温,同化作用以17~20 ℃为最大。

③喜温的药用植物 种子萌发、幼苗生长、开花结果都要求较高的温度,同化作用最适温度为20~30 ℃,而当温度在10~15 ℃及以下时,授粉不良,引起落花,如南方的颠茄、望江南等。

④耐热的药用植物 如冬瓜、丝瓜、罗汉果等,它们在30 ℃左右的同化作用最高,个别植物在40 ℃的高温下仍能生长。

同一种药用植物的不同发育时期对温度有不同的要求。如种子发芽时,要求较高的温度,幼苗时期的最适宜生长温度,往往比种子发芽时的低些,营养生长时期又较幼苗期稍高。到了生殖生长时期,则要求充足的阳光及较高的温度。

(2)温周期和春化作用 温度的周期性变化称为温周期,是指温度的季节变化和昼夜变化。我国大部分地区有明显的一年四季之分。在进行药材生产时,可根据药用植物的物候期及当地的气候特点,确定播种期、栽植期、栽培措施等。

除了适应温度的季节性变化外,植物对温度的昼夜变化也有一定的要求。如地黄、白术、玄参、牛膝、党参、川芎等一些根茎类植物的地下贮藏器官在入秋后生长较快，这是由于昼夜温差增大，有利于有机物质的积累。

春化作用是指由于低温所引起的对植物发育上的影响。如当归、白芷、牛蒡、板蓝根等都需要经过一段低温春化阶段，才能开花结籽。根据植物通过春化方式及时段的不同，可以分为两大类：①萌动种子的低温春化，如荠菜、萝卜、板蓝根等；②绿体植物（在幼苗时期）的低温春化，如当归、白芷、牛蒡、菊花等。

春化作用是温带植物发育过程表现出来的特征。一般春化的温度范围为 $0\sim15\ ℃$，并需要一定的时间。在药材生产过程中应注意春化问题，以免造成不必要的损失，如板蓝根秋季播种，或春季播种过早，当归、白芷秋季播种过早而幼苗过大，均会引起开花结籽，造成根部空心不能药用。

2. 光照

（1）光照度对药用植物生长发育的影响　光是植物进行光合作用的能量来源。在植物生态学上，通常根据植物对光的不同要求，分为阳性植物、阴性植物及耐阴植物三大类：

①阳性植物　在强光环境中才能生长健壮，在荫蔽和弱光条件下生长发育不良的植物。如甘草、黄芪、白术、芍药、地黄、连翘、决明子、北沙参、红花、薄荷等。

②阴性植物　在较弱的光照条件下比在强光下生长更好的植物，但并不是说，阴性植物对光照度的要求是越弱越好，因为当光照过弱，达不到阴性植物的光补偿点时，它也不能得到正常的生长，所以阴性植物要求较弱的光也仅仅是相对于阳性植物而言。阴性植物多生长在潮湿、背阴的地方或者生于密林内，如人参、半夏、细辛、天南星、黄连等。

③耐阴植物　是介于上两类之间的植物。这类植物在全日照下生长最好，但也能忍耐适度的荫蔽，或是在生育期间需要较轻度的遮阴。如党参、黄精、肉桂、款冬、垂盆草等。

同一种植物在不同的发育阶段对光的要求也不一样。如厚朴、杜仲等木本植物，幼苗期也需遮阴，怕强光。党参幼苗喜阴，成株则喜阳。黄连虽为阴性植物，生长阶段不同，耐阴程度都不同，幼苗期最耐阴，但栽后第四年则可除去遮阴物，在强光下生长，利于根部生长。一般情况下，植物在开花结实阶段或块茎等贮藏器官形成阶段，需要较多的养分，对光的要求也更高。了解植物对光照度的生态类型，在药用植物合理栽培、间作套种、引种驯化等方面，都是非常重要的。

（2）光周期的作用　植物的光周期现象是指日照的长短对于植物生长发育的反应，是影响植物发育的一个重要因素。它不仅影响花芽分化、开花、结实、分枝等习性，甚至一些地下贮藏器官如块根、块茎、鳞茎的形成也受光周期的影响。这里所谓的光周期,是指一天中日出至日落的理论日照时数,而不是实际有阳光的时数。前者与地区的纬度有关,后者则与降雨及云雾多少有关。纬度越高(北半球是越向北方)夏季日照越长,而冬季日照越短。

一般把植物对光周期的反应分为三类:

①长日照植物 长日照植物是指只有当日照长度超过它的临界日长时才能开花的植物。如果它们所需要的临界日长时数不足,植物则停留在营养生长阶段,不能形成花芽。如牛蒡、凤仙花、红花、除虫菊等。

②短日照植物 日照长度只有短于其所要求的临界日长,或者说暗期超过一定时数才能开花的植物。如菊花、龙胆等。

③中间型植物 这类植物的开花受日照长短的影响较小,只要其他条件合适,在不同的日照长度下都能开花,如蒲公英。

了解植物对日照长度的生态类型对于植物的引种工作极为重要。如短日照植物由南向北引种时,往往出现生长期延长,发育推迟的现象;短日照植物在由北向南引种时则往往出现生育期缩短,发育提前,而长日照植物由南向北引种时,发育提前;由北向南引种时,则发育延迟,甚至不能开花。

3. 水

栽培的药用植物除莲、泽泻、芡实等要求有一定的水层外,绝大多数植物主要靠根从土壤中吸收水分。在土壤处,正常含水量的条件下,根系入土较深;在潮湿的土壤中,药用植物根系发育不发达,多分布在浅层土壤中,生长缓慢,特别是一些根茎类药用植物,常因此而发生病害,如许多中药材的根腐病,延胡索、白术等的菌核病等,大都是由于水分过多、湿度过大而引起的。

通常根据药用植物对水分的不同要求,分为旱生植物、湿生植物、中生植物、水生植物四类。

(1)旱生植物 在干旱环境中生长,能忍受较长时间干旱而仍能维持水分平衡和正常发育的一类植物。在干热的草原和荒漠地区,旱生植物的种类特别丰富。旱生植物中又可分为多浆液植物(仙人掌、芦荟、景天科的植物等)、少浆液植物(麻黄)和深根性植物。

(2)湿生植物 喜欢在潮湿环境中生长,不能忍受较长时间的水分不足,是抗旱能力最差的陆生植物。根据环境的特点还可以分为阴性湿生植物(弱光、大气潮湿)和阳性湿生植物(强光、土壤潮湿)两大类,前者如各种蕨类、秋海棠;后者如毛茛、半边莲、灯心草等。

(3)中生植物 是生长在水湿条件适中的陆上植物。大多数栽培药用植物属于此类型。其抗旱和抗涝能力都较差。

（4）水生植物 该类药用植物生活在水中，根系不发达，根的吸收能力很弱，输导组织简单，但通气组织发达。水生植物又可分为沉水植物、浮水植物、挺水植物。如泽泻、莲、芡实等属于挺水植物；浮萍、眼子菜、满江红等属浮水植物；金鱼藻、车轮藻等属沉水植物。

同一种药用植物在不同的生长发育阶段，对水分的要求也不相同，因此在引种栽培过程中，还要进一步掌握药用植物不同生育时期对水分的要求，才能有效地制定灌溉排水措施。如川芎前期喜湿，后期喜干；薏苡开花结实期不能缺水等。

4. 土壤

土壤是植物生长发育的基础。土壤供给植物正常生长发育所需要的水、肥、气、热的能力，称土壤肥力。土壤的这些条件互相影响，互相制约，如水分多了，土壤的通气性就差，有机质分解慢，有效养分少，而且容易流失；相反，土壤水分过少，又不能满足药用植物所需要的水分，同时由于好气菌活动强烈，土壤的有机质分解过快，也会造成养分不足。因此，在进行药材生产中，应综合分析土壤状况。

土壤质地影响土壤的水、肥、气、热状况。沙土可选择种植北沙参等植物，而一般根类或根茎类药用植物多喜欢在沙壤土或壤土种植。

各种药用植物对土壤酸碱度（pH）都有一定的要求。多数药用植物适宜在微酸性或中性土壤上生长。但枸杞、红花、甘草、金银花等比较耐盐碱；荞麦、黄连等比较耐酸。

药用植物生长发育需要有营养保证，需从土壤中吸收氮、磷、钾、钙、镁、硫、铁、锰、硼、锌、钼等养分，其中尤以氮、磷、钾的需要最多。在栽培过程中应注意平衡施肥，同时重视农家肥的利用，以利改良土壤。

二、中药材的种植加工技术

要科学地发展中药材产业，首先要了解药材习性，掌握种植技术。种植一种中药材首先应了解该种药材的主要习性，如对温度、光照、水分、土壤等的需求特点，以便确定其能否在当地种植，也为确定科学的种植与管理技术，夺取高产、优质、高效奠定良好的基础。其次要把好采收加工关。不同于多数大田作物，中药材对于生长年限、采收季节和加工技术都有较为严格的要求。适时采收、及时科学加工不仅是夺取中药材高产优质的最后一大环节，也是实现高效的重要基础。因此，发展中药材生产一定要把好采收加工关。

第六节　了解国内外中药材市场，
广辟销售渠道

一、国内外中药材市场简介

1. 河北省安国

河北省安国市（又称祁州），位于北京、天津、石家庄三大城市腹地。北距北京 200 km，东距天津 240 km，南距石家庄 110 km。得天独厚的安国药业，源于宋朝，兴于明朝，盛于清朝。千余年来，天下药产广聚祁州，山海奇珍齐集安国。素有"药都"和"天下第一药市"之称，享有"草到安国方成药，药经祁州始生香"之美誉。1993 年，安国市委、市政府本着大规模、高标准、高效益的原则，投资 6 亿元，建成了一座建筑面积 60 万 m²、占地 33 hm²、功能齐全、设备完善、独具一格的现代化药业经济文化中心——东方药城。上市品种 2 000 多个，全国 84 家医药公司、厂商在这里设立了分支机构或办事处，日客流量 2 万人，年吞吐中药材 10.8 万 t，年成交额 63 亿元。当前，药业开发正向更深层次、更广阔的领域迈进，已开发出一大批中成药、药酒、药茶、药枕等药材精深加工项目。宁金冲剂、神农补酒、速效牛黄丸等产品被国家和河北省评为优质产品。安国市有安药集团、药都制药公司、天下康制药公司和健生制药公司等制药企业，以及美威中药材有限公司、祁新颗粒饮片有限公司等 8 家骨干饮片加工企业。有速效牛黄丸、复方丹参片、泌尿宁、脑复苏、畅鼻通、双黄连片、附桂骨痛片、金水鲜、金龙胶囊等一批畅销中成药，东方药城已升级为中药材国际商贸中心，安国药业更加兴旺发达。

2. 安徽省亳州中药材交易中心

中国亳州中药材交易中心是目前国内规模最大的中药材专业市场之一，该中心坐落在国家级历史名城——安徽省亳州市省级经济开发区内。京九铁路、105 国道、311 国道从旁边交叉而过，交通十分便利。该中心占地 26.7 hm²，已拥有 1 000 家中药材经营铺面房；3.2 万 m² 的交易大厅安置了 6 000 多个摊位进行经营；现代化办公主楼建筑面积 7 000 m²，内设中华药都投资股份有限公司办公机构、大屏幕报价系统、交易大厅电视监控系统、中华药都信息中心、优质中药材种子种苗销售部、中药材种苗检测中心、中药材饮片精品超市等。中药材日上市量高达 6 000 t，上市品种 2 600 余种，日客流量 5 万～6 万人，中药材成交额约 100 亿元，已成为亳州市的骨干企业。中国亳州中药材交易中心多次被国家工商行政管理局命名为"全国文明集贸市场",为"安徽省十大重点市场"和"安徽农业产业化 50 强企业"。中国亳州中药材交易中心的建成,带动和促进了亳州市中药材产业的发展和农民的就业。全市有 60 万亩土地种植中药材,50 万人从事中药材的种植、加工、经营及相关的第三产业。同时,以交易中心为龙头,促进了亳州市交通、旅游、通信、信息业和市政建设的迅猛发展。

3. 哈尔滨三棵树

哈尔滨三棵树中药材专业市场是由黑龙江省齐泰医药股份有限公司投资兴建的、经国家批准的全国 17 家中药材专业市场之一,也是东北三省唯一的中药材专业市场,经多年的建设发展,已成为我国北方中药材经营的重要集散地。

迁址扩建后的中药材专业市场位于哈尔滨太平区南直路 485 号,市场新楼按现代规模、现代化市场设计,布局更加合理、交通更为便利。东临哈同高速公路,面对二环快速干道,邻近三棵树火车站和哈尔滨港务局,交通纵横、运输便利。市场建筑面积 2.3 万 m^2,可容纳商户近千户,内设中草药种植科研中心、电子商务网络中心、质检中心、仓储中心及商店、银行等配套机构和设施,形成设施完善、功能齐全的市场。

4. 山东郓城舜王城

中国郓城舜王城中药材市场自 20 世纪 60 年代自发形成。改革开放以来,郓城县委、县政府和有关部门因势利导,加强管理,使其逐步繁荣兴旺。1996 年顺利通过国家二部三局的检查验收正式获准开办,成为全国 17 家大型中药材市场之一和山东省唯一的中药材专业市场。市场占地 14 万 m^2,建筑面积 6.6 万 m^2。拥有固定门店 460 余套,日上市摊位 1 000 余个,经营品种 1 100 多种,年经销各类中药材 5 万 t,成交额 3 亿多元。全国 20 多个省、自治区、直辖市及特别行政区及韩国、越南、日本等国家的客商经常来此交易。优质地产中药材如丹皮、白芍、白芷、板蓝根、草红花、黄芪、半夏、生地、天花粉、桔梗等享誉海内外。

5. 河南省禹州中华药城

河南省禹州中华药城是一个占地 20 hm^2、可容纳摊位 5 000 多个的现代化中药材大型专业市场,也是河南省唯一的国家级中药材专业市场。史料记载,自唐朝起,禹州始有药市,到明朝初期已成为全国四大药材集散地之一。乾隆年间达到鼎盛,居民十之七八以药材经营为生,可谓无街不药行,处处闻药香;清末民初由于战乱而逐渐萧条。改革开放后,禹州药市又开始恢复,并迅速发展到 200 余家。1990 年 10 月 1 日,禹州中药材批发市场建起并投入使用,1996 年,禹州市中药材专业市场获国家一部三局许可,成为全国 17 家大型中药材专业市场之一。药材市场常年有药商 300 余户,从业人员 2 000 人以上,上市品种 600 余种,年成交额 3 亿多元。1999 年年底升级改造为"禹州中华药城"。药城占地面积 20 hm²,中心交易大厅建筑面积 2.3 万 m²,容纳摊位 5 000 个,固定商铺 2 000 间,年交易额 10 亿元。禹白芷、禹南星、禹白附、苏叶、薄荷、二花、全蝎等十几个优质道地中药材品种,享誉全国。

6. 湖北省蕲州中药材专业市场

湖北省蕲州中药材专业市场,地处明代伟大的中医药学家李时珍的故乡——湖北蕲州镇。1997 年经国家工商行政管理局、国家中医药管理局和卫生部批准,列为全国 17 家大型中药材专业市场之一,也是湖北省唯一的国家级中药材专业市场。市场区位优势独特,距长江蕲州客货码头均 1 km,距沪蓉高速公路蕲春入口 5 km,距离京九铁路蕲春站 15 km,2 h 可达武汉天河机场,交通十分便利。

史书记载,蕲州药市始于宋,盛于明,历史悠久,载誉九州,素有"人往圣乡朝医圣,药到蕲州方见奇"之说。1991 年,建成蕲州中药材专业市场,市场占地 6.8 hm²,总建筑面积 2 500 m²,有大小营业厅 310 间,上市中药材 1 000 多种,年销售优质地产中药材丹皮,杜仲,桔梗等近 1 000 t,成为长江中、下游重要的中药材集散地。

7. 湖南省岳阳花板桥中药材专业市场

湖南省岳阳市花板桥中药材专业市场,于 1992 年 8 月创办,是国家首批验收颁证的全国 8 家中药材专业市场之一,也是国家批准的全国 17 家大型中药材专业市场之一。市场位于岳阳市岳阳楼区花板桥路、金鹗路、东环路交会处,距 107 国道 5 km,距岳阳火车站 2 km,距城陵矶外贸码头 8 km,交通十分便利。市场占地 8.2 hm²,建筑面积 5.5 万 m²,建成封闭门面、仓库、住宅 2 000 余套(间),有中药材经营户 480 多户,年成交额 3 亿元。1998 年后进行了改扩建。2004 年,由湖南省政府协调,花板桥中药材市场与长沙高桥大市场合作组建湖南高桥花板桥药材批发大市场,岳阳市花板桥中药材市场经营户于 2006 年年底前搬迁至长沙高桥市场经营。

8. 湖南邵东廉桥中药材专业市场

邵东廉桥中药材专业市场,坐落于湖南省邵东市廉桥镇。1995 年经国家二部三局(卫生部、农业部、国家中医药管理局、国家中医药管理局、国家工商行政管理局)首批验收合格,是全国十大药材市场之一,有"南国药都"之称。廉桥属典型的江南丘陵地形,土地肥沃,雨量充沛,农民自古即习种药材,品种达 200 余种,其中丹皮、玉竹、百合、桔梗等味正气厚,久负盛名。

廉桥药市源于隋唐。相传三国时期蜀国名将关云长的刀伤药即采于此地。此后,每年农历四月廿八日,当地都要举行"药王会",借以祈祷"山货"丰收。新中国成立前后曾一度停业。改革开放以来,邵东县委、县政府因势利导,大力开展中药材生产,培育市场,使昔日传统的药材集贸市场发展成为现代化大型中药材专业市场。药市有各种中药材经营商户 800 多家,经营场地 1.3 万 m²,经营品种 1 000 余种,年成交额 10 亿元以上。

9. 西安万寿路中药材专业市场

西安万寿路中药材专业市场,位于西安市东大门万寿北路、西渭高速公路出口、西安火车集装箱站旁边。长期以来,以其优越的地理位置、热情周到的服务、灵活的经营方式,吸引了大批外地客商,成为全国驰名的中药材集散中心。

新中国成立前,西安一直就是我国重要药材集散地,西安东关药材行,店铺林立,药商云集,经销品种繁多,大批中药材源源不断地销往西北、东北、华北及海外。

改革开放后,国家中药材市场放开,西安当地农户先后在东天桥农贸市场和康复路进行部分中药材交易,交易客户逐渐增加,交易日趋活跃,交易规模迅速扩大,原有市场已很难满足中药材交易快速发展的需要。1991 年 12 月,在万寿路建设新的中药材批发市场——万寿路中药材专业市场,建筑面积 1.46 万 m²,有固定、临时摊位500 余个,市场经营品种达 600 多种,日成交额 50 多万元。随着中药材产业的快速发展,万寿路中药材专业市场也在不断地扩大规模。当前已经发展成为营业面积45 万 m²,有固定、临时摊位 1 500 余个,市场经营品种达 1 600 多种。是经营机制健全、服务优良的大型中药材专业批发市场。其销售辐射新疆、甘肃、青海、宁夏及西安周边地区。

10. 兰州市黄河中药材专业市场

兰州市黄河中药材专业市场是全国 17 家国家级中药材专业市场之一,1994 年8 月创办,1996 年 9 月经国家一部三局联合批准为甘、宁、青、新四省区唯一的国家级中药材专业市场,也是兰州市十大市场之一。经过多年的发展,黄河中药材专业市场逐步形成了立足甘肃、面向西北、辐射全国的经营格局。其前身是甘肃陇西中药材专业市场。2003 年 6 月 18 日陇西中药材专业市场整体顺利搬迁至黄河国际展览中心2 号展馆,即后来的兰州市黄河中药材专业市场。该市场进行市场化经营和商业化管理,树立了全新的服务和品牌。甘肃省有中药材 1 540 余种,野生药材资源丰富,种植药材历史悠久。在地产药材中,岷当归、纹党参、红黄芪、旱半夏、马蹄大黄、甘草、冬虫夏草等中药材产量大、品质优,驰名海内外。其中当归、党参、大黄的年产量分别占全国总产量的 90%、30% 和 40%。

11. 重庆解放路中药材专业市场

重庆中药材专业市场是由重庆市中药材公司投资兴建。它地处重庆市主城区——渝中区解放西路 88 号。东距重庆港 2 km,西距重庆火车站和重庆汽车站1.5 km,北邻全市最繁华的商业闹市区解放碑 1 km。

重庆解放路中药材专业市场的前身是由渝中区储奇门羊子坝中药市场和朝天门综合交易市场药材厅合并而来。由于原场地狭小、规模不大,严重制约了市场的发展。1993年年底,在重庆市渝中区政府的统一规划下,市场迁入现址。于1994年1月28日正式开业。为国家中医药管理局、卫生部、国家工商行政管理局于1996年7月6日联合发文批准设立的全国首批8家中药材专业市场之一,也是全国17家国家级中药材专业市场之一。

重庆自古以来就是川、云、贵、陕诸省药材荟萃之地,也是西南地区传统的药材集散地。新中国成立前,原羊子坝药市药材行栈林立,客商云集。新中国成立后,重庆中药材公司和重庆中药材采购供应站更是全国有名的经营中药材专业的大公司,负担着原川东地区甚至西南地区药材集散供应的重任。

重庆解放路中药材专业市场占地面积2 500 m²,为6层楼的大型室内交易市场,建筑面积1万 m²。设摊位400个,写字间40套,停车场500 m²。周围设有邮电、银行、餐饮、公共车站等配套服务设施,是商家客户较为理想的中药材交易场所。黄连、枳壳、栀子、云木香、玄参、丹皮、半夏、杜仲、贝母等为其道地优质特色经营品种。

12. 成都荷花池中药材专业市场

成都荷花池中药材专业市场,由荷花池市场药材交易区和五块石中药材市场合并而成,是卫生部、国家中医药管理局、国家中医药管理局和国家工商行政管理局批准的全国17家国家级中药材专业市场之一。四川中药材资源极为丰富,是全国中药材主要产区之一,素有川产道地药材之美誉。川产药材具有品种多、分布广、蕴藏量大、南北兼备的特点,在常用的600多味中药中,川产药材占370多种。因此自古就有"天下有九福,药福数西蜀"的说法。成都是中国历史文化名城,有灿烂的中医药文化史。据历史记载,唐代成都就有药市,而且非常繁荣。从此,世代相继,经久不衰。改革开放以来,随着市场经济的发展,大量的川产药材汇集成都,销往全国各地和东南亚国家,已成为全国少有的大型中药材专业市场之一。成都荷花池中药材专业市场,设在荷花池加工贸易区内,总占地30 hm²,中药材交易区占地近5.3 hm²,共有营业摊位3 500余个。市场经营的中药材品种达1 800余种,其中川药1 300余种,年成交量可达20万t左右。市场交易大厅气势恢宏,宽敞明亮;市场设有邮政、电信、银行、库房、代办运输、装卸、餐饮等配套服务。

13. 江西省樟树中药材专业市场

樟树素有"南国药都"之称,历史上有"南樟北祁"之说,与河北安国齐名,自古为中国药材集散地,享有"药不到樟树不齐,药不过樟树不灵"的美誉。药业始于汉晋,兴于唐宋,盛于明清;三国时设有药摊,唐代辟为药墟,宋代形成药市,明清为"南北川广药材之总汇"。新中国成立后,樟树药业重振。每年秋季,成千上万名海内外药界同仁云集樟树,举行盛大的全国药材交易会。每年到会代表二三万人,交易药材

2 500余种，成交额18亿元以上。

樟树中药材专业市场是国家批准的全国17家中药材专业市场之一。市场占地4.17万m²，建筑面积3.09万m²，有中药材店面560间，仓储面积7 880 m²，可容纳1.2万人同时交易，在场内经营的药商来自全国各地，从业人员达1 200余人，辐射国内21个省、自治区、直辖市。

14. 广州清平中药材市场

广州清平中药材市场，不仅是我国南部地区重要药材交易市场之一，海内外药商云集之地，中药材进出口重地，也是国家批准的全国17家中药材专业市场之一。它坐落在珠江河畔，位于清平路、梯云路十字交汇处，是唯一建立在大都市中心区域的中药材市场。其前身是1979年3月创建的清平农副产品市场中的中药材市场。改建后的广州清平中药材专业市场位于清平医药中心大楼的一层和二层，占地面积约1万m²，中药材商户1 500多家，经营中药材500多个品种，包括许多珍贵的滋补性中药材，年成交额10亿元以上。产品远销全国各地、港澳台地区及东南亚等地。很多经营商户都是全国道地药材单项经营的直销招牌，如春砂仁、田七、青天葵，河南怀山药、杞子、天麻、吉林红参以及美国花旗参等道地、优质中药材品种。中国香港、东南亚地区的药材商多数直接在广州清平中药材市场采购各种中药材。

15. 广东省普宁中药材专业市场

普宁市位于广东省潮汕平原西缘，为闽、粤、赣公路交通枢纽，是我国沿海重要的药品集散地。普宁是中国青梅、蕉柑、青榄之乡；普宁十大专业市场闻名全国，上万商贾、货运专线直达全国120多个城市。普宁是中国著名侨乡，全市有旅居海外华侨和港澳台同胞约195万人，遍布世界30多个国家和地区。

普宁中药材专业市场，是全市十大专业市场的重要组成部分，其历史悠久，早在明清时代，就是粤东地区重要的药市之一。普宁市是个多山区县，山区面积占67%。境内山川交错，气候温和，雨量充沛，具有良好的生态条件，各种中药资源丰富，山区野生药材资源400多种，尤其是陈皮、巴戟、山栀子、千葛、乌梅、山药等品种为当地名产，构成了普宁市药源基地。同时，普宁也是外地药材商品集散地。1996年7月，普宁中药材专业市场被确定为全国17家中药材专业市场之一。成为以生产基地为依托的传统中药材集散地，是南药走向全国、走向世界的重要窗口。

普宁中药材专业市场地理位置优越，位于普宁市区长春路。市场南通国道324线，西达省道1930线，北连池尾工业大道。占地面积70亩，建筑面积4.5万m²，拥有商铺410间，经营商户405户，经营全国道地中药材1 000多个品种，销售辐射全国18个省、自治区、直辖市及中国香港、澳门特别行政区，以及日本、韩国等国家和东南亚、北美地区。批发零售相结合,中药材商品物美价廉,年营业额 18 亿元以上,市场稳步发展。

16. 广西玉林中药材专业市场

广西玉林中药材专业市场,位于广西壮族自治区玉林市中秀路,距离玉林火车站 800 m,地理位置优越,交通方便。是国家批准的全国 17 家中药材专业市场之一,也是广西唯一的中药材专业市场和我国西南地区传统的中药材集散地市场,市场与国内 24 个省、自治区的 32 个市建立了经济信息联系,药材购销辐射全国,转口远销港澳并与东南亚地区药材市场形成购销网络。玉林交通便利,市场繁荣,有丰富的地产中药材资源。如三七、巴戟天、石斛、银杏叶、鸡骨草等,素有"岭南都会"之称。

市场占地 175 亩,总建筑面积 23 万 m²,拥有设备先进的中药材检疫检测中心,设有中国中药材协会信息中心华南分中心。有商铺 3 000 多间,经营商户 2 000 多户,经营中药材品种 1 000 多种,年交易额 80 亿元以上。重点经营有广西道地中药材罗汉果、八角、肉桂、蛤蚧、鸡血藤、田七、青千年健、巴戟天、穿山甲等,广西特有中药材和各地常用及道地中药材等。

17. 昆明菊花园中药材专业市场

昆明菊花园中药材专业市场,是经国家一部三局(国家卫生健康委、国家中医药管理局、国家中医药管理局、国家工商行政管理局)获批的全国 17 家中药材专业市场之一。市场位于昆明市区内东大门中心地带的东郊路 117 号,新螺蛳湾国际商贸城内,是昆明市区乃至云南省内唯一的大型中药材市场。市场占地 140 亩,经营面积 8 万 m²,市场内有经营商户 700 余户,经营中药材品种近 3 000 种,年交易额近 20 亿元,云南全省中药材供给的 80% 以上均出自菊花园中药材专业市场。经营的主要名贵道地中药材有三七、天麻、人参、冬虫夏草、鹿茸、灵芝等,大宗地产中药材有大黄、何首乌、厚朴、肉桂、杜仲等。

18. 香港药材市场

香港药材集散地位于香港的高升街,是我国药材零售批发和进出口中转的重要港口,有 400 余家店铺,主要经营西洋参、人参、高丽参、美国花旗参、黄芪、甘草等 300 余种中药材。

19. 韩国汉城和釜山药材市场

汉城京东药材市场位于东大门区祭基洞,20 世纪 50 年代兴建,是韩国最大的药材专业批发市场之一,市场有 1 000 余家药材店铺,经营 300 余种从中国进口的药材及韩国自产的高丽参,1997 年以后,京东药材市场成为中国出口欧美市场最大的中转港之一,药材的价格是中国市场的几倍甚至几十倍。中国的人参在京东市场卖价不高,但韩国本国产的高丽参是中国人参 10 倍左右的价格,韩国人特别注意保护高丽参的品牌,一般不允许外国人参观其种植场,更不许参观其加工厂。

韩国除京东药材市场外,釜山也有一个大的药材市场,经营的品种与京东市场差不多。韩国药材市场的建立为我国的中药材出口到欧美市场向前迈进了一步。

二、寻找市场、开辟销售渠道

销售是农民发展中药材生产最担心的问题,应千方百计开辟销售渠道,使药材生产步入良性循环。除了销往就近的中药材市场和当地药材收购商外,规模化生产的中药材种植基地可以筹建以地产中药材为主要原料的中药材加工企业,这样既解决了中药材的销路问题,又提高了产品的附加值。同时,还可与制药企业、大型中药饮片加工企业及大型中药材销售企业合作建立规范化的中药材种植基地,从而从根本上解决种植中药材的销路问题。

此外,中药材市场的变化除周期性的年度波动外,在一年内也存在着十分明显的周期性季节变化。即某种中药材产新时(刚收获时)往往是货源最为丰富,同时价格也最低,以后随着时间的推移价格逐渐提高,直至产新前达到最高峰,这与同样进入市场流通的粮油等农产品形成了鲜明的对比。故对一些耐贮的药材如黄芩、丹参等,如收获后当年价廉,可妥善贮存起来,待价格适宜时再出售。

第七节　走基地化、规模化、规范化、产业化与一体化之路

一、建立基地、扩大规模、规范生产、培植产业

发展中药材生产,必须走基地化、规模化、规范化、产业化之路。为此,就要建立稳固的中药材种植基地,扩大中药材种植规模,组织规范化中药材生产,培植中药材产业。没有稳固的中药材种植基地,就难以实现中药材规模种植和规范化生产,也就难以生产出足量的质量优良且稳定的优质中药材,难以形成重要的产业。没有产业的形成,也就难有稳定的发展形势和良好的种植效益。要想保证中药材种植的良好效益,降低种植风险,就需建立稳固而规范的种植基地,不断培植和壮大中药材产业。

二、实现科研、生产、加工、销售、制药一体化

先进而规范的种植加工技术是实现中药材高产、优质、高效的重要基础,而中药材科学研究又是中药材先进种植加工技术的源泉,尤其是在市场竞争异常激烈的今天,没有科研作为技术支撑,就难以掌握最先进适用的中药材种植加工技术,中药材产品在市场上也就难有竞争力,生产也就难以稳步发展。

销售是中药材生产稳步发展的最后一个环节,也是实现中药材生产效益的关键环节。只有适时优价地将产品销售出去,才能真正体现种植药材的效益。如果不能及时优价的将药材销售出去,也就很难实现预定的效益目标,尤其是在远离药材市场的地方,种植中药材更是如此。因此,必须逐步建立科研、生产、加工、销售联合体,以便准确地掌握信息,发展适销对路品种,不断提高栽培和加工技术,改进提高中药材品质,逐级增值,化解风险,稳定和提高效益,把中药材生产建立在相对科学稳固的基础之上,增加种植面积,实现规模效益。

第二章

冀北地区道地中药材规范化栽培技术

第一节　黄　芩

一、概述

黄芩(*Scutellaria baicalensis* Georgi.)为唇形科黄芩属多年生草本植物,以根入药,药材名黄芩,别名山茶根、土金茶根、黄芩茶、鼠尾芩、条芩、子芩、片芩、枯芩等。黄芩性寒味苦,有清热燥湿、泻火解毒、止血安胎等效用。主治瘟病发热、肺热咳嗽、湿热痞满、泻痢、黄疸、高热烦渴、痈肿疮毒、胎动不安等病症。其主要有效成分有黄芩苷、黄芩素、汉黄芩苷、汉黄芩素、黄芩新素、黄芩黄酮Ⅰ、黄芩黄酮Ⅱ等,其中黄芩苷为历年版《中国药典》规定的指标成分。现代药理研究证明,黄芩具有解热、镇静、降压、利尿、降低血脂、提高血糖、抗炎、抗变态以及提高免疫等功能,具有较广的抗菌谱,对痢疾杆菌、白喉杆菌、绿脓杆菌、葡萄球菌、链球菌、肺炎双球菌以及脑膜炎球菌具有作用,对多种皮肤真菌和流感病毒也有一定的抗菌和抑制作用。此外,还能消除超氧自由基、抑制氧化脂质生成以及抑制肿瘤细胞等抗衰老、抗癌作用。黄芩主产于河北、山东、陕西、内蒙古、辽宁、黑龙江等省区,尤以河北承德一带产者为道地,质地坚实,色泽金黄纯正,俗称"热河黄芩"。

20世纪80年代之前,我国野生黄芩资源较为丰富,主要靠挖取野生黄芩供药用。之后由于连年超采超挖,导致黄芩野生资源数量急剧下降,近于枯竭。20世纪80年代末,河北承德、山东等地先后完成了黄芩野生变家种的栽培技术研究,实现了黄芩大面积的人工栽培。目前,栽培黄芩已成为黄芩药材的主要商品来源。

二、形态特征

黄芩为直根系。主根粗壮，圆柱形或近圆锥形，外皮呈黄褐色或棕褐色，断面呈金黄色。生长年限长的老根，常出现枯心。茎为四棱形，单生或数茎簇生，多分枝，直立或半直立。叶为单叶对生，披针形，全缘。花为总状花序，顶生，花偏向一侧，花冠为蓝紫色(个别有白色、淡蓝色和粉红色)，二唇形。果实为小坚果，生于宿萼内，肾形，黑色或黑褐色，千粒重 1.5～2.3 g。

三、生物学特性

1. 生长习性

黄芩多生于野山坡、地堰、林缘及路旁等向阳较干燥的地方，喜阳，喜温和气候，耐严寒，耐高温，耐旱怕涝。苗期喜肥水，早春怕干旱，地内积水或雨水过多，轻者影响根系生长，重者导致烂根死亡。对土壤要求不甚严格，但过黏、过沙的土壤，生长不良，难以实现全苗和高产优质。

2. 种子萌发出苗特性

黄芩种子发芽的温度范围较宽，15～30 ℃均可正常发芽；10 ℃也可发芽，但发芽极为缓慢，持续 30 d 才能达半数发芽。发芽最适温度为 20 ℃左右，此时发芽率、发芽势高，出苗快。黄芩种子寿命较长，北方冷凉地区室内贮藏 1 年仍有较高的发芽率，仍可作为种用。但较温暖地区室内常温贮藏 1 年后，种子发芽率即大大降低，已不适于再作种用。种子发芽率通常在 70%～80%，精选的种子发芽率可达 90%以上。

3. 根系生长特点

黄芩为直根系，主根粗壮发达，是药材的主体。主根在前三年生长正常，其长度、粗度、鲜重和干重均逐年显著增加，黄芩苷含量也较高。其中第一年以生长根长为主，根粗、根重增加较慢。第二年、第三年，则以根粗、根重增加为主，根长增加较少。第四年以后，生长速度逐渐减慢。同时，部分主根开始枯心，且逐年加重，至 7～8 年全部枯心，抗病能力降低，烂根现象加重，同时，黄芩苷的含量也有一定程度降低。

4. 开花结果习性

黄芩为总状花序，偏生于主茎或分枝顶端的一侧，花对生，每个花枝有 4～8 对花。每朵花长 2.6～3.0 cm，最大直径为 1 cm。每天凌晨 1:00～7:00 陆续开花，4:00～6:00 为开花盛期。开花后 2～4 h 散粉，4～5 d 花冠脱落。同一株以主茎先开花，然后为上部分枝，最后是下部分枝，按顺序依次开放。同一花枝则从下向上依次开放。在承德每年的7月为开花盛期,8月种子陆续成熟。

一年生黄芩一般出苗后两个月开始现蕾,二年生及其以后的黄芩,多于返青。出苗后70~80 d开始现蕾,现蕾后10 d左右开始开花,40 d左右果实开始成熟,如环境条件适宜,黄芩开花结实可持续到霜枯期。在河北承德中部地区,用种子繁殖的黄芩,在5月下旬之前播种且适时出苗的,当年均可开花结实,并能收获成熟的种子。而7月之前是播种适时出苗的,当年可开花,但难以获得成熟的种子。

5. 干物质积累与分配规律

一年生黄芩,8月上旬以前以地上干物质积累为主,8月上旬至9月上旬,为生长中心转移阶段,9月上旬以后以地下干物质积累为主。多年生黄芩,7月中旬前以地上生长为主,且以茎叶为主。7月中旬后,地上干物质由茎叶向花果转移。8月中旬以后,干物质向地下转移加快。9月中旬以后至地上枯萎,地下干物质积累最快,是根增加重量的主要时期,也是黄芩药材产量形成的主要时期。

四、规范化栽培技术

(一)选地整地与施肥

人工栽培黄芩,以选择土层深厚、排水良好、疏松肥沃、阳光充足的壤土、沙质壤土或腐殖质壤土为宜。平地、向阳荒坡地及幼龄果树行间均可种植。于前作收获后,每亩施入腐熟粪肥2 000~4 000 kg,深耕25 cm以上,整平耙细,做成2 m宽的平畦即可待播,平地以做高床为宜。春季采用地膜覆盖种植的,可以做成带距100 cm,畦面宽60~70 cm,畦沟宽30~40 cm,高15 cm的小高畦更为适宜。

(二)播种

黄芩主要用种子繁殖,分株和茎段扦插虽可繁殖,但生产意义不大,很少采用。种子繁殖多采用直播,育苗移栽也可。

1. 直播

对播种季节要求不严,春、夏、秋季均可,各地可视具体情况灵活掌握。北方有灌溉条件的地块,以地下5 cm地温稳定到15℃以上时为宜,承德一带4月中下旬为最适。春季土壤水分不足,又无灌溉条件的地块,应根据当地土壤墒情变化特点做到趁墒播种,北方可选择早春土壤返浆期采用地膜覆盖种植。也可选择雨季及初秋套播方式。

直播黄芩,可采用普通条播或大行距宽播幅的播种方式。普通条播一般按行距30~35 cm开沟条播。大行距宽播幅播种,应按行距40~50 cm,开深3 cm左右,宽8~10 cm,且沟底平的浅沟,随后将种子均匀地撒入沟内,覆湿土1~2 cm,并适时进行镇压。土壤水分不足时,应开沟坐水播种。山区退耕还林地的林果行间,也可采用宽带撒播的方式,每亩播种量1.5～2.0 kg。

黄芩直播多采用开沟条播。播种时,在做好的畦内,按行距25～27 cm,开深2～3 cm的浅沟,将种子拌2～3倍湿沙均匀撒入沟内,覆土1～1.5 cm,稍加镇压。

2. 育苗移栽

黄芩采用育苗移栽,可节省种子,延长生长季节和利于确保全苗,但育苗移栽较为费工,同时移栽黄芩主根较短,根杈较多,商品外观质量较差。所以,在种子昂贵或旱地缺水直播难以出苗保苗时可采用。育苗移栽应掌握好如下技术:

(1)选择好地块　应选疏松肥沃、背风向阳、靠近水源的地块。

(2)施足基肥　每平方米苗床均匀撒施7.5～15 kg充分腐熟的优质农家肥和25～30 g磷酸氢二铵或30～50 g复合肥。

(3)拌肥整地做畦　将基肥与地表10～15 cm的土壤拌匀,随后砸碎土块,捡净石块、根茬,搂平地面,做成畦面宽120～130 cm,畦埂宽50～60 cm,长10 m左右的平畦或高床。

(4)适时播种　于3月底4月初,在做好的畦内浇足水,水渗后按6～7.5 g/m² 干种子均匀撒播,播后覆盖0.5～1 cm厚的过筛粪土或细表土,并适时覆盖薄膜或碎草保温保湿。

(5)加强幼苗管理　出苗后,应及时通风去膜或去除盖草,适时疏苗和拔除杂草,并视具体情况适当浇水和追肥。

(6)移栽定植　当苗高7～10 cm时,按行距40 cm和每10 cm交叉栽植2株的密度进行开沟栽植,栽后覆土压实并适时浇水,也可先开沟浇水,水渗后再栽苗覆土。旱地无灌水条件者应结合降雨栽植。

该种育苗移栽方法,育苗面积和大田移栽面积之比一般为1:(20～30)。此外,也可于7—8月大田加大播种量育苗,翌年春季萌芽前栽植。

(三)田间管理

1. 中耕除草

黄芩幼苗生长缓慢,出苗后至田间封垄,要松土除草3～4次。第一次在齐苗后,宜浅,以免埋苗;第二次在定苗后,仍不宜深;以后视杂草生长等情况再中耕除草1～2次。第二年及以后,每年春季返青前要清洁田园,搂地松土;返青后至封垄前,仍要中耕除草1～2次,以免影响黄芩生长。

2. 间苗与定苗

黄芩齐苗后,应视保苗难易分别采用一次或二次的方式进行间苗与定苗。易保苗的地块可于苗高5～7 cm时,按株距6～8 cm交错定苗,留苗60株/m² 左右。地下害虫严重、难保苗的地块应于苗高3～5 cm时对过密处进行疏苗,苗高7～10 cm时,按计划留苗密度定苗。采用宽幅播种和宽带撒播的,仅对过密部位进行疏苗即可。

3. 追肥

科学追肥是实现黄芩高产、优质的重要物质基础,适时适量追施氮、磷、钾化肥又是农业增产中最通用且简便易行的管理技术。研究表明:氮、磷、钾三种肥料,无论单独施用或配合施用,对黄芩均有显著的增产作用,同时,对黄芩根部黄芩苷的含量也具有一定的提高作用,尤其是氮、磷、钾配合施用,综合效果最好。但追施化肥数量不宜过大,特别是氮肥不宜单独过多的施用。生长2～3年收获的黄芩,每年以追施纯氮3～5 kg、P_2O_5 2～3 kg、K_2O 3～4 kg为宜,分别于定苗后和每年的返青后追施一次,开沟施入,施后覆土,土壤水分不足时应结合追肥适时灌水。

4. 灌水与排水

播种后至出苗,应保持土壤湿润;出苗至定苗,若土壤水分不足,可于定苗前后灌一次水。之后,不遇特殊干旱不再浇水,以利蹲苗和促根深扎。其他季节和以后两年,如遇严重干旱或追肥时土壤水分不足,也应适当浇水。每年雨季应注意及时排水防涝,以免烂根死苗、降低产量和品质。

5. 剪花枝

非留种田,于现蕾后、开花前,应及时将花枝剪除,以减少养分消耗,促进根系生长,提高黄芩产量。

五、旱地黄芩确保全苗技术

黄芩种子小,幼芽顶土力差,再加之北方春季风多、雨少,蒸发量大,所以,黄芩生产中,历年都有不少因土壤墒情不好,或播种技术不过关而导致缺苗断垄,甚至全田毁种的现象发生,给黄芩生产和农民经济上造成很大损失。因此,如何确保全苗就成为黄芩人工栽培成功与否最关键的技术问题。经李世教授多年试验、实践证明,因地制宜地选用或综合运用下列技术即可确保黄芩全苗。

1. 选好地块

应选择土层深厚、排水良好、疏松肥沃、阳光充足的壤土、沙壤土或腐殖质土。平地、向阳缓坡地及幼龄果树行间均可种植。

2. 精细整地

黄芩对整地质量要求较大田作物要高得多,所以,选好地后要及时进行秋翻,深度25 cm以上,并及时耙耱保墒。翌年春季要早耙耱、多镇压,使整地质量达到地面平整、土壤细碎、上虚下实、墒情充足。

3. 播前浸种催芽

用干种子直接播种时,出苗所需天数多,往往在种子发芽出苗前,播种层土壤已被吹干,种子因吸不足水分而难以出苗。若在播前将种子进行浸种催芽,就可大大缩短出苗所需时间,保证及时出苗。催芽方法是,先将种子用 40～45 ℃温水浸泡 5～6 h,捞出后置于 20～25 ℃的条件下保温保湿催芽,待绝大部分种子裂口时再进行播种。但催芽后的种子必须播在水分充足的土壤上,否则会导致种子回芽,影响正常出苗。

4. 适时精细播种

黄芩对播种季节要求虽不甚严格,但在干旱地区,选择适宜时期播种仍是确保黄芩全苗和夺取高产的重要技术环节。在无灌溉条件的旱地上,以早春土壤返浆时播种为宜;有灌溉条件的可在地下 5 cm 地温稳定到 15 ℃以上时进行播种。播种时要浅开沟,浅覆土,及时镇压,适当增加播种量。覆土厚度以 1.0～1.5 cm 为宜,最深也不宜超过 3 cm,否则很难出苗。播种时如土壤水分不足,应先开沟浇水,水渗后再播种。

5. 覆盖保墒

由于黄芩播种覆土浅,所以播种时即使土壤墒情较足,在出苗过程中也很难保住,仍难保证出苗。为此,可在播后于播种行上加盖薄膜、树叶、稻壳以及稻草、谷草等作物秸秆既可保墒,又能增温。但覆盖物不宜过厚,出苗后还应及时分批去除。

6. 雨季套播

雨季套播是确保黄芩全苗,缩短生长年限、减少除草用工和夺取黄芩高产的重要措施之一。套播黄芩,以选择株型较紧凑,较常规品种略早熟的玉米、大豆等中耕作物做前茬为宜。套播时间为近雨季或雨季初,最迟不得迟于初秋。播种时,先用大锄将前作物行间土壤松土除草,随即将种子均匀地撒在松土上,播幅要宽,播后再用大锄回推压实土壤,或稍镇压即可。这种方法,简便易行,效果好。套播时播种量应掌握在 2 kg 左右。

此外,对于直播保苗有困难的山坡旱地,也可采用育苗移栽方法来实现全苗。

六、病虫害防治

(一)虫害及防治

黄芩虫害有黄翅菜叶蜂、斑须蝽、苜蓿、夜蛾及地老虎等地下害虫等。

1. 黄翅菜叶蜂

黄翅菜叶蜂主要为害芜菁、萝卜、油菜、甘蓝、芥菜等十字花科蔬菜,其对黄芩的为害属近十几年的新发现,主要以幼虫蛀荚为害,也可食叶为害。

黄翅菜叶蜂在承德一年发生 4～5 代,以老熟幼虫于土中结茧越冬,第二年春季化蛹,越冬成虫最早 4 月上旬出现,第一代 5 月上旬至 6 月中旬,第二代 6 月上旬至 7 月中旬,第三代 7 月上旬至 8 月中旬,第四代 8 月中旬至 10 月中旬,越冬成虫羽化后先在野生寄主上活动,6 月黄芩开花结荚后转到黄芩上为害。综合防治措施:

(1)农业防治　秋冬深翻土壤,破坏越冬蛹室;清除田间杂草、残枝落叶,并集中烧毁,减少虫源。

(2)药剂防治　①成虫盛发期 800 倍的 DDV 溶液喷雾防治;②幼虫期:1 000 倍的晶体敌百虫溶液,4.2％甲维盐高氯 1 500 倍液;30％乙酰甲胺磷 1 000 倍液;0.5％的苦参碱 1 000 倍液;2.5％溴氰菊酯 3 000 倍液;喷雾 10 d 左右 1 次,连喷 2～3 次。

2. 斑须蝽

斑须蝽,别名黄褐蝽、臭大姐,属半翅目蝽科。主要为害玉米、甜菜和马铃薯等,黄芩也常遭受危害。斑须蝽主要以成虫和若虫刺吸黄芩嫩叶、嫩茎及嫩荚汁液,造成种荚发育不全,使种子品质下降、减产。茎叶被害后,出现黄褐色斑点,严重时可造成叶部分萎蔫,叶片卷曲,嫩茎凋萎,影响黄芩的生长发育,而致减产减收。

斑须蝽在承德地区一年发生 2 代,以成虫在黄芩田土中越冬,第二年 4 月出蛰开始活动。其成虫及若虫均可为害黄芩。

综合防治措施:发现斑须蝽在黄芩上达 2 头/m² 时,及时使用 4.2％甲维盐高氯 1 500 倍液、30％乙酰甲胺磷 1 000 倍液喷雾。也可用 10％丁硫克百威 1 500 倍液喷雾。10 d 左右 1 次,连喷 2～3 次。

3. 苜蓿夜蛾

别名大豆夜蛾,属鳞翅目夜蛾科,主要为害甜菜、豌豆、大豆、苜蓿、番茄、马铃薯以及黄芩等。在黄芩上主要以幼虫啃食叶片,造成缺刻,甚至将叶片吃光,严重影响黄芩的生长发育,进而影响黄芩药用根的产量和品质。苜蓿夜蛾在承德一年发生 2 代,以蛹在土中越冬。6 月出现越冬代成虫。第一代低龄幼虫卷食黄芩嫩头,长大后暴食叶片,把叶片咬成缺刻或吃光。第二代幼虫继续为害黄芩叶片。以 7 月下旬到 9 月上旬为害最重。9 月下旬幼虫开始入土化蛹越冬。

综合防治措施:为害初期,用 4.2％甲维盐高氯 1 500 倍液、30％乙酰甲胺磷 1 000 倍液、90％晶体敌百虫 1 000 倍液,喷雾防治,10 d 左右 1 次,连喷 2～3 次。

4. 地老虎等地下害虫

地下害虫主要有地老虎、蛴螬、蝼蛄和金针虫等。它们大多是杂食性的,主要在早春黄芩返青期为害黄芩近地面茎部及根部,导致黄芩地上枯萎死亡。

防治方法:用 90％敌百虫晶体 200～250 g,加水 1.5～2.0 kg,拌 10 kg 炒香的豆

饼或 25 kg 鲜菜鲜草,拌成毒饵,于傍晚顺垄撒施田间。

(二)病害及防治

黄芩病害主要有根腐病、灰霉病(茎基腐病)、白粉病、菟丝子病等。

1. 根腐病

根腐病为黄芩最主要的病害之一,广泛分布于各黄芩产区,尤以地势低洼的地块发病重,一般地块该病的发病率在 10% 左右,重的地块发病率可达 40% 以上。

黄芩根腐病主要为害根部,病部根皮初为褐色近圆形或椭圆形小斑点,以后病斑扩大成稍凹陷不规则形病斑,最后整个根部全部染病变黑褐色,根内木质部也变黑褐色糟朽,病部常可见稀疏的白色霉状物,地上茎叶也逐渐变黑褐色枯死,病株极易拔起。近地面的叶片偶尔也可受害,病斑常自叶缘始发向内扩展成黑色或黑褐色不定形的病斑,湿度大时病部产生少量的白霉。

综合防治措施:①适时中耕松土;②增施磷、钾肥;③雨季适时排除田间积水;④及时拔除病株,病穴用 5% 或 10% 石灰水消毒;⑤发病初用 50% 的多菌灵 500 倍液灌根;80% 冠龙 1 500 倍液;40% 五硝多菌灵 800 倍液;54.5% 恶霉福美双 WP 1 000 倍液;纯品金甲托 1 000 倍液;或 3% 广枯灵(恶霉灵+甲霜灵)600~800 倍液,或 20% 二氯异氰尿酸可溶粉剂 500 倍液喷淋病穴或浇灌病株根部,7~15 d 喷灌1 次,连续喷灌 2~3 次。

2. 灰霉病

灰霉病的病原为灰葡萄孢,病菌以菌丝体或分生孢子在黄芩病残体上或菌核在土壤中越冬。翌年春季条件适宜时病菌萌动,开始侵染黄芩引起发病;其后又产生分生孢子,随着气流、雨水等传播进行多次再侵染。

黄芩灰霉病分为普通型和茎基腐型两类,以茎基腐型为害更大。普通型主要为害黄芩地上嫩叶、嫩茎、花和嫩荚。茎基腐型主要在二年生以上黄芩上发生,一般在黄芩返青生长后开始发病,5 月中下旬进入发病高峰期,主要为害黄芩地面上下10 cm 左右茎基部,并在病部产生大量的灰色霉层,茎叶随即枯死;普通型一般在 5月中下旬开始发病,6 月上中旬及 8 月下旬至 9 月中旬为发病高峰期。

综合防治措施:①农业防治:生长期间适时中耕除草,降低田间湿度;晚秋及时清除越冬枯枝落叶,消灭越冬病源;②药剂防治:发病初期,喷施 70% 灰霉速克900 g/hm²,50% 速克灵可湿性粉剂(腐霉利)1 500 g/hm²,50% 灭霉灵(福·异菌脲)1 500~2 000 倍液,或 60% 多菌灵盐酸盐(防霉宝)600 倍液,80% 络合态代森锰锌800 倍液,50% 凯泽(啶酰菌胺)水分散颗粒剂 1 500 倍液喷雾,7 d 左右一次,连喷2~3 次。

3. 白粉病

黄芩白粉病主要为害叶片和果荚,产生白色粉状病斑,后期病斑上产生黑色小粒点,导致叶片和果荚生长不良,提早干枯或结实不良甚至不结实。

综合防治措施:①选择地势较高,通风良好的地块;②雨季注意排水防涝;③发病初期,喷施40%氟硅唑乳油5 000倍液,或12.5%烯唑醇可湿性粉剂1 500倍液,或10%苯醚甲环唑水分散颗粒剂1 500倍液,25%三唑醇4 000倍液,30%醚菌酯1 200倍液。10 d左右喷1次,连喷2~3次。

4. 菟丝子

菟丝子是一种寄生性高等种子植物,自身没有叶绿素,不能形成自身生长发育所需的营养,需靠形成吸盘侵入寄主植物体内,从寄主植物吸取营养而生存。从而影响黄芩的生长发育。北方黄芩田块常有发生。有时发生为害严重。

综合防治措施:比较可行有效的方法是初期人工彻底摘除。

七、留种技术

黄芩一般不单独建立留种田。多选择生长健壮、无严重病虫害的田块留种。黄芩花期长,种子成熟期也不一致,而且极易脱落,因此应随熟随收,分批采收。方法是待整个花枝中下部宿萼变为黑褐色,上部宿萼呈黄色时,手捋花枝或将整个花枝剪下,稍晾晒后及时脱粒、清选,放阴凉干燥处备用。也可在大部分种子成熟时采用机械一次性收获。

八、采收与加工

1. 采收

生长1年的黄芩,由于根细、产量低,有效成分含量也较低,不宜收刨。温暖地区以生长1.5~2年,冷凉地区以生长2~3年收刨为宜。生长年限过长,黄芩苷含量反而逐渐下降,而且种植效益也会降低。秋、春季均可收获,但以春季收刨更适宜晾晒干燥和加工,品质较好。收刨时,应尽量避免或减少伤断,去掉茎叶,抖净泥土,运至晒场进行晾晒。

2. 产地加工

黄芩宜选通风向阳干燥处进行晾晒,一年生以下的黄芩由于根外无老皮,所以直接晾晒干燥即可。三年及以上的黄芩,因根外部形成一层老皮,所以晒至半干时,应用铁丝筛、竹筛、竹筐或撞皮机撞一遍老皮,每隔3~5 d一遍,连撞2~3遍。撞至黄芩根形体光滑,外皮黄白色或黄色时为宜。撞下的根尖及细侧根应单独收藏,其黄芩苷含量较粗根更高。晾晒过程应避免水洗或雨淋,否则,黄芩根变绿变黑,失去药用价值。黄芩鲜根折干率一般为30%～40%。

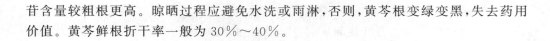

第二节 北苍术

一、概述

《中华人民共和国药典》(2020年版)收载的苍术为菊科苍术属的北苍术(*Atractylodes Chinensis* Koidz.)和茅苍术的干燥根茎。北苍术主产于河北、山西、陕西、辽宁等地。野生于低山疏林边、灌木丛及其草丛中。茅苍术主产于江苏、安徽、河南等地。苍术味辛、苦,性温。归脾、胃、肝经。主治:脾胃湿困引起的运化失调,食欲不振,呕吐烦闷,腹胀泄泻,关节疼痛等。

二、形态特征

北苍术为多年生草本。叶通常无柄,叶片较宽,卵形或窄卵形,羽状5裂,上部叶也常不裂,互生,叶缘具硬刺齿;头状花序,总苞片多为5～6层,花冠管状,白色或淡粉色;瘦果密生向上的银白色毛。花期7—8月,果期8—10月。地下根茎多呈疙瘩状或结节状。

北苍术和茅苍术,两者均为菊科苍术属植物,且叶片互生、革质、顶端渐尖、基部渐狭、边缘有不规则的细锯齿,上面叶片深绿色,下面叶片浅绿色。

三、生长习性

北苍术喜凉爽气候,喜光怕湿,喜排水良好的沙质壤土坡地。野生于海拔300～900 m的干旱山坡,稀疏的阔叶林或针阔混交林下、灌木丛及草丛中。适应性较强。以选择坡地种植更为适宜,有利于排水。否则在雨季时遇到连雨天容易烂根,造成植株死亡。

北苍术种子属短命型,室温下贮藏,寿命只有6个月,隔年种子不能使用;低温保存可延长种子寿命,在0～4℃低温条件下贮藏1年,种子发芽率可保持在80%以上。北苍术种子属中低温萌发类型,最低萌发温度为5～8℃,最适温度为20℃左右,高于25℃种子萌发受到抑制,超过45℃种子几乎全部霉烂。从北苍术种子出苗考虑,秋播优于春播。

四、规范化栽培技术

(一)选地、整地与做床

一般土壤均可种植,但以远离污染、灌水方便、疏松肥沃、排水良好的沙壤土或壤土为好,且生茬、坡地更为适宜。忌低洼积水地、黏性土壤、排水不畅的田块。前茬以禾本科作物为好。选好地后每亩施用有机肥 2 000 kg 作基肥,均匀撒施,施后深翻25 cm 左右,耙细整平,做成床面宽 1.2~2 m、高 25 cm 左右、长 10~20 m 的高床。

(二)选用物种优良类型及优质种子种苗

1. 选准物种及优良类型

生产上的北苍术有带朱砂点的和不带朱砂点的。产于承德及附近一带的北苍术,其根茎的断面都有一些红黄色或红褐色的油腺点组织结构,习惯称为“朱砂点”。有“朱砂点”的北苍术,通常苍术素的含量较高,品质更优,更受市场欢迎,价格也更好,所以种植北苍术应选择带有“朱砂点”的北苍术。

2. 选用优质种子种苗

(1)种子新鲜　秋天买应是当年新产的;春天买应是上年新产的;种子新鲜有光泽。

(2)粒大、饱满、干净　千粒重 8~10 g(最好能达 12 g 左右),发芽率≥80%,含水量≤10%,净度≥90%。

(3)种苗健壮　应选用健壮,芽头饱满,越冬芽较多,根系良好,无病虫害,无霉烂的种苗或种根茎。一般育苗应选用一年生或二年生的种苗;营养杯育苗选择完成一个生长季节的种苗即可。

(三)适时播种与栽植

苍术用种子或分株均可繁殖。

1. 种子繁殖

种子繁殖采用常规育苗移栽法和直播法均可,但以育苗移栽更为适宜。

常规育苗移栽方法:4 月上中旬育苗,苗床应选向阳地,床面宽 100~120 cm,高25 cm 左右,播种前先浇透水,床面水分适宜时播种,条播或撒播,条播行距 20~25 cm,沟深 3 cm,均匀播种,播后覆土 2 cm 左右,稍镇压。撒播可在水渗后,直接在床面均匀撒播种子,然后覆盖过筛细土 1 cm 左右,稍压或轻拍床面。每亩播种量10 kg。播后床面盖地膜或覆盖一薄层碎草及秸秆,保持土壤湿润。出苗后去掉地膜或盖草,苗高 3 cm 时间除过密苗。

传统情况下,苗高 10 cm 时即可移栽定植(杯苗)。选择雨天或傍晚,在已做好的高床上,按行距 25~30 cm,株距 15 cm 左右,开沟栽种,覆土压紧浇水,移栽成活率高。目前生产上,多以晚秋或早春根茎休眠期栽植。

此外,近年各地采用营养杯育苗,效果很好,可以推广。主要技术环节如下:

(1)配好基质　有机肥:园田土:腐殖质土按 1:5:4,加 0.4% 的复合肥。

(2)选好种子　精选大粒饱满种子,千粒重要达到 12 g 以上,最好达 16 g 左右。

(3)种子消毒　用 1 000 倍甲基托布津浸种 12 h。

(4)规范播种　每杯 3~4 粒种子,覆土 0.5~1 cm;浇足水后覆盖薄膜或秸秆与碎草,保持杯土湿润。

(5)适时移栽　秋季植株枯萎后至土壤结冻前移栽,或早春越冬芽萌动前栽植,方法同上。

2. 分株繁殖

于秋季地上部分枯萎时,将老苗连根挖出,抖去泥土,剪去没芽的老根部位加工做药用,将带芽的根状茎切成小块,每小块带 1~3 个芽,伤口稍晾干,或蘸草木灰,然后栽于大田,行距 25~30 cm,株距 15 cm 左右,深度以根茎芽上盖土 5 cm 左右为宜。根茎的大小与北苍术的种栽用量、栽植成本、种栽成活率、生长快慢、增长倍数以及种植效益都有密切的关系。种栽大小以 60~175 g 为宜,过小、过大都对北苍术生长及种植效益产生不利影响。栽植季节,以秋栽为宜,秋栽效果明显好于春季栽植,尤其是春季较晚栽植。此外,建议除了较大的根茎外,一般以不切的整块根茎栽植为宜。

(四)田间管理

(1)除草　幼苗期要注意经常及时除草,确保北苍术幼苗期不发生草荒,不受大草严重为害。

(2)灌水排水　如遇到天气干旱,要适时灌水;多雨季节要清理墒沟,排除田间积水,以免烂根。

(3)追肥　一般每年追肥 2~3 次;越冬前施一次有机肥,每亩 2 000 kg 左右;生长期间追肥 1~2 次。5 月追一次提苗肥,每亩追施复合肥 15~20 kg,8 月开花前施人畜粪水 1 000 kg 或复合肥 1~15 kg。

(4)摘花蕾　对于不计划留种采种的田块,6—8 月抽茎开花时,可适当摘除花蕾,以减少养分消耗,促进根茎生长。

(5)培土　每年秋季土壤结冻前,可结合撒施有机肥进行一次培土,以确保北苍术安全越冬。

五、病虫害防治

（一）病害防治

北苍术病害较多，尤其是一年生的幼苗期，死苗现象极为严重，应注意抓紧抓好防治工作。

1. 北苍术苗期病害及防治

北苍术苗期主要有猝倒病、炭疽病、根腐病、白绢病、黑斑病等发生，常导致大量苗枯、烂根和死苗，应做好综合防治工作。

（1）选好地块做好床　以选择疏松肥沃、灌水方便、排水良好的沙壤土或壤土为好，前茬以禾本科作物或生荒地更好。要精细整地，做成高床。

（2）床土消毒　每亩用 2.5～3 kg 恶霉灵颗粒剂撒施苗床，与床土拌匀或用 30％ 恶霉灵水剂 1 000 倍液，喷洒药液 3 kg/m²，均匀喷洒苗床土壤，可预防苗期猝倒病、立枯病、根腐病、茎腐病等多种病害的发生。

（3）药剂防治　发病期喷施恶霉灵、苯甲吡唑酯、嘧菌酯、吡唑醚菌酯、戊唑醇、甲基托布津、多菌灵等，可有效降低病害导致的死苗，提高成苗率及成株率。喷药时注意如下三点：

①10 d 左右喷 1 次，连续喷洒数次；

②不同药剂交替喷施，避免同一种药剂连续喷施；

③与有机酸、腐殖酸、氨基酸类生长调理剂或营养类叶面肥结合进行，使促进健壮生长与防病治病双管齐下。

2. 根部病害及防治

根部病害主要有根腐病、枯萎病、白绢病、菌核病、软腐病和线虫病等。

（1）根腐病　根腐病是目前北苍术栽培上最常见的根部病害。据调查，受害严重地块的发病率可达 80％ 以上。该病害为害前期，主根及须根呈现黄褐色，继而转为深褐色。由根部向茎秆扩展蔓延。发病后期，茎秆腐烂，表皮层和木质部脱离，残留木质部纤维及碎屑。高温高湿、土壤排水不畅的地块有利于该病害的发生。

综合防治措施：①选好地块。选择疏松肥沃、排水良好的土壤与地块种植。②合理轮作。与禾本科作物实行轮作，避免重茬与连作。③合理施肥。适量控施氮肥，增施磷、钾肥，提高植株抗病力。④雨季及时排除田间积水。⑤发现根腐病株及时拔除，集中销毁处理，随后用 5％ 或 10％ 生石灰水等浇灌病穴。⑥发病初期用 50％ 多菌灵 600 倍液，或 70％ 甲基硫菌灵可湿性粉剂 1 000 倍液，或 75％ 代森锰锌（全络合态）800 倍液，或 3％ 广枯灵（恶霉灵＋甲霜灵）600～800 倍液，或 20％ 二氯异氰尿酸可溶粉剂 500 倍液等喷洒或浇灌病株根部,10 d 左右一次,连续进行 2～3 次。

（2）枯萎病　北苍术枯萎病的症状在田间较易辨认。感病北苍术下部叶片最先失绿发病,逐渐沿茎干向上蔓延至整个植株,叶片发黄枯死,但不落叶。感病植株个别枝条出现"半边疯"的黄叶症状,后期蔓延到整个植株,维管束呈褐色。

综合防治措施:①与禾本科作物实行轮作;②发现病株及时拔除,并携出田外处理;③发病初期用 50%多菌灵可湿性粉剂 600 倍液,或 70%甲基硫菌灵 1 000 倍液,或 30%恶霉灵或 25%咪鲜胺 1 000 倍液,或 3%广枯灵(恶霉灵＋甲霜灵)600～800 倍液,或 30%恶霉灵或 25%咪鲜胺 1 000 倍液喷淋,或用 50%琥胶肥酸铜(DT 杀菌剂)可湿性粉剂 350 倍液灌根,每株 0.3～0.5 kg,连灌 3 次;或用 3%恶霉·甲霜灵水剂(广枯灵)500～700 倍灌根;在发病初期每 7～10 d 喷灌一次,连续喷灌 3 次。

（3）白绢病　该病害主要侵染根茎或者茎基部,北苍术的整个生育期都可被侵染。发病初期,地上部植株无明显为害症状。发病后期,叶片萎蔫直至枯死,但并不脱落,地上部症状类似软腐病。北苍术根茎或茎基部感病后,发病部位呈水渍状腐烂,呈褐色。后期病部仅残留网状维管束纤维组织,可见白色菌丝体,植株易拔起。湿度大时,菌丝可穿透地表,在植株基部及周围土壤表面、残体上生长,并可形成油菜状米黄色至褐色的菌核。白绢病菌喜高温高湿环境。

综合防治措施:①与禾本科作物实行轮作,不宜与地黄、玄参、芍药、花生、大豆等轮作。②选用健壮无病的种子栽植。③雨季及时排除田间积水,避免土壤湿度过大。④发现病株及时拔除,并携出田外处理,用 5%或 10%生石灰水等浇灌或喷洒病穴。⑤发病期用 25%阿米西达悬乳剂 1 000～1 500 倍液、10%世高水分散粉 1 200～1 500 倍液或 70%代森锰锌可湿性粉剂 400～500 倍液在畦面喷雾防治。

（4）菌核病　该病主要为害北苍术根部及茎部,导致全株枯死。为害初期,植株下部老熟叶片变黄枯萎,并逐渐向上蔓延至整个植株枯死。茎基部和根茎呈黑褐色腐烂。表皮层腐烂露出里层纤维组织,病健分界不明显。空气湿度大时,生成白色絮状菌丝,后期发病部位形成卵圆形或不规则的、直径 0.8～6.9 mm 的黑色菌核。

综合防治措施:①与禾本科作物实行轮作;②雨季及时排除田间积水,避免土壤湿度过大;③发现病株及时带土挖除,携出田外处理,用 5%生石灰水等浇灌或喷洒病穴;④出苗前用 1%的硫酸铜溶液,或 1∶1∶120 的波尔多液进行地面消毒;⑤发病初期,用 50%速克灵 800 倍液,或 40%菌核净 500 倍液灌根。

（5）软腐病　该病是目前报道的苍术病害中唯一的细菌性病害,在整个病害发生过程中无菌丝产生,可明显区别于真菌性病害。感病植株根茎腐烂呈浆糊状或豆腐渣状,有酸臭异味。发病初期,植株须根变褐腐烂,地上部无明显症状。随病情发展,扩展至主根,并向地上部茎干蔓延,维管束呈褐色,易被拔起。被破坏的维管束输水功能丧失,叶片水渍萎蔫直至枯死。

综合防治措施:①选择地势高燥,土壤通气排水良好的地块种植;②注意防治地下害虫及线虫;③发现病株及时带土挖除,携出田外处理,用5％生石灰水等浇灌或喷洒病穴;④发病初期用农用链霉素、新植霉素、噁霜嘧铜菌酯、抗腐烂剂等药剂防治。

(6)线虫病　北苍术苗期受线虫为害后,幼苗须根上有大小不等的圆形或椭圆形的瘤状物,直径 0.2~0.5 cm。根瘤剖开后,肉眼可见褐色雌虫体内虫卵。须根受到伤害后,肉瘤内呈棕褐色腐烂空洞。发病后期,须根腐烂脱落,根茎芽苞变小,幼苗长势缓慢,畸形。发病轻的植株病状不明显,发病严重的植株幼苗长势缓慢,畸形,植株叶片下垂,花蕾枯萎。

综合防治措施:①与禾本科作物实行轮作或水旱轮作;②土壤消毒:在播种或定植前,用菌线威 0.3~0.5 g/m²,兑水 3 500~7 500 倍液或对过筛湿润细土 200~500 倍液均匀喷洒或撒施在土表,有条件的可用地膜覆盖 48~72 h;或每亩用 5％线净 3~4 kg,拌细土均匀施入播种沟或播种穴内;③结合定植,0.75 g/m² 克线磷有效成分沟施;④发病期用 1.8％阿维菌素 3 000 倍液灌根,7 d 灌 1 次,连灌 2 次。

3. 叶部病害及防治

北苍术叶部病害主要有黑斑病、灰斑病、斑枯病、叶斑病、轮纹病、炭疽病、锈病、白粉病等。

叶部病害主要导致叶片形成斑点、斑块、枯萎或脱落,降低植株的光合作用能力,影响北苍术有机物的合成与积累,进而影响北苍术的产量与质量。因此,应根据病害发生的种类和程度,适时加以防治。

(1)黑斑病　该病主要为害北苍术的叶片,产生霉层或后期导致的枯萎、落叶症状,影响苍术植株的光合作用。北苍术苗期感病会导致死苗,种子繁育的幼苗尤其易感病。苍术感病初期,茎基部的叶片开始发病,逐步向上部叶片扩展。病斑为圆形或不规则形,多从叶片边缘及叶尖部发生,扩展较快。有病斑部位在叶片正反面均可产生黑色霉层。为害后期,病斑灰褐色,连成片至叶片枯萎脱落,仅剩植株茎秆存在。

综合防治措施:①与禾本科作物合理进行轮作;②秋季清洁田园,清除枯枝落叶,销毁病残体;③雨季注意及时排除田间积水;④苗期黑斑病发病初期,使用 500 g/L 异菌脲悬浮剂 1 000 倍液,或将该药与 70％丙森锌可湿性粉剂 500 倍液配合使用,能有效控制发病率,促进苍术根茎的生长。此外,10％苯醚甲环唑水分散粒剂和 30％苯醚甲·丙环乳油也有较好的防治效果。

(2)灰斑病　该病主要为害北苍术叶片,感病北苍术叶部形成圆形叶斑,直径

2～4 mm。病斑中部呈灰白色,边缘深褐色,有灰黑色霉层附着。

综合防治措施:①与禾本科作物合理轮作;②增施有机肥料,改良土壤,增强抗病力;③合理密植,科学灌水,防止田间湿度过高;④秋季清除病叶,减少病菌来源;⑤发病初期喷1:1:100波尔多液,或用75%百菌清可湿性粉剂600～800倍液,或50%甲霜灵可湿性粉剂500倍液,或用50%多菌灵可湿性粉剂600倍液或70%甲基硫菌灵可湿性粉剂或75%代森锰锌(全络合态)800倍液,或30%醚菌酯1 500倍液,或用异菌脲(50%扑海因)可湿性粉剂800倍液喷雾防治,7～10 d喷1次,连喷2～3次。

(3)斑枯病 该病主要为害叶片。受叶脉限制,叶上病斑呈多角形或不规则形状,深褐色或黑褐色。发病后期,病斑中部呈灰白色,散生小黑点。发病严重时,整个叶片布满黑斑,呈铁黑色枯死。

综合防治措施:①与禾本科作物轮作;②发病初期喷50%多菌灵可湿性粉剂或70%甲基硫菌灵可湿性粉剂1 000倍液,或75%代森锰锌(全络合态)800倍液,或30%醚菌酯1 500倍液,或异菌脲(50%扑海因)可湿性粉剂800倍液喷雾防治。7～10 d喷1次,连喷2～3次。

(4)叶斑病 该病在北苍术整个生长期均可发生。为害初期,出现深褐色圆形小病斑。为害后期,病斑面积扩大相连,病斑中间呈炭灰色、边缘深褐色坏死。病部可见灰白色的分生孢子器。发病严重时,叶片坏死脱落。

综合防治措施:①与禾本科作物实行合理轮作;②田间作业时注意减少人为传播;③及时拔除病株并携出田外处理;④发病初期用1:1:120的波尔多液500倍液,或50%多菌灵可湿性粉剂600倍液,或70%甲基硫菌灵1 000倍液,或75%代森锰锌络合物800倍液喷雾防治,7～10 d喷1次,连续防治2～3次。

(5)轮纹病 该病主要对北苍术苗造成为害。发病初期,北苍术叶脉两侧有小黑点附着。发病后期,病斑逐渐扩大,形成黄褐色、轮纹状病斑;病斑扩展相连,叶片干枯,但并不脱落。6—8月,平均28 ℃左右,相对湿度为90%时,发病最重。

综合防治措施:①秋、冬季清除田间枯枝落叶集中烧毁或沤肥处理;②发病初期喷洒50%代森锰锌600倍液,或50%的多菌灵500倍液,视病情连续喷施2～3次,7～10 d 1次。

(二)虫害防治

北苍术的虫害主要有蚜虫及小地老虎等地下害虫。

1. 蚜虫

北苍术受蚜虫为害较为严重,以成虫和若虫吸食茎叶汁液,导致叶片出现小黄白点或嫩叶卷缩,影响叶片正常光合作用和北苍术正常生长。

综合防治措施:①黄板诱杀。早春有翅蚜初发期可用市场上出售的商品黄板,或用60 cm×40 cm长方形纸板或木板等,涂上黄色油漆,再涂一层机油,挂在行间,每亩挂30块左右,当黄板粘满蚜虫时,再涂一层机油;②秋季清除枯枝和落叶,深埋或烧毁;③无翅蚜发生初期,用0.3%苦参碱乳剂800~1 000倍液,或天然除虫菊素2 000倍液,或15%茚虫威悬浮剂2 500倍液等植物源农药喷雾防治;④在发生期用10%吡虫啉可湿性粉剂1 000倍液,或3%啶虫脒乳油1 500倍液,或50%辟蚜雾2 000~3 000倍液等进行喷洒防治,7~10 d 1次,连续进行至无蚜虫为害为止。

2. 小地老虎

小地老虎多在早春北苍术出苗及返青出苗时,为害北苍术茎基部,导致北苍术部分茎叶枯萎死亡。

综合防治措施:①3—4月,清除田间及周围杂草和枯枝落叶,消灭越冬虫源;②成虫产卵以前利用黑光灯诱杀;或成虫活动期用1∶0.5∶2(糖∶酒∶醋)的糖醋液放在田间1 m高处诱杀,每亩放置5~6盆;③如下三种药剂防治方法任选其一或综合运用:a)毒饵防治,每亩用90%敌百虫晶体0.5 kg或50%辛硫磷乳油0.5 kg,加水8~10 kg喷到炒过的40 kg棉仁饼或麦麸上制成毒饵,于傍晚撒在秧苗周围,诱杀幼虫;b)毒土防治,每亩用90%敌百虫粉剂1.5~2 kg,加细土20 kg配制成毒土,顺垄撒在幼苗根际附近,或用50%辛硫磷乳油0.5 kg加适量水喷拌细土50 kg,在翻耕地时撒施;c)喷灌防治,用4.5%高效氯氰菊酯3 000倍液,或50%辛硫磷乳油1 000倍液等喷灌防治幼虫。

六、采收与初加工

北苍术生长3~4年,于春、秋两季采挖,但以秋季地上茎叶枯萎后至春季越冬芽萌动前质量较好。挖出后,除去茎、叶及泥土,晒至4~5成干时装入筐内,撞掉须根和附着泥土;再晒至6~7成干,撞第2次,使大部分老皮撞掉;晒至全干时再撞第3次,直到表皮呈黄褐色为止。大面积规模化种植企业,可购买撞药机进行撞药加工。

第三节　柴　胡

一、概述

柴胡为伞形科(Umbelliferae)多年生草本植物柴胡(*Bupleurum chinense* DC.)

或狭叶柴胡（*Bupleurum scorzoneri folium* Willd.）的干燥根,药材名柴胡。按性状、产地的不同,把前者习称为"北柴胡",后者称为"南柴胡"。柴胡性微寒,味辛、苦。归肝、胆、肺经。具有疏散退热,疏肝解郁,升举阳气之功效。常用于治疗感冒发热,寒热往来,胸胁胀痛,月经不调,子宫脱垂,脱肛等症。北柴胡主产于河南、河北、辽宁、北京、甘肃等省区;内蒙古、山东也产。南柴胡主产于湖北、江苏、四川;黑龙江、吉林、安徽、内蒙古也产。

柴胡含有多种柴胡皂苷、挥发油、脂肪、黄酮、多元醇、香豆素、植物甾醇、多糖、微量元素等主要成分。现代药理研究认为有抗菌、抗炎、抗病毒(尤其流感病毒)等作用。柴胡为中药配方中的一味常用中药,最著名的方剂为《伤寒论》中的"小柴胡汤"。

二、植物学特征

柴胡为多年生草本,高 40～85 cm。主根较粗大,坚硬。茎单一或数茎丛生,上部多回分枝,微作"之"字形曲折。叶互生;基生叶倒披针形或狭椭圆形,长 4～7 cm,宽 6～8 mm,先端渐尖,基部收缩成柄;茎生叶长圆状披针形,长 4～12 cm,宽 6～18 mm,有时达 3 cm,先端渐尖或急尖,有短芒尖头,基部收缩成叶鞘,抱茎,脉 7～9。复伞形花序多分枝,顶生或侧生,梗细,常水平伸出,形成疏松的圆锥状;总苞片 2～3,或无,狭披针形;小总苞片 5～7,披针形;小伞形花序有花 5～10,花柄长约 1.2 mm,直径 1.2～1.8 mm;花瓣为鲜黄色,花柱基为深黄色,宽于子房。双悬果广椭圆形,棕色,两侧略扁,长 2.5～3 mm,棱狭翼状,淡棕色。花果期 7—9 月。

狭叶柴胡与柴胡的区别主要是叶片狭长,线形或狭线形,茎基部常留有多数棕红色或黑棕色枯叶纤维。根为红色,具香菜味。

北柴胡与南柴胡的药材性状也有明显差别。北柴胡表面呈灰黑色或黑褐色,根头膨大,呈疙瘩头状;主根顺直,顶端残生 3～15 个茎基或短纤维状叶基;或稍弯曲;下部有分枝;质较坚韧(硬而韧)、不易折断,断面呈木质纤维性,黄白色。南柴胡外形与上者相似;但根较细、侧根少、多弯曲;表面呈红棕色或棕褐色,根头膨大不明显,无疙瘩头;但有叶片枯死后遗留的毛状纤维;质脆(稍软)、易折断,断面平坦,呈淡棕色。

三、生物学特性

1. 生长习性

柴胡喜温和气候,耐寒,忌高温;开花结实期对温度要求严格,以 20～25 ℃适宜;<20 ℃或>25 ℃,对开花结实不利;柴胡耐寒力强,在黑龙江－41 ℃以下,仍能自然越冬。

幼苗喜湿、怕旱、怕强光，成株耐旱、怕涝、喜光。

喜疏松肥沃、排水良好的壤土、沙壤土及腐殖质土；黏重、沙土、低洼易涝、盐碱地等生长不良。

2. 种子萌发出苗特性

（1）柴胡种子发芽率较低，寿命短。柴胡种子发芽率一般为 50%～60%；种子寿命为不超过 1 年。常温存放 1 年即丧失发芽力。

（2）发芽的适宜温度范围窄。发芽最低温度为 10 ℃，适宜温度为 15～25 ℃，最高温度为 30 ℃左右；最适温度为 20 ℃左右，发芽快，发芽率高；温度超过 25 ℃，发芽速度变慢，发芽率逐渐降低；在 30 ℃温度下，种子很少发芽。

（3）种子小，顶土力差。种子千粒重为 1.2～1.6 g，覆土厚度达 2 cm 时，出苗率就显著降低；覆土厚度超过 2 cm，柴胡极少出苗。所以，柴胡顶土能力为不超过 2 cm。

（4）萌芽慢、出苗时间长。柴胡种子一般 10 d 左右开始萌芽，15～20 d 达约 50% 的发芽率。播种至出苗所需天数为 15～60 d，因播种季节不同和土壤墒情状况而有较大差异。

3. 生长发育

柴胡从种子萌发（或第二年出苗返青）到下一个生长年度的返青，整个生长发育过程大体可以分为萌发出苗期（返青期）、幼苗期（基生叶形成期）、茎枝形成期、开花结实期、根部快速增重期、越冬期六个生育时期。全年生长期 160～210 d（表 2-3-1）。

表 2-3-1　河北承德中部二年生柴胡生长发育进程

生育时期	返青期	幼苗期	茎枝形成期	开花结实期	根部快速增重期	越冬期
日期	3.31	4.1～5.10	5.11～6.15	6.16～9.5	9.6～10.31	11.1～翌年返青
经历时间（d）		40	35	80	55	150
器官建成特点	越冬芽萌动出苗	基生叶形成	茎枝及茎生叶形成	蕾、花、实分枝及叶片	根部增重开花结实枝叶衰亡	植株休眠越冬

柴胡为直根系，主根较发达，以根入药。据中国医学科学院药用植物研究所魏建和等在北京的研究表明，柴胡主根第一年主要生长长度，根长甚至在苗期已基本定型；第二年、第三年根的重量增加较多。一年之中，前期主要长根的长度，粗度和干重增加缓慢；7 月中旬至 8 月中旬，根部干物质增加较多；8 月中旬至 9 月中旬的现蕾开

花期,根部干物质增加减慢;9月中旬至10月中旬根部干物质增长最快;10月中旬后至地上枯萎根部干物质增长数量仍很大。说明在北京9月中旬以后是柴胡根部增重和产量形成的主要时期。与承德的研究结果基本一致。根的折干率是随着生长阶段的推进而不断提高,尤其是后期则快速提高(表2-3-2)。

表 2-3-2 柴胡根系生长及干物质积累动态

日期	出苗后(d)	主根长(cm)	根上茎(根粗 mm)	根鲜重(g)	根干重(g)	阶段生长量(g)	占最后比例(%)	折干率(%)
6.16	35	15.5	0.69		0.014	0.014	0.71	
7.16	65	20.3	1.43	0.739	0.092	0.078	3.93	12.4
8.16	96	18.8	2.92	3.452	0.537	0.445	22.43	15.6
9.16	127	18.4	3.63	4.042	0.73	0.193	9.73	18.1
10.16	157	14.5	4.14	5.757	1.416	0.683	34.73	24.6
11.16	188	14.5	4.22	6.376	1.984	0.568	28.63	31.1

注:表中"阶段生长量"及"占最后比例"两栏数据系本书作者根据原有数据计算而来。

在承德中部,春季播种在5月底前出苗的,当年大部分植株抽茎开花,并能获得一定量成熟的种子;6月底以前出苗的,部分植株抽茎开花、结实,但种子多不能成熟;7月上旬以后出苗的,植株当年基本不能抽茎开花。第二年及以后,3月底至4月上旬返青;5月上中旬抽茎、分枝,5月底至6月上旬现蕾;6月中旬前后开花;7月上旬前后结果;8月下旬果实始熟至枯萎前。

平地种植的柴胡,生长超过2年,烂根死苗严重,且根系木质化加重,药材质量降低。所以,平地栽培柴胡,生长年限一般不宜超过2年。

4. 品质形成

柴胡中含有柴胡皂苷、挥发油、黄酮、植物甾醇、香豆精、木脂素、生物碱、有机酸、糖类等成分,其中皂苷和挥发油为主要有效成分,柴胡皂苷 a、柴胡皂苷 d 具有明显的药理活性,为《中华人民共和国药典》(2020年版)规定的柴胡主要指标成分。中国医学科学院药用植物研究所魏建和等在北京的研究表明,柴胡不同生长年限秋季采收根部主要有效成分柴胡皂苷 a 和柴胡皂苷 d 的含量变化不大。说明不同生长年限对柴胡内在质量的影响不明显。

在同一生长年限不同生长发育阶段中,柴胡主要有效成分的变化,各生长年限表现趋势不尽一致。一年生柴胡根中柴胡皂苷 a 的含量变化不大,而柴胡皂苷 d 在开花后含量显著降低。开花对二年生柴胡根中柴胡皂苷 a、柴胡皂苷 d 的含量有显著影响,但对三年生柴胡影响不明显。

四、规范化栽培技术

(一)选地、施肥、整地、做畦

种植柴胡宜选择土层较厚,疏松较肥沃,排水良好的沙壤土、壤土或腐殖质土;平地、坡地均可。但以山坡梯田及缓坡地更适宜。忌黏土、低洼易积水地。前茬以谷类、薯类为宜。选好地后,每亩施用充分腐熟的农家肥 3 000~4 000 kg,配合施入 10~20 kg 磷酸氢二铵或氮磷钾三元复合肥。均匀撒施,施后深耕 20~25 cm;随后耙细整平,做成宽 120~150 cm 的平畦或高畦。春季覆膜播种的宜做成 100 cm 一带、畦面宽 60~70 cm、高 10~15 cm 的小高畦。无灌水条件的旱地可不做畦。

采用套种方式种植的柴胡,其前作物一定要深耕、多施肥,以便更好地满足柴胡生长发育对土壤环境条件和养分的需要。在施肥方面必须做到一茬施肥两茬用。

(二)播种

柴胡用种子繁殖,又以直播为宜。但因柴胡种子小,顶土力差,萌发慢,出苗时间长,播种保苗难度较大。所以,应因地制宜地选好播种期、播种方法和播种量等关键技术环节与技术参数。

1. 播种期

北方种植柴胡,春、夏、秋季均可播种,应视具体情况,因地制宜地选择。

(1)春播 当土壤表层温度稳定在 5 ℃以上,或土壤解冻达 5 cm 以上,或土壤返浆期前后,即可进行播种。春播宜早不宜迟。在春旱严重,且又没有灌溉条件的干旱地区与地块,一般不宜春播。

(2)夏播 播种时间选择在多雨季节,又称雨季播种。在春旱严重又无水利条件的地区,实行夏播是解决土壤水分不足的有效方法。夏播是柴胡主产区的主要播种季节。应结合当地的天气预报,选择连阴雨天气即将到达时播种最为适宜。有些地区或年份会出现伏旱,影响旱地柴胡的出苗与保苗,应注意妥善避开。在生育期短的地区宜选择夏天雨季播种,且以采用套播的方式更为适宜。

(3)秋播 秋播又可分为早秋播种和晚秋播种两个时期。早秋播种宜早不宜迟,在河北承德一般于立秋前后的 8 月上旬至 9 月上旬,播种后当年即可出苗,且可安全越冬。早秋播种也是无水浇条件的干旱或半干旱地区种植柴胡实现全苗的关键,即适宜播种期之一;又是防止柴胡苗期杂草危害的有效途径。在生育期长的地区宜早秋播种。

晚秋播种的时间一般在 10 月中下旬至 11 月初,土壤未上冻前进行。宜选用当

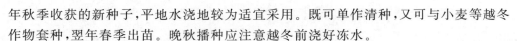

年秋季收获的新种子,平地水浇地较为适宜采用。既可单作清种,又可与小麦等越冬作物套种,翌年春季出苗。晚秋播种应注意越冬前浇好冻水。

2. 播种方式方法

柴胡的播种方式有窄行条播、宽行宽幅条播和宽带撒播。

(1)窄行条播 传统的柴胡种植多采用此法。即按行距 15~20 cm,开 1~2 cm 深的浅沟,按照 1~1.5 kg/亩的播种量,均匀撒入种子,覆土 1~1.5 cm,播后适时镇压。麦区种植柴胡可选用小麦播种机播种。

(2)宽行宽幅条播 较适于在玉米、大豆、谷子等田间套种柴胡采用。即于前作玉米、大豆、谷子等生长中后期,用锄或其他农具及农机具将行间土疏松,宽度为整个行间,20~30 cm,然后整个疏松部位均匀撒播柴胡种子,也可用滚筒将柴胡种子滚入疏松的行间,再用大锄稍推压或木滚子轻压盖籽即可。播种量不低于 1.5~2.0 kg/亩。播后若无适当降雨,应适时灌水。

(3)宽带撒播 较适于在幼龄果树或幼龄林带行间种植柴胡采用。播种带宽以 80~100 cm 为宜,适当增减也可。方法是:用耙子把地搂埂,然后在地面均匀撒种,再用耙子轻搂,最后再轻轻镇压即可。播种量不低于 2.0~2.5 kg/亩。经李世教授多年的探索研究发现,选择雨季在玉米、大豆或幼龄果树行间套播,采用宽行宽幅和宽带撒播的播种方式,适当增加播种量,播后地面适当的覆盖树叶、秸秆、碎草等覆盖物,增加柴胡留苗密度,是确保柴胡全苗,有效解决苗期除草难题,提高柴胡产量与种植效益的最主要的关键技术。

(三)田间管理

1. 去除覆盖物

齐苗后选阴天,或晴天傍晚去除地膜、树叶、秸秆、碎草等覆盖物;草多者应分批去除;盖草较少,对柴胡生长无影响者,可不去除。

2. 中耕除草

柴胡幼苗细小,生长缓慢,最怕草荒。因此,出齐苗后,应注意适时中耕除草。前期中耕除草宜勤、宜浅、宜细;中后期中耕除草,可稍深,也可人工拔除。此外,大面积机械化种植柴胡,也可慎重的选择使用除草剂除草。播种后出苗前防除杂草,可试用二甲戊灵、乙草胺、精奎禾灵、氟乐灵、农达等。

3. 间定苗补苗

对于易保苗的地块,可于柴胡苗高 6~8 cm 时,一次性间定苗。方法宜简不宜繁,间除过密处多余的苗即可。留苗密度不低于 60~70 株/m²。严重缺苗部位,可结合间苗,进行移栽补苗。

4. 追肥

春季播种适时出苗,生长期两年的,可于第一年定苗后和第二年返青后各追一次肥,有条件的可追施人畜粪水 1 500～2 000 kg/亩或硫酸铵 8～10 kg/亩,加磷酸氢二铵或氮磷钾三元复合肥 5～7 kg/亩。雨季套种的,条件许可时可在第一年越冬前田间撒一层厩肥或堆肥,2 000～3 000 kg/亩;第二年返青后、封垄前再追一次肥,追施硫酸铵 8～10 kg/亩和氮磷钾三元复合肥 5～7 kg/亩。

5. 灌水与排水

出苗前后保持土壤湿润,注意保墒或遇旱适时浇水;柴胡成株具有耐旱、怕湿、怕积水的特点。因此,不遇严重干旱可不浇水;有水浇条件的,遇严重干旱应适时适量灌水。多雨季节,注意排水防涝,尤其是低洼地块和平地。

6. 割茎去蕾

柴胡现蕾后,进入营养生长和生殖生长并进并旺时期,时间长达 3 个月左右。由于柴胡不断地、大量的现蕾、开花、授粉、结实,所以,此阶段植株合成的营养物质主要用于开花结果,而柴胡种植主要是收根作为药材商品。因此,为了提高根的产量和质量,就必须调节柴胡不同器官的建成和生长方向,做到控制生殖生长,适当促进营养生长;控制地上部器官生长,促进根系生长。不留种的纯柴胡商品生产田常用的方法是割茎去蕾。即当部分植株花蕾出现,植株高度达 50 cm 左右时,将茎顶和花蕾割除。以后,视分枝及花蕾生长情况,再进行 1～2 次。各地实践证明,增产效果显著。留种田于 8 月下旬至 9 月上旬将未开花的花蕾花序全部剪除。

(四)留种采种

柴胡以二年生留种为宜。留种田应适当稀植,增施磷、钾肥和疏花疏果,以提高种子饱满度和粒重。待 70%～80% 果实成熟时,适时采收、晾晒、脱粒、清选、干燥与贮藏。

五、病虫害防治

(一)病害

柴胡常见病害有根腐病、斑枯病、锈病等。

1. 根腐病

根腐病是柴胡常见的病害,主要为害根部。发病初期支根和须根变褐腐烂,逐渐向主根扩展,主根发病后,根部腐烂,只剩下外皮,最后全株或成片死亡。高温高湿、土壤排水不畅的地块有利于该病害的发生。

综合防治措施:①选好地块,选择疏松肥沃、排水良好的土壤与地块种植;②合理轮作,与禾本科作物实行轮作,避免重茬与连作;③合理施肥,适量控施氮肥,增施磷、钾肥,提高植株抗病力;④雨季及时排除田间积水;⑤发现根腐病株及时拔除,集中销毁处理,随后用5%或10%生石灰水等浇灌病穴;⑥发病初期用70%甲基硫菌灵可湿性粉剂1 000倍液,或75%代森锰锌(全络合态)800倍液,或3%广枯灵(恶霉灵+甲霜灵)600～800倍液等喷洒或浇灌病株根部。10 d左右1次,连续进行2～3次。

2. 斑枯病

斑枯病主要为害叶片。受害植株叶片形成病斑,病斑呈多角形或不规则形状,深褐色或黑褐色。发病严重时,整个叶片布满黑斑,呈铁黑色,枯死。

综合防治措施:①与禾本科作物轮作;②发病初期喷50%多菌灵可湿性粉剂1 000倍液,或75%代森锰锌(全络合态)800倍液,或30%醚菌酯1 500倍液,或异菌脲(50%朴海因)可湿性粉剂800倍液喷雾防治。7～10 d喷1次,连喷2～3次。

3. 锈病

由真菌侵染引起,主要为害叶片,感病后病叶背略呈隆起,后期破裂散出橙黄色的孢子。5—6月开始发病,雨季发病严重。此外,密度过大,氮肥过多,植株徒长,田间湿度过大,通风透光不良,均易发病。

综合防治措施:①增施磷钾肥,提高植株抗病力;②雨季及时排除田间积水,降低田间湿度;③于发病初期或之前选用50%多菌灵可湿性粉剂600倍液,或甲基硫菌灵(70%甲基托布津可湿性粉剂)1 000倍液,或75%代森锰锌络合物800倍液等保护性杀菌剂喷雾防治;发病后选用戊唑醇(25%金海可湿性粉剂)或三唑酮(15%粉锈宁可湿性粉剂)1 000倍液,或25%丙环唑200倍液等治疗性杀菌剂喷雾防治。7～10 d喷1次,连喷2～3次。

(二)虫害

柴胡常见虫害有蚜虫、红蜘蛛、黄凤蝶和赤条蝽象等。

1. 蚜虫

蚜虫以成虫和若虫吸食茎叶汁液,主要为害植株顶端的幼嫩茎叶,影响柴胡正常生长。

综合防治措施:①黄板诱杀。早春有翅蚜初发期可用市场上出售的商品黄板,挂在行间,每亩挂30块左右,当黄板粘满蚜虫时,再涂一层机油;②秋季清除枯枝和落叶,深埋或烧毁;③无翅蚜发生初期,用0.3%苦参碱乳剂800～1 000倍液,或天然除虫菊素2 000倍液,或15%茚虫威悬浮剂2 500倍液等植物源农药喷雾防治;④在发生期用10%吡虫啉可湿性粉剂1 000倍液,或3%啶虫脒乳油1 500倍液,或50%辟蚜雾2 000～3 000倍液等进行喷洒防治,7～10 d 1次,连续进行至无蚜虫为害为止。

2. 红蜘蛛

红蜘蛛以成虫和若虫吸食茎叶汁液，主要在叶片背部为害。

综合防治措施：于田间点片发生初期，用 1.8％阿维菌素乳油 2 000 倍液，或 0.36％苦参碱水剂 800 倍液，或 73％克螨特乳油 1 000 倍液，或 20％哒螨灵 2 000 倍液，或 5％唑螨酯或 24％螺螨酯悬浮剂 3 000 倍液喷雾防治 7～10 d 1 次，连续进行至无红蜘蛛为害为止。

3. 黄凤蝶

黄凤蝶为鳞翅目凤蝶科昆虫。主要于 7—9 月发生为害，幼虫咬食叶和花蕾等。

综合防治措施：①幼虫发生初期和 3 龄期以前，结合田间管理人工捕杀幼虫；②产卵盛期或卵孵化盛期，用 100 亿/g 活芽孢 Bt 可湿性粉剂 200 倍液，或青虫菌（每克含孢子 100 亿）300 倍液，或用氟啶脲（5％抑太保）2 500 倍液，或 25％灭幼脲悬浮剂 2 500 倍液，或 25％除虫脲悬浮剂 3 000 倍液，或氟虫脲（5％卡死克）乳油 2 500～3 000 倍液，或虫酰肼（24％米满）1 000～1 500 倍液等生物性农药防治；③卵孵化盛期或低龄幼虫期，用 1.8％阿维菌素乳油或 1％甲氨基阿维菌素苯甲酸盐乳油 2 000 倍液，或 4.5％高效氯氰菊酯或联苯菊酯（10％天王星乳油），或 90％晶体敌百虫 800 倍液等喷雾防治。7～10 d 喷 1 次，连喷 2～3 次。

4. 赤条蝽象

赤条蝽象属半翅目刺肩蝽科昆虫。7—9 月发生危害；成、若虫吸食汁液；通常发生普遍而严重；可结合黄凤蝶发生情况，一同防治。

六、采收加工

1. 采收

生长适宜的年限采收是柴胡实现高产、优质、高效的重要前提。综合全国各柴胡产区以及柴胡产量、主要有效成分含量和种植效益的关系，初步认为家种柴胡以生长一年半（雨季播种）或二年（春季播种）更为适宜。采收季节，以秋季植株接近枯萎，或早春萌芽前为宜。收获时，选择晴天，先将地上茎秆割除，然后用拖拉机单铧犁顺行将柴胡根翻出地表，人工拾拣即可。柴胡根浅、根小，也可人工用铁锹挖取或用镐刨收。收获时尽量减少柴胡根系破皮和过度伤断。大面积规模化种植的，采用起药机机械收获更好。

2. 产地加工

柴胡产地加工极为简单。一般于收获后，及时抖去泥土，除去残茎，室外自然晒干即可。如遇连阴雨天气，也可移入烘干室烘干。烘干温度以 50～60 ℃为宜，受热要均匀。晒至半干时，按大中小或茎粗 0.5 cm 以上，0.2～0.4 cm，0.2 cm 以下 3 个等级,将根理顺捆成小捆再晒。晒至含水量降到 10% 以下时,即可入库贮藏或销售。

第四节 黄 芪

一、概述

中药黄芪,为豆科黄芪属植物蒙古黄芪[*Astragalus memeranaceus*(Fisch.)Bge. Var. *mongholicus*(Bge.)Hsiao]或膜荚黄芪[A. *membranaceus*(Fisch.)Bge.]的根。味甘,性微温,归肺、脾经。具有补气升阳,固表止汗,利水消肿,生津养血,行滞通痹,托毒排脓,敛疮生肌等功效。用于气虚乏力,食少便溏,中气下陷,久泻脱肛,便血崩漏,表虚自汗,气虚水肿,内热消渴,血虚萎黄,半身不遂,痹痛麻木,痈疽难溃,久溃不敛等症。主治脾气虚证,肺肾气虚证,气虚自汗证,气血亏虚,疮疡难溃难腐,或溃久难敛等。黄芪是名贵的补药之一。蒙古黄芪产于内蒙古、河北、山西、北京、天津、吉林、辽宁、黑龙江、山东等省;膜荚黄芪主产于山西、内蒙古、河北、甘肃、陕西及东北三省等。两种黄芪,北方各省区多有栽培。

二、形态特征

蒙古黄芪:多年生草本,高 50～150 cm。根直长,圆柱形,稍带木质,表面淡棕黄色至深棕色。茎细弱,直立或半直立,被短柔毛,上部有分枝。奇数羽状复叶,互生;叶柄基部有披针形托叶;小叶 25～37 片,小叶片宽椭圆形,先端稍钝,有短尖,基部楔形,全缘,两面有白色长柔毛。总状花序腋生,有花 10～25 朵;小花梗短,生黑色硬毛;苞片线状披针形;花萼筒状;花冠黄色;蝶形;雄蕊 10,二体;子房有柄,光滑无毛,花柱无毛。荚果膜质,膨胀,卵状长圆形,宽 1.1～1.5 cm,无毛,先端有喙,有显著网纹。种子 5～6 颗,肾形,黑色。花期 6—7 月,果期 8—9 月。

膜荚黄芪:形态和上种极相似,主要区别为茎粗壮,直立生长,被长柔毛;小叶 13～31 片,小叶片卵状披针形或椭圆形,长 7～30 mm,宽 4～10 mm。花冠淡黄色;子房被疏柔毛。荚果卵状长圆形,长 2～2.5 cm,宽 0.9～1.2 cm,被黑色短毛。

三、生长习性

黄芪喜凉爽气候,有较强的耐旱、耐寒能力,忌涝,怕高温。适宜生长在土层深厚、疏松肥沃、渗水力强、中性或碱性的沙质壤土上,重盐碱地、黏土、涝洼地生长不良。忌连作,也不宜与马铃薯、菊花、白术等连作,前茬以禾本科作物为最适。黄芪种子有硬实现象,硬实率因成熟度不同而异,高者可达 30%～60%。

四、规范化栽培技术

(一)选地、选茬、施肥、整地、做畦

山区、半山区宜选地势向阳,土层深厚、土质肥沃的沙壤土或棕色森林土。平地选地势较高,渗水力强,地下水位低的沙壤土或壤土,忌盐碱土、黏土及低洼易积水地块。前茬选择禾本科作物。于前作收后,及时秋深翻 30 cm 以上,翌年早春再浅翻一次,结合浅翻亩施腐熟厩肥或堆肥 2 500～3 000 kg,过磷酸钙 30～50 kg 或磷酸氢二铵 15～20 kg,翻后耙细整平,做成宽 2 m 左右的平畦或高床,实践证明,高床更有利于提高黄芪的产量及商品质量,尤其是平地,做高床更为必要。

(二)播种

1. 选种

黄芪种子易遭虫蛀,且有部分种子成熟不良,所以,播前应用清水漂选种子,选出虫蛀粒、秕粒及杂质,留下饱满籽粒做种。

2. 播前种子处理

黄芪种皮坚硬,吸水力差,播前需经处理。常用方法有如下三种:

(1)机械损伤　传统的方法是将种子平铺在石碾上碾至外皮由棕黑色变为灰棕色即可;也可将种子拌 2 倍河沙,相互揉搓摩擦,当种子发亮时,即可带沙播种。现在较简便通行的方法是用研磨机像碾米一样处理 1～2 遍,至种子发亮时即可。

(2)沸水催芽　先将种子放入沸水中急速搅拌 1 min,立即加入冷水至 40 ℃,再浸泡 2 h,然后将水倒出,将种子装入袋中,上加覆盖物闷 12 h,待种子膨胀或裂口时及时进行播种。

(3)硫酸处理　对老熟、硬实的种子,用 70%～80% 的硫酸溶液浸泡 3～5 min,迅速取出在流水中冲洗半小时后即可播种,因存在安全风险,生产较少采用。

3. 播种

黄芪用种子繁殖。直播和育苗移栽均可,但以直播为宜,产量高,商品质量好。

(1)直播　在北方春、夏、秋季均可播种。春季应在土壤解冻后抢墒适时早播,播

后 15 d 左右即可出苗;夏播应在雨季选阴天播种,水分适宜时播后 7～8 d 即可出苗;秋播应于土壤结冻前 10 d 左右进行,播后灌一次封冻水,翌春出苗早,生长壮。播种时,于做好的畦内按行距 40 cm,开深 2～3 cm 的浅沟,将种子均匀撒入沟内,覆土与沟平,并稍加镇压。每亩播种量 1～1.5 kg。规模化生产多采用机械播种,个别还有采用绑籽播种,可节省大量种子。

(2)育苗移栽　用于育苗移栽的地块,除应适宜黄芪生长外,还应有灌溉条件,以便遇旱灌水,确保全苗。播种期同直播。条播、撒播均可。条播时,于做好的畦内,按行距 15～20 cm 开深 3 cm 的浅沟,将处理过的种子拌 2～3 倍湿河沙均匀播入沟内,覆土 2 cm,稍压实,浇透水,上面盖草保温保湿。撒播时,先将畦面浇透水,水渗后将种子拌湿沙均匀撒入畦面上,覆盖过筛细土 1～2 cm 即可。每亩播种量 8～10 kg。播后如温湿度适宜,10 d 左右即可出苗。出苗后加强管理,及时疏苗和中耕除草,至当年秋末或翌春土壤解冻后将根挖出,选条长、无断损、无病虫害的种根,按行距 40 cm 开沟,按株距 10～15 cm 将种根斜栽或平放于沟内,然后覆土、镇压并浇水。

(三)田间管理

1. 及时间定苗和补苗

直播田于苗高 6 cm 左右时进行间苗,去除弱苗和过密苗;苗高 10 cm 时,按株距 10 cm 左右进行定苗,并对缺苗部位进行移栽补苗,去密补稀,带土移栽。

2. 中耕除草

一般要进行 3～4 次。第一次结合间苗进行,宜浅;第二次于定苗后;以后视情况再中耕除草 1～2 次至封行为止。防治苗期杂草,也可采用化学防治方法,可在播种后、出苗前,喷施除草剂氟乐灵或二甲戊灵,要根据杂草种类,选择除草剂,严格控制浓度及用量,要事先做好试验。

生长的第二、第三年,于返青后视情况进行 2～3 次中耕除草。

3. 追肥

黄芪生长期间,根据生长情况,结合中耕除草,每年追肥 2～3 次。第一次于定苗或返青后,每亩追施人畜粪水 1 000 kg,或磷酸氢二铵 5 kg 加硫酸铵 10 kg,或复合肥 20 kg 左右;第二次于旺长或封垄前,每亩追尿素 10 kg;第三次于枯苗后结冻前,每亩追厩肥 2 000～2 500 kg 和过磷酸钙 30～50 kg,或复合肥 20～30 kg。

4. 灌排水

黄芪耐旱怕涝,出苗后少浇水,保持地面稍干,有利促进根系深扎;开花时,需水量较多,遇旱应适时适量浇水。雨季应注意及时排水防涝;如遇盛夏中午暴雨后骤晴,除应及时排除积水外,还应灌深井水降低地温,以防烂根死苗。

5. 打顶

于 7 月下旬至 8 月初打顶,可以减少消耗,促进根系生长,提高黄芪产量。

五、病虫害防治

(一)病害

黄芪常见病害有根腐病、立枯病、白粉病和枯黄萎病等。

1. 根腐病

根腐病是黄芪常见的病害,主要为害根部。高温高湿、土壤排水不畅的地块有利于该病害的发生。

综合防治措施:①选好地块,选择疏松肥沃、排水良好的土壤与地块种植;②合理轮作,与禾本科作物实行轮作,避免重茬与连作;③合理施肥,适量控施氮肥,增施磷、钾肥,提高植株抗病力;④雨季及时排除田间积水;⑤发现根腐病株及时拔除,集中销毁处理,随后用 5% 或 10% 生石灰水等浇灌病穴;⑥发病初期用 70% 甲基硫菌灵可湿性粉剂 1 000 倍液,或 75% 代森锰锌(全络合态)800 倍液,或 3% 广枯灵(恶霉灵+甲霜灵)600～800 倍液等喷洒或浇灌病株根部。10 d 左右 1 次,连续进行 2～3 次。

2. 立枯病

立枯病主要由半知菌亚门真菌立枯丝核菌侵染引起。多发生在幼苗中、后期。主要为害幼苗茎基部或地下根部,初为椭圆形或不规则暗褐色病斑,病苗早期白天萎蔫,夜间恢复,随病部逐渐凹陷、缢缩,最后干枯死亡,但不倒伏。

综合防治措施:①与禾本科作物合理轮作;②苗期加强中耕松土与锄草;③合理追肥浇水;④雨后及时排水;⑤发现病株时,用 95% 恶霉灵(土菌消)可湿性粉剂 4 000～5 000 倍液,或用 50% 多菌灵 600 倍液,或甲基硫菌灵(70% 甲基托布津可湿性粉剂)1 000 倍液,或 75% 代森锰锌络合物 800 倍液,或 20% 灭锈胺乳油 150～200 倍液,或 3% 广枯灵(恶霉灵+甲霜灵)600～800 倍液喷灌,喷雾防治。每 7～10 d 喷 1 次,连续喷治 3 次以上。

3. 白粉病

白粉病主要为害叶片和果荚,产生白色粉状病斑,导致叶片和果荚生长不良,提早干枯或结实不良甚至不结实。密度过大,光照不足,氮肥过多,徒长苗易发病。

综合防治措施:①选择地势较高,通风良好的地块;②合理密植,避免密度过大;③合理施肥,氮、磷、钾肥合理搭配,避免氮肥施用过多;④雨季注意排水防涝;⑤发病初期,喷施 40% 氟硅唑乳油 5 000 倍液,或 12.5% 烯唑醇可湿性粉剂 1 500 倍液,或 10% 苯醚甲环唑水分散颗粒剂 1 500 倍液,25% 三唑醇 4 000 倍液;30% 醚菌酯 1 200

倍液。10 d 左右 1 次,连喷 2～3 次。

4. 枯黄萎病

枯黄萎病是危害较为严重的维管束病害,导致植株凋萎或枯死。

综合防治措施:①与禾本科作物实行 3～5 年轮作;②增施有机肥料,提高植株抗病能力;③注意防治地下害虫,中耕时避免伤根;④发现病株应及时剔除,并携出田外处理;⑤发病初期用 50％琥胶肥酸铜(DT 杀菌剂)可湿性粉剂 350 倍液,用 30％恶霉灵或 25％咪鲜胺 1 000 倍液,或 3％广枯灵(恶霉灵＋甲霜灵)600～800 倍液,或 70％恶霉灵 500 倍液等喷淋或灌根,每株 0.3～0.5 kg,每 10 d 1 次,连喷灌 3 次以上。

(二)虫害

1. 蚜虫

综合防治措施:①黄板诱杀,每亩挂 30～40 块;②无翅蚜发生初期,用 0.3％苦参碱乳剂 1 000 倍液,或天然除虫菊素 2 000 倍液等植物源杀虫剂喷雾防治;③发生期用 10％吡虫啉可湿性粉剂 1 000 倍液,或 3％啶虫脒乳油 1 500 倍液,或 4.5％高效氯氰菊酯乳油 1 500 倍液,或 50％辟蚜雾 2 000～3 000 倍液,或 50％吡蚜酮 2 000 倍液或其他有效药剂,交替喷雾防治。

2. 豆荚螟

综合防治措施:①合理轮作,避免与大豆、紫云英等豆科作物连作或套种;②幼虫低龄期用 0.3％苦参碱乳剂 1 000 倍液,或天然除虫菊素 2 000 倍液等喷雾防治;③低龄幼虫盛发期,用 1.8％阿维菌素乳油 3 000 倍液,或 2.5％溴氰菊酯或联苯菊酯(10％天王星乳油)或 4.5％高效氯氰菊酯 1 000 倍液喷雾防治。7～10 d 喷 1 次,防治 2 次左右。

3. 黄芪种子小蜂

在盛花期及种子乳熟期各喷 1 次 50％辛硫磷乳油 1 000 倍液,或多杀霉素(2.5％菜喜悬浮剂)3 000 倍液,或虫酰肼(24％米满)1 000～1 500 倍液,或 1.8％阿维菌素乳油 2 000 倍液,或 4.5％高效氯氰菊酯 1 000 倍液等喷雾防治。

六、采收与产地加工

黄芪播种 1～7 年后均可收获,一般在种植 2～3 年后收获。种植年限过长,尤其是瘠薄地,容易产生黑心或木质化的根。收获季节在秋后地上茎叶枯萎时或春季越冬芽萌动前。由于根长,刨时要细心,防止挖断。规模化种植,多采用中药材根茎收获机收获,可大大提高收获效率。

黄芪根部刨出后切下芦头,去净泥土,晒至半干,堆放 1～2 d,使其回潮,然后摊开再晒,如此反复几次,直至晒干,修去须根毛,扎成小捆,即成生黄芪。也可收获后,用根茎药材清洗机清洗泥土,然后烘干。

黄芪以身条干、粗长、质坚而绵、味甜、粉足者为佳。

第五节　黄　精

一、概述

黄精,别名鸡头黄精、鸡头参、黄鸡菜、老虎姜、大玉竹等。为百合科黄精属多年生草本植物,以根茎入药,味甘,性平。有补脾润肺、益气养阴的功能。主治肺燥干咳、体虚乏力、心悸气短、久病津亏、口干、糖尿病、高血压等症。近代药理研究认为,黄精还具有抗老防衰、轻身延年、调节血糖、血脂、改善记忆以及抗菌消炎、增强免疫之功能,药用价值很高,又是药食兼用中药材。黄精可粮、可菜、可茶、可药。北方各省及全国各地多有分布。

二、形态特征

黄精为多年生草本,株高 30～120 cm。全株无毛。地下根状茎黄白色,味稍甜,肥厚肉质,横生,由多个形如鸡头的部分连接而成为大头小尾状,着生茎的一端较肥大,茎枯后留下圆形茎痕,如鸡眼,节明显,节部生有少数根。茎单一,稍弯曲,圆柱形。叶通常 4～6 片轮生。无柄;叶片条状披针形,先端弯曲,主脉平行。中央脉粗壮在下面隆起。花腋生,白绿色,下垂。伞形花序,总花梗长,顶端常 2 分叉,各生花 1 朵。浆果球形,成熟时黑色。花期 5—6 月,果期 7—9 月。

三、生长习性

黄精喜凉爽、潮湿和较荫蔽的环境,耐寒,怕干旱,地下根茎能在田间自然越冬。喜土层较深厚,疏松较肥沃,排水和保水性能较好的壤土和沙壤土。在干旱地区、干旱地块以及太黏、太沙的土壤生长不良。忌连作。

四、规范化栽培技术

(一)选地整地与施肥

家种黄精应选择湿润半背阴的地块和疏松肥沃的壤土或沙壤土。太黏、太薄以及干旱地块不宜种植。土壤较为肥沃且有水浇条件的稀疏林下或幼龄果树行间也较适宜种植。前作收获后,于选好的地内,每亩撒施优质农家肥 3 000 kg,耕翻 20 cm 以上,耙细整平,做成 1 m 宽的平畦,埂宽 30~35 cm,畦面宽 65~70 cm。

(二)栽植

黄精以根茎繁殖为主,种子虽可繁殖,但因播种出苗率低、生长慢、生长周期长,所以,生产上较少采用。

根茎繁殖时,可于地上植株枯萎后,或早春根茎萌动前,挖取根茎,选中等大小,具有顶芽且顶芽肥大饱满、无病伤的根茎,折成长约 10 cm 的根茎段作为种栽。待种栽断口稍晾干或速蘸适量草木灰后,于做好的畦内,按行距 30 cm 左右,开深 6~7 cm、宽 10 cm 的栽植沟,按株距 10~15 cm,将种顶芽朝上、斜向一方平放栽于沟内,覆土 5~6 cm,稍镇压后再搂平畦面。秋栽的上冻前应浇一次透水,上冻后再盖一层粪肥或防寒土,以便保暖防旱、防冻越冬。翌春化冻后,将覆盖的粪肥或土砸碎搂平,以便出苗。春栽时,若土壤墒情好,栽后可不浇水。否则,应坐水栽种,或栽后适时浇水,以便确保发芽出苗。

(三)田间管理

1. 中耕除草

生长期间,视杂草情况及时中耕除草,中耕宜浅,以免伤根。中后期一般不再中耕,发现大草及时拔除。

2. 及时间种玉米

平壮地栽植黄精宜与玉米间做。一般在出苗前后,于畦梗或畦沟内及时点种玉米,穴距 50 cm,每穴点种 3~5 粒,留苗 2 株,用来给黄精遮阴。

3. 追肥

黄精生长期间,于每年的开花期,每亩追施尿素和三料过磷酸钙各 7.5 kg,或复合肥 20~25 kg;秋季植株枯萎后,每亩再施入土杂肥 1 500~2 000 kg。

4. 灌水与排水

黄精喜湿润,生长期间遇旱应适时灌水。雨季应注意及时排水防涝,以防烂根死苗。

五、病虫害防治

1. 病害

黄精的病害主要为叶斑病。

综合防治措施：①收获后清洁田园，将枯枝病残体集中烧毁，消灭越冬病源；②发病前和发病初期喷 1∶1∶100 波尔多液，或 70％甲基托布津可湿性粉剂 600 倍液，或 50％退菌灵 1 000 倍液，以及百菌清、代森锰锌等轮换喷洒，每 7～10 d 喷 1 次，连喷 3～4 次。

2. 虫害

黄精虫害主要是蛴螬。蛴螬咬食黄精根茎。

综合防治措施：用 90％敌百虫 800 倍液喷杀或灌根。

六、采收及产地加工

(一)采收

黄精根茎繁殖的于栽后 3～4 年，种子繁殖的于栽后 4 年左右采挖。采收期以晚秋至早春萌发前均可。秋季在茎叶枯萎变黄后，春季在越冬芽萌动前。刨出根茎，去掉茎叶和须根。大规模种植的，可用根茎中药材收获机收获。

(二)产地加工

黄精产地加工方法有如下两种：

1. 生晒

先将根茎，放在阳光下晒 3～4 d，至外表变软、有黏液渗出时，轻轻撞去根毛和泥沙。结合晾晒，由白变黄时用手揉搓根茎，第一、二、三遍时手劲要轻，以后一次比一次加重手劲，直至体内无硬心、质坚实、半透明为止，最后再晒干晾透，轻撞 1 次装袋。

2. 蒸煮

将鲜黄精用蒸笼蒸透（蒸 10～20 min，以无硬心为标准），取出边晒边揉，反复几次，揉至软而透明时，再晒干即可。

第六节　金莲花

一、概述

金莲花，为毛茛科多年生草本植物中华金莲花（*Trollius chinensis Bge*）的花，别名金疙瘩、金梅草。金莲花以花入药，性凉、味苦，有清热解毒、抗菌消炎之功能，对肺炎双球菌、绿脓杆菌、卡他球菌等有较强的抑制作用。用于治疗急慢性扁桃体炎、咽炎、急性中耳炎、结膜炎及上呼吸道感染等症。金莲花中含有黄酮类成分荭草苷、牡荆苷，还含有生物碱、树脂、软脂酸、香豆素及其苷、糖及多糖、挥发油、鞣质及多种甾醇类化合物。

金莲花在我国已有较悠久的药用历史，收载于本草，始见于清赵学敏所著《本草纲目拾遗》。但尚未收载于历年版的《中华人民共和国药典》。

金莲花除药用外，干花可制成金莲花茶供饮用。金莲花还具有很高的观赏价值，可作为重要的观赏植物。

二、形态特征

金莲花植株全体无毛。茎高 30～70 cm，不分枝，基生叶 1～4 个，长 16～36 cm，有长柄；叶片五角形，基部心形，三全裂。茎生叶似基生叶，下部的具长柄，上部的较小，具短柄或无柄。花单独顶生或 2～3 朵组成稀疏的聚伞花序，直径 3.8～5.5 cm，通常在 4.5 cm 左右；花梗长 5～9 cm；苞片 3 裂；萼片 10～15 片，金黄色，干时不变绿色；花瓣 18～21 个，稍长于萼片或与萼片近等长，稀比萼片稍短；雄蕊长 0.5～1.1 cm，花药长 3～4 mm；心皮 20～30。蓇葖长 1～1.2 cm，宽约 3 mm，具稍明显的脉网；种子近倒卵球形，长约 1.5 mm，黑色，光滑，具 4～5 棱角。6—7 月开花，8—9 月结果。

三、生长习性

金莲花喜冷凉湿润环境，多生长在海拔 1 000～2 200 m 的山地草坡、疏林下或湿草甸。金莲花耐寒、喜湿、喜阳光充足。分布于河北、山西北部、内蒙古南部及东北等省区。

四、规范化栽培技术

（一）选地与整地

金莲花喜冷凉、湿润及阳光充足的环境,耐寒性强。人工种植金莲花,宜选用富含有机质、微酸性的沙壤土。以较湿润的地块或有水浇条件的平缓地种植为宜。耕地前每亩撒施充分腐熟的农家肥 3 000 kg 左右,翻耕 20～25 cm,耙平整细,做成宽1.4～1.5 m 的平畦。

（二）播种育苗

金莲花主要用种子繁殖,也可用嫩枝扦插。种子繁殖多采用育苗移栽方式。播种期分秋播和春播。秋播于种子采收后及时播种;春播可在地解冻后及时用经低温沙藏处理的种子播种育苗。播种前先按要求做好畦,并整平耙细,播前畦内先浇透水,水渗后稍晾即可播种。播种时,将种子与 3～5 倍的细湿沙拌匀,均匀地撒在畦面上,随后盖 1 cm 厚的湿润细沙或细土,上面再盖稻草或薄膜保湿,可保持较长时间表土湿润。每亩播种量 1.5～2.5 kg。晚秋播种于第二年早春出苗;春播者播后 10 d左右出苗。

幼苗生长前期应除草松土,保持畦内清洁无杂草。植株封垄后,不再松土。有大草需人工拔除。

在低海拔地区引种特别要注意遮阴,荫蔽度控制在 30%～50%,棚高 1 m 左右,搭棚材料可就地取材。也可采用与高秆作物或果树间套作,达到遮阴的目的。

（三）移栽定植

金莲花作为中药材种植的,一般于翌年春季萌芽前移栽定植。先将种苗挖出,然后按行距 30 cm,株距 20 cm 定植于大田。作为观赏植物时,在幼苗出齐后,高 5～8 cm 时,便可以选择适合其生长的山间草地、草原、沼泽草甸以及其他拟美化地点,进行带土移植。一般以 3～5 株幼苗为一墩,一起移植,同时摘除底部 1～3 片叶,以减少养分的消耗。移植深度宜浅不宜深,栽后及时浇水。

（四）田间管理

1. 中耕除草

植株生长前期应勤松土除草,保持畦内清洁无杂草。植株封垄后,发现大草及时拔除。

2. 追肥

出苗返青后追施氮肥以提苗,每亩可追施尿素 10 kg 或人畜粪尿 500～800 kg。

6—7月可追施复合肥,每亩追施 20～30 kg,冬季地冻前应施有机肥,每亩 1 500～2 000 kg。每次施肥都应开沟施入,施后覆土。

3. 灌水与排水

金莲花苗期不耐旱,应常浇水以保持土壤湿润,但不宜太湿以防烂根死亡。7—8月雨季时要注意排涝。

五、病虫害防治

(一)病害

金莲花经常发生的病害有叶斑病和萎蔫病。发病初期用50％多菌灵600倍液,或70％甲基硫菌灵1 000倍液,或75％代森锰锌络合物800倍液喷雾防治,7～10 d 1次,连续喷治2～3次。

(二)虫害

金莲花虫害主要有银纹夜蛾、蚜虫以及蛴螬和蝼蛄等地下害虫。

1. 银纹夜蛾

防治银纹夜蛾可于低龄幼虫期用氟啶脲(5％抑太保)2 500倍液,或25％灭幼脲悬浮剂2 500倍液,或1.8％阿维菌素乳油3 000倍液喷雾,7 d喷1次,防治2～3次。

2. 蚜虫

防治蚜虫可于发生初期用0.3％苦参碱乳剂800～1 000倍液,或天然除虫菊素2 000倍液,或50％辟蚜雾2 000～3 000倍液喷雾,7 d喷1次,防治2～3次。用90％敌百虫原液1 000倍喷杀。

3. 蛴螬和蝼蛄等地下害虫

防治蛴螬和蝼蛄等地下害虫可用3％辛硫磷颗粒剂3～4 kg,混细沙土10 kg制成药土,在播种或栽植时撒施,撒后浇水;或用90％敌百虫晶体及50％辛硫磷乳油800倍液等灌根防治。

六、采收加工

采用种子繁殖的植株,播后第二年即有少量植株开花,第三年以后才大量开花;采用分根繁殖者,当年即可开花。开花季节及时将开放的花朵采下放在晒席上,摊开晒干或晾干即可供药用。大规模种植的,可用现代烘干设备进行烘干,色泽及产品质量更好。

第七节　苦　参

一、概述

苦参系豆科多年生草本植物,以干燥的根及根茎入药,别名山槐子、山槐根、地槐、苦骨等。具有清热解毒、消肿止痛、杀虫、利尿、健胃、通便之功效,常用于治疗咽喉肿痛、皮肤瘙痒等疾症。在农业生产上是较好的杀虫剂,是开发生物农药的原材料。主要化学成分为苦参碱和氧化苦参碱。

二、形态特征

苦参植株高 150 cm 左右,上部多分枝。主根粗壮,圆柱形,味苦。花瓣黄色或黄白色。荚果圆筒状,种子棕黄色或棕褐色,成熟后不开裂。花期 6—7 月,果熟期 9—10 月。枯萎期 10 月上旬,年生长 150～160 d。

三、生长习性

苦参多生于山坡草地、平原、丘陵、河滩。对土壤要求不十分严格,多数土壤均可以较好地生长。苦参根系发达,抗旱能力较强,对水分要求不甚严。苦参对光线要求也不严格,光照强弱对其生长影响不甚显著,但生长在土壤湿润、肥沃深厚、自然肥力强的土壤中植株高大粗壮。

苦参种子千粒重约 50 g;自然条件下贮存寿命为 3 年;适宜的发芽温度 15～30 ℃。种子硬实率较高,未经处理的种子发芽率较低,30 ℃下 5 d 的发芽率仅为 20％左右。生产中苦参种子必须经过机械处理才能播种。

四、规范化栽培技术

(一)选地与整地

苦参为深根系植物。以选择土层深厚、疏松肥沃、排水良好的沙质壤土和壤土为好。翻地前每亩施入充分腐熟的有机肥 2 000～3 000 kg,耕翻 25 cm 以上,耙细整平,做成宽 1.5 m 左右的平畦或高畦。

（二）播种

苦参春、秋季均可播种。秋播后需覆盖，否则土壤表面易板结，不利于春季出苗。秋播宜早不宜迟，种子成熟之后即可播种，最迟要在土壤解冻前播完。春播应在清明前后下种，此时土壤墒情较好，利于出苗。播种方法分条播或穴播。从田间管理的角度来看以穴播较好。按行距 40~50 cm，株距 30 cm 挖穴，穴深 3 cm 左右，每穴播种 6~8 粒，覆平，稍镇压。每亩播种量 2 kg。条播按行距 40~50 cm 开沟播种，每亩用种子 4 kg。也有采用育苗移栽的，但移栽时较为费工费力，效率较低。苦参可种子干播，也可播前先将种子浸泡 10~12 h，捞出后拌湿沙堆闷 1~2 d 后播种，出苗快而整齐。

（三）田间管理

1. 除草

正常条件下苦参播种后 7 d 左右出苗。苗期正值杂草丛生季节，应视杂草多少、大小、降雨及土壤墒情等具体情况适时中耕除草，做到除早除小，避免草荒。第一年一般要中耕除草 3~5 次。

2. 追肥

5 月上旬进行根部追肥，以氮肥为主，促使小苗早期的营养生长；7 月上旬再进行 1 次追肥，以磷、钾肥为主，促进根部营养成分的积累及越冬芽的分化；秋季植株枯萎之后将枯枝清理干净，加盖腐熟的粪肥 2 000 kg，一是保护越冬芽，二是对第二年的生长起到追肥的作用。

3. 浇水

苦参虽然较抗旱，但小苗根系尚不太发达，遇旱应及时浇水，以保证小苗的正常生长。

4. 培土

8 月中下旬培土 1 次，以促进越冬芽的形成和保护。

5. 去花枝

播种当年的苦参基本不开花，第二年以后每年都要大量开花结实。对于不计划留种的商品生产田，苦参出现大量花序后，应及时剪除花序，保证根部对营养物质的积累，以便获得高产优质的中药材。

五、病虫害防治

苦参常见病虫害有根腐病、叶枯病、白锈病、钻心虫和食心虫等。

1. 根腐病

根腐病是苦参常见的病害,高温多雨季节发生较重。

综合防治措施:①选择疏松肥沃、排水良好的土壤与地块种植;②合理与禾本科作物实行轮作;③合理施肥:适量控施氮肥,增施磷、钾肥;④雨季及时排除田间积水;⑤发现根腐病株及时拔除,集中销毁处理,用 5% 或 10% 生石灰水等浇灌病穴;⑥发病初期用 2.5% 咯菌腈 1 000 倍液,或 70% 甲基硫菌灵可湿性粉剂 1 000 倍液,或 75% 代森锰锌(全络合态)800 倍液,或 3% 广枯灵(恶霉灵+甲霜灵)600～800 倍液等喷洒或浇灌病株根部。10 d 左右 1 次,连续进行 2～3 次。

2. 叶枯病

叶枯病多由丝核菌属真菌引起,8—9 月发病,开始叶部出现黄色斑点,继而叶色发黄,严重时植株枯死。

综合防治措施:发病初期用 50% 多菌灵 600 倍液,或 70% 甲基硫菌灵 800 倍液,或 80% 代森锰锌络合物 1 000 倍液,或 30% 甲霜恶霉灵 600 倍液,或 38% 恶霜嘧铜菌酯 1 000 倍液,或 25% 嘧菌酯 1 500 倍液,或 25% 吡唑醚菌酯 2 500 倍液,或 25% 氟环唑 1 000 倍液,或 30% 氟菌唑可湿性粉 2 000 倍液等喷雾防治。一般 7～10 d 喷 1 次,连续 2 次左右。

3. 白锈病

发病初期叶面出现黄绿色小斑点,外表有光泽的脓疱状斑点,病叶枯黄,以后脱落。多在秋末冬初或初春季发生。

综合防治措施:①与禾本科或豆科作物轮作;②合理密植,加强肥水管理,提高植株抗病能力;③清洁田园,将残株病叶集中烧毁或深埋;④用 2% 农抗 120(嘧啶核苷类抗生素)水剂或 1% 武夷菌素水剂 150 倍液,或 1% 蛇床子素 500 倍液等生物农药喷雾;⑤发病初期用 50% 多菌灵可湿性粉剂 500 倍液,或 70% 甲基硫菌灵 1 000 倍液,或 80% 代森锰锌络合物 800 倍液等保护性防治;30% 氟菌唑可湿性粉 2 000 倍液、40% 咯菌腈可湿性粉剂 3 000 倍液、或 25% 嘧菌酯 1 500 倍液等喷雾治疗性防治。一般 7～10 d 喷 1 次,连续 2 次左右。

4. 钻心虫

钻心虫为鳞翅目、螟蛾科昆虫。7 月中旬前后幼虫从地上茎的近地面 3～17 cm处钻蛀,为害苦参髓部,秋末冬初老熟幼虫在土中或芦头内越冬,翌年 7 月上中旬羽化产卵钻蛀。

综合防治措施:①幼虫孵化期用 0.3% 苦参碱乳剂 800～1 000 倍液,或 1.5% 天然除虫菊素 1 000 倍液,或 0.3% 印楝素 500 倍液,或 2.5% 多杀霉素悬浮剂 1 000～1 500 倍液等植物源杀虫剂喷雾防治;②在幼虫钻蛀前,用 4.5% 氯氰菊酯 1 000 倍液、或 2.5％联苯菊酯乳油 2 000 倍液、或 20％氯虫苯甲酰胺 3 000 倍液，或 0.5％甲氨基阿维菌素苯甲酸盐 1 000 倍液，或 19％溴氰虫酰胺 4 000 倍液，或 90％敌百虫晶体或 1 000 倍液，50％辛硫磷乳油 1 000 倍液等喷雾防治。7～10 d 喷 1 次，连续 2 次左右。

5. 食心虫

食心虫属鳞翅目蛀果蛾科昆虫。主要蛀食苦参种子，在表土中越冬。翌年 7 月羽化产卵钻蛀。防治方法可参考钻心虫，也可结合钻心虫一同防治。

六、采收和产地加工

苦参播种或栽植生长 3 年左右，于秋季或春季采挖，以秋季采挖为佳。挖出根后，去掉根头、须根，去除或洗净泥沙。规模化种植，多用根茎中药材挖掘收获机收获，可大大提高收获工作效率。苦参推行产地鲜根切片干燥，所以，应趁鲜按商品要求，适时切片晒干。

第三章

药食兼用中药材规范化栽培技术

第一节 白 芷

一、概述

白芷为伞形科植物白芷(*Angelica dahurica* Benth. et Hook. f.)或杭白芷(*A. dahurica* Benth. et Hook. f. var. *formosana* Shan. et Yuan.)的干燥根。别名祁白芷(白芷)、香白芷(杭白芷)或川白芷。具有祛病除湿、排脓生肌、活血止痛等功能。主治风寒感冒、头痛、鼻炎、牙痛、赤白带下、痈疽肿毒等症,也可作香料。白芷主产于河南、河北、陕西及东北地区。全国大部分地区均有栽培。杭白芷主产于浙江、福建、四川等省。

二、形态特征

白芷 多年生高大草本,高 1～2.5 m,根圆柱形,茎基部直径 2～5 cm。基生叶一回羽状分裂,有长柄,叶柄下部有管状抱茎边缘膜质的叶鞘;茎上部叶二至三回羽状分裂,叶片轮廓为卵形至三角形,长 15～30 cm,宽 10～25 cm,叶柄长 15 cm 左右;花序下方的叶简化呈显著膨大的囊状叶鞘,外面无毛。复伞形花序顶生或侧生,直径10～30 cm,花序梗长 5～20 cm,花序梗、伞辐和花柄均有短糙毛;总苞片通常缺或有1～2,呈长卵形膨大的鞘;小总苞片 5～10 余,线状披针形;花白色,花瓣倒卵形;果实长圆形至卵圆形,黄棕色,有时带紫色,长 4～7 mm,宽 4～6 mm,无毛,背棱扁,厚而钝圆,侧棱翅状。花期 7—8 月,果期 8—9 月。

杭白芷 多年生草本,高 1~2 m。根圆锥形,具 4 棱。茎直径 4~7 cm,茎和叶鞘均为黄绿色。叶互生;茎下部叶大,叶柄长,基部鞘状抱茎,2~3 回羽状分裂,深裂或全裂,基部下延成柄,无毛或脉上有毛;茎中部叶小;上部的叶仅存卵形囊状的叶鞘,小总苞片长约 5 mm,通常比小伞梗短;复伞形花序密生短柔毛;花萼缺如;花瓣黄绿色;雄蕊 5,花丝比花瓣长 1.5~2 倍;花柱基部绿黄色或黄色。双悬果被疏毛。花期 5—6 月,果期 7—9 月。

三、生物学特性

1. 生长习性

白芷适应性强,喜温暖湿润气候,较耐寒,喜向阳、光照充足的环境。我国各地均有栽培。但是白芷既怕严寒,也怕高温、干旱。在北方冬季会枯苗,以宿根越冬。长江流域及以南地区,冬季植株能正常生长,相反,在夏季会枯苗,以宿根越夏。白芷是深根喜肥植物,宜种植在土层深厚、疏松肥沃、含腐殖质多、湿润而又排水良好的沙质壤土地。在黏土、土层浅薄、石砾过多的土壤种植,则主根小而分叉多,品质较低。也不宜在盐碱地栽培,不宜重茬。

2. 生长发育

白芷正常的生长发育是:秋季播种当年为苗期,第二年为营养生长期,至植株枯萎时收获;采种植株继续进入第三年的生殖生长;6—7 月抽薹开花,7—9 月果实成熟。因根里贮藏的营养大量消耗,木质化,失去药用价值。生产上常因种子、肥水等原因,也有部分植株于第二年就提前抽薹开花,导致根部空心腐烂,失去药用价值。种子在 15 ℃以上会发芽,但在恒温下发芽率极低,在变温下发芽较好,以 10~25 ℃的变温为佳。光有促进种子发芽的作用。种子寿命为 1 年。幼苗能耐−6~8 ℃的低温,气温在 5~15 ℃都能正常生长。种子出苗期,雨水过多易引起烂种;土壤缺水会使枝叶萎蔫下垂,主根易木质化或形成分叉;过于潮湿或积水,又易发生烂根。过于荫蔽,植株纤细,生长发育差。

四、规范化栽培技术

(一)选地、施肥与整地

1. 选地

白芷宜在平坦地块栽培,对前作选择不甚严格,水稻、玉米、高粱、棉花等地均可栽培,不宜与花生、豆类作物轮作。以耕层深厚,土质疏松肥沃,排水良好的温暖向阳且比较湿润的沙质壤土为佳。

2. 施肥与整地

前茬作物收获后,翻地前亩施腐熟堆肥或厩肥 3 000～4 000 kg、饼肥 100 kg 和磷肥 50 kg,或生物有机肥 400～500 kg,均匀撒于地表,深翻 30 cm 以上,耙细整平后做畦,畦宽 1～2 m,高 16～20 cm,沟宽 26～33 cm,要求畦面平坦或略呈瓦背形。或做成平畦。播种前浇透水,保证墒情。

(二)播种

1. 选用适宜种子

种植白芷宜选用新产种子作播种材料。隔年陈种,发芽率低,甚至不发芽,不可采用。主茎顶端花序所结的种子,容易提早抽薹,影响产品质量,而一级侧枝顶端花序所结的种子,作为播种材料,就可以避免上述情况发生。白芷种子发芽率 70%～80%,在温度 13～20 ℃和足够的湿度下,播种后 10～15 d 出苗。

2. 播种时期

白芷播种春秋两季均可。春播在清明前后,但产量低,质量差,一般都不采用。秋播不能过早过迟,过早植株第二年抽薹开花,过迟影响发芽出苗与产量,以 8 月上旬至 9 月初播种为宜。白芷宜直播,不宜育苗移栽,因移栽的植株根部分叉,影响产量和质量。

3. 种子处理

播前种子要用机械方法,去掉种翅膜,然后在 45 ℃温水中浸泡 6 h,捞出后晾干种子表面水播种。或用 2%磷酸二氢钾水溶液拌种,闷润 8 h 左右再播种,能提早出苗和提高出苗率。

4. 播种方法

播前畦内浇透水,待水渗透后,开始播种。穴播或条播均可,但以条播为好。北方多采用条播,行距 30 cm,沟深 1～2 cm,均匀撒入种子。土壤墒情较差时,也可采用深开沟、浅覆土的播种方式。覆土后及时镇压,使种子与土壤紧接。播种量每亩 2 kg 左右。

(三)田间管理

1. 间苗、定苗

白芷幼苗生长缓慢,播种当年一般不疏苗,第二年早春幼苗返青后,苗高 6～7 cm 时,进行第一次间苗,去掉过密的瘦弱苗,条播的按株距 5～8 cm 留苗,穴播的每穴留 4～6 株;苗高 13～16 cm 时定苗,条播按株距 12～15 cm 定苗;穴播按每穴留壮苗 3 株,呈三角形错开,以利通风透光,生长健壮。间苗、定苗要求留中间苗,拔除大的徒长苗以及小的瘦弱苗,以防提早抽薹或长势过弱。

2. 中耕除草

每次间苗时,均应中耕除草,第一次待苗高 3 cm 时用手拔草;在土壤板结时,可浅松表土 3 cm 左右,不能过深,否则主根不向下扎,又根多,影响质量。第二次在苗高 6～10 cm 时中耕稍深。第三次在定苗时,松土除草要彻底把草除净,以后植株长大封垄,不再进行中耕除草。

3. 追肥

白芷虽喜肥,但在幼苗前期不应多用,在播种当年宜少用,以免植株徒长,提前抽薹开花。播种第二年植株封垄前追肥 2～3 次,结合间苗和中耕时进行,每亩追饼肥 150～200 kg,或者每亩每次追施氮、磷、钾复合肥 30 kg 左右,开沟施入。最后 1 次于封行前追施,施后及时培土,以防倒伏。

4. 灌排水

白芷喜水,但也怕积水。播种后,如土壤湿润,一般冬前春后不浇水,以防幼苗冬前旺长。幼苗越冬前要浇透水 1 次,防止白芷在冬天干死。翌年立夏以后,陆续浇水 4 次,一般在 5 月中旬进行第一次浇水,5 月下旬进行第二次浇水,6 月上旬第三次浇水,6 月下旬第四次浇水。土壤干旱,主根下伸受阻,须根增多而影响产量。尤其是伏天必须保持水分充足,否则主根木质化、须根增多,降低品质。植株闭郁后,注意排水,尤其是在雨季,田间积水,应及时开沟排水,以防积水烂根及病害发生。

5. 摘心晾根

冬前生长 8～10 片叶的白芷,春后易旺长早发,提早抽薹。因此,在 5—6 月,采取摘心晾根来控制其长势。摘心是在茎尖形成明显生长点时,选晴天上午用竹刀将茎心芽摘去(约 1 cm),以去掉项芽为好,摘心后切忌马上浇水追肥,以防腐烂和死亡。晾根是为了控制植株过早由营养生长向生殖生长转化,减少抽薹,即对有明显抽薹迹象的白芷,先深锄一次,选晴天扒土晾根 5～7 d,深度为根茎的 1/3,但不得伤到主根,然后封根浇水施肥,晾根应在 6 月中旬花序分化以前进行,防止抽薹。

6. 拔除早抽薹苗

早抽薹苗,影响其他植株生长,并易使根部木质化,粉性差,质量、产量均会下降,发现早抽薹苗,应及时拔除。

五、病虫害防治

(一)病害防治

白芷常见病害有斑枯病、紫纹羽病、立枯病、黑斑病和根结线虫病等。

1. 斑枯病

斑枯病又叫白斑病、叶斑病,主要为害叶部,病斑为多角形而硬脆。病斑开始较小,初呈深绿色,扩大后变灰白色,严重时,病斑汇合成多角形大斑。后期在病叶的病斑上密生小黑点。5月开始发病,直到收获均可感染,叶片局部或全部枯死。

综合防治措施:①选健壮无病植株或地块留种;②白芷收获后,清除病残植株和残留土中的病根,集中烧毁,减少越冬菌源;③增施磷钾肥,提高抗病力;④发病初期,摘除病叶,并用1:1:100的波尔多液或用50%退菌特可湿性粉剂800倍液、65%代森锌可湿性粉400～500倍液,或75%代森锰锌(全络合态)800倍,或30%醚菌酯1 500倍液,或用异菌脲(50%朴海因)可湿性粉剂800倍液等,7～8 d喷1次,连续喷2～3次。

2. 紫纹羽病

紫纹羽病发病后在白芷病株主根上常见有紫红色菌丝束缠绕,引起根表皮腐烂。在排水不良或潮湿低洼地,发病严重。

综合防治措施:①采用高畦种植;②雨季及时排除田间积水;③发现病株及时拔除,并用5%的石灰乳灌病穴消毒;④播种前每亩用50%的多菌灵或70%甲基硫菌灵可湿性粉剂0.5 kg加20 kg细土撒施土中混土播种;⑤发病时用70%甲基硫菌灵1 000～1 500倍液,或75%代森锰锌(全络合态)800倍液进行灌根。

3. 立枯病

立枯病多发生于早春阴雨、土壤黏重、透气性较差的环境中。发病初期,染病幼苗基部出现黄褐色病斑,以后基部呈褐色环状并干缩凹陷,直至植株枯死。

综合防治措施:①选沙质壤土地块种植;②与禾本科作物轮作;③苗期加强中耕锄草,雨后及时排水;④发病初期用5%石灰水灌根,每周1次,连续3～4次;⑤发现病株时,用95%恶霉灵可湿性粉剂4 000～5 000倍液,或用50%多菌灵600倍液,或甲基硫菌灵1 000倍液,或75%代森锰锌络合物800倍液,或20%灭锈胺乳油150～200倍液,或3%广枯灵600～800倍液喷灌,喷雾防治。每7～10 d喷1次,连续防治3次以上。

4. 黑斑病

黑斑病是一种真菌病害,在生长后期发生,为害叶片,在叶片上出现黑色病斑,严重的可使病株停止生长发育而死亡。

综合防治措施:①与禾本科作物实行2年以上轮作;②秋季清洁田园,销毁病残体;③雨季及时排除田间积水;④发病初期用50%多菌灵可湿性粉剂600倍液,或70%甲基硫菌灵可湿性粉剂1 000倍液,或75%代森锰锌络合物800倍液,或30%醚菌酯1 500倍液,或用异菌脲可湿性粉剂800倍液喷雾防治。

5. 根结线虫病

由线虫侵染根部引起,整个生长期均可发生,被害根部常产生许多根瘤,根丛生呈结节状,影响根部正常膨大,造成地上部生长不良。

综合防治措施:①与禾本科作物轮作;②种植前15 d用敌百虫混合剂处理土壤,每亩用药40～60 kg沟施,施药后,立即覆土掩盖;③穴施亩用淡紫拟青霉菌(2亿孢子/g)2 kg;④用1.8%阿维菌素3 000倍液灌根,7 d灌1次,连灌2次。或将48%毒死蜱乳油和1.8%阿维菌素乳油按1∶1混合,每亩用120 mL,兑水浇灌或喷淋,或亩用威百亩有效成分2 kg进行沟施。

(二)虫害防治

白芷常见虫害有黄凤蝶、蚜虫、红蜘蛛、赤条蝽象等。

1. 黄凤蝶

黄凤蝶属鳞翅目凤蝶科,幼虫咬食叶片,吃成缺刻,重者仅留叶柄。一年发生2～3代。6—8月幼虫为害严重。

综合防治措施:①人工捕杀幼虫和蛹;②产卵盛期或卵孵化盛期,用100亿/g活芽孢Bt可湿性粉剂200倍液,或青虫菌(每克含孢子100亿)300倍液,或25%灭幼脲悬浮剂2 500倍液,或氟虫脲(5%卡死克)乳油2 500～3 000倍液,或用2.5%鱼藤酮乳油600倍液,或0.65%茼蒿素水剂500倍液,喷雾防治。发生数量大时,用90%敌百虫800倍液喷雾,每隔5～7 d 1次,连续3次;③卵孵化盛期或低龄幼虫期,用1.8%阿维菌素乳油或1%甲氨基阿维菌素苯甲酸盐乳油2 000倍液,或4.5%高效氯氰菊酯或联苯菊酯或50%辛硫磷乳油1 000倍液,或90%晶体敌百虫800倍液等喷雾。7～10 d喷1次,连喷2～3次。

2. 蚜虫

蚜虫属同翅目蚜科昆虫。以成虫、若虫为害嫩叶及顶部,刺吸汁液,使叶片卷缩变黄,严重时生长缓慢,甚至枯萎死亡。

综合防治措施:①黄板诱杀。早春有翅蚜初发期,每亩挂30块左右黄板诱蚜;②秋季清除枯枝和落叶,深埋或烧毁;③无翅蚜发生初期,用0.3%苦参碱乳剂800～1 000倍液,或天然除虫菊素2 000倍液等植物源农药喷雾防治;④在发生期用10%吡虫啉可湿性粉剂1 000倍液,或50%辟蚜雾2 000～3 000倍液等进行喷洒防治,7～10 d 1次,连续2～3次。

3. 红蜘蛛

红蜘蛛以成虫、若虫为害叶部。6月开始为害,7—8月高温干旱为害严重。植株下部叶片先受害,逐渐向上蔓延,被害叶片出现黄白小斑点,扩展后全叶黄化失绿,最后叶片干枯死亡。

综合防治措施:①冬季清园,拾净枯枝落叶烧毁;②4月开始喷0.2～0.3波美度石硫合剂;③于田间点片发生初期用1.8%阿维菌素乳油2 000倍液,或0.36%苦参碱水剂 800 倍液,或 73% 克螨特乳油 1 000 倍液,或 20% 哒螨灵 2 000 倍液,或 24% 螺螨酯悬浮剂 3 000 倍液喷雾防治。每周 1 次,连续数次。

4. 赤条蝽象

赤条蝽象半翅目刺肩蝽科昆虫。7—9 月发生为害;成、若虫吸食汁液。

综合防治措施:①秋季清除枯枝落叶、铲除杂草;②于卵期或初孵幼虫期,采摘卵块或群集的小若虫;③初孵幼虫期用 0.3% 苦参碱植物杀虫剂 500～1 000 倍液,或天然除虫菊素 2 000 倍液,或 15% 茚虫威悬浮剂 2 500 倍液喷雾防治;④幼虫低龄期用 50% 辛硫磷乳油 1 000 倍液,或 2.5% 溴氰菊酯乳油,或 20% 甲氰菊酯 2 500～3 000 倍液喷雾防治。7～10 d 1 次,连续 2～3 次。

六、采收与产地加工

1. 采收

白芷因产地和播种时间不同,收获期各异。春播当年采收,10 月中下旬收获。秋播白芷第二年 9 月下旬叶片呈枯萎状态时采收。采收过早或过迟,均影响产量和质量。河北产白芷在 10 月初收获质量好,其有效成分异欧前胡素含量高。一般在叶片枯黄时,选晴天,将叶割去,然后用齿耙依次将根挖起,抖去泥土,运至晒场,进行加工。规模化种植可用根茎中药材收获机收获。每亩可收干白芷 250～350 kg,高产田达 500 kg。

2. 产地加工

将主根上残留叶柄剪去,摘去侧根(侧根另行干燥);晒 1～2 d,再将主根依大、中、小三等级分别置阳光下曝晒。在干燥过程中切忌雨淋,否则会腐烂或黑心。如规模化生产白芷,可用烤房烘干,烤时应将头部向下尾部向上摆放,同时注意分开大小规格,根大者放在下面,中等者放在中间,小者放在上面,侧根放在顶层,每层厚度以 7 cm 左右为宜;温度保持在 60 ℃ 左右;烤时不要翻动,以免断节,一般经过 6～7 d 全干,然后装包,存放于干燥通风处即可。也可采用大型现代烘干设备烘干。

第二节　百　合

一、概述

百合(*Lilium brownii* F. E Brown var. *viridulum* Baker)为百合科百合属多年

生草本植物。又名山百合、野百合、药百合等。以肉质鳞茎入药。主要含有百合苷 A 和百合苷 B 等药效成分，具有滋补强身、润肺止咳、利脾健胃、清心安神、清热利尿、镇静助眠、止血解表等功效。主治肺热咳嗽、痰中带血、烦躁失眠、神志不安、鼻出血、闭经等症。百合含有蛋白质 3.12% ～ 3.36%、脂肪 0.08% ～ 0.18%、淀粉 11.10%～19.45%、蔗糖 3.67%～10.39%、果胶 3.8%～5.61%、还原糖 1.54%～3.00%；此外，还含有粗纤维、多种氨基酸及磷、钾、钙、铁等。所以，百合又是营养价值高的食品。除了作为高档蔬菜外，还可加工成各类保健食品，如百合干、百合粉等。再者，百合还是观赏价值很高的花卉。因此，百合具有很高的种植和开发价值。百合主产于湖南、河南、江西、浙江、广东、广西、湖北、云南、江苏、山东等省，全国各地均有栽培。

二、形态特征

多年生草本，株高 70～150 cm。鳞茎球形，淡白色，先端常开放如莲座状，由多数肉质肥厚、卵匙形的鳞片聚合而成。根分为肉质根和纤维状根两类。肉质根称为"下盘根"，多达几十条，分布在 45～50 cm 深的土层中，吸收水分能力强；纤维状根称"上盘根""不定根"，发生较迟，形状纤细，数目多达 180 条，分布在土壤表层，有固定和支持地上茎的作用，也有吸收养分的作用。每年与茎同时枯死。地上茎直立，圆柱形，常有紫色斑点，无毛，绿色。有的品种（如卷丹、沙紫百合）在地上茎的腋叶间能产生"珠芽"；有的在茎入土部分，茎节上可长出"籽球"。珠芽和籽球均可用来繁殖。叶片总数可多于 100 张，互生，无柄，披针形至椭圆状披针形，全缘，叶脉弧形。有些品种的叶片直接插在土中，少数还会形成小鳞茎，并发育成新个体。花大、多白色、漏斗形，单生于茎顶。蒴果长卵圆形，具钝棱。种子多数，卵形，扁平。花期 6—7 月，果期7—10 月。

三、生物学特性

（一）生长习性

1. 温度

喜冷凉，不耐高温。茎叶生长期喜光照，但怕高温强光照。地下鳞茎生长期较为耐阴，喜昼夜温差大的气候条件，宜与高秆作物间作套种。

百合鳞茎能耐−10 ℃低温，土温−5.5 ℃安全无冻害，幼苗 10 ℃以上顶叶生长，气温 14～16 ℃幼苗出土，3 ℃以下叶片受冻。成株 16～24 ℃生长最快，气温高于 28 ℃生长受抑制。连续高于 33 ℃时，茎叶枯黄死亡。开花 24～29 ℃为宜。

2. 土壤

喜干爽,怕涝渍,需良好的排水条件,要求土壤湿度较低。

(二)生长发育

百合生长发育过程,可分为如下五个生育时期。

1. 越冬盘根期

自头年9月下旬栽种,直到翌年2月下旬出苗前,主要生长地下部分的下盘根;地上茎、芽开始缓慢生长,但不长出表土。

2. 春后长苗期

自3月出苗到5月现蕾前,主要是地上茎叶的迅速生长和伸长。同时,下部盘根伸长,并分化出仔鳞茎。

3. 现蕾开花期

自5月现蕾到谢花,为了防止开花结实,消耗营养,非观赏百合可在蕾期与始花期摘蕾摘花。

4. 鳞茎生长期

自谢花前后鳞茎迅速膨大,到入伏鳞茎成熟止,前期40 d左右为糖分积累期,鳞茎迅速膨大达最大值,可收获食用。中期15 d左右为养分转换期,鳞茎中的糖分转化为淀粉,干重达最大值,可收获加工干片与制粉。后期1星期左右为水分下降期,鳞茎中水分下降10%～15%,可收获留种。

5. 休眠越夏期

百合地上茎叶大部分黄萎,地下鳞茎含水量下降10%～15%后,生长停滞,进入高温休眠期。该期约60 d。

四、规范化栽培技术

(一)选地施肥、整地做畦

百合宜选择半阴疏林下或坡地、土层深厚肥沃、排水良好的沙质壤土种植。土壤pH以5.5～6.5为宜。前茬以豆科作物或其他蔬菜地为好。栽前应施足基肥,每亩施入腐熟的圈肥或堆肥2 500 kg、过磷酸钙25 kg,深翻入土,耙细整平。坡地、丘陵地、地下水位低且排水良好的地块,可做成平畦,畦宽130 cm,两边设有排水沟。地下水位高、雨水较多的地方,应做成高畦栽培。畦宽100～120 cm、沟宽25～30 cm、畦高20～25 cm,以利于排水。

(二)播种与繁殖

百合栽培包括商品生产和种鳞茎繁殖两个过程。

1. 商品生产

以秋栽为宜,北方寒冷地区在9月上旬,南方温暖地区在10月下旬。栽种前,选择健壮肥大、鳞片洁白、抱合紧密、大小均匀、无病虫的种球。并按大、中、小分级,分别栽植。单球重25 g左右,每亩需种量250 kg左右。北方用平畦或垄栽。南方宜采用高畦栽培。行距30～40 cm,株距15～20 cm,密度为每亩1万株左右,大鳞茎宜稀,小鳞茎宜密。栽后覆土,以鳞茎顶端入土3～4 cm为宜。

栽植时,在已整好的畦面上,按计划行株距挖穴,将种茎基部向下栽入穴内,一穴栽植一个种茎,上覆5 cm厚的细土,稍加镇压即可。

2. 种鳞茎繁殖

百合种鳞茎的繁殖方式有鳞片繁殖、小鳞茎繁殖、珠芽繁殖和种子繁殖。种子繁殖,需5年左右才有收获,生产周期长,生产上较少采用。

(1)鳞片繁殖 秋季叶片发黄时,选择健壮无病虫和无损伤的大鳞茎,切去基部,剥下鳞片,用1∶500的多菌灵或2%的福尔马林溶液浸泡消毒20 min,捞出晾干外皮后,在整好的苗床上按行距15 cm开深7 cm左右的沟,每隔3～4 cm摆入鳞片1块,顶端向上放好,后覆3 cm土并盖草保湿。栽后当年生根,翌春出苗,并很快分化出小鳞茎。培育2年地下鳞茎单个重即可达50 g左右,可作种用,小的仍需继续培养。每亩需种鳞片15 kg左右。

(2)小鳞茎繁殖 小鳞茎是生产上最主要的繁殖材料,一般于采收时,将大鳞茎入药,小鳞茎留种用。按鳞片繁殖方法对小鳞茎消毒。而后按行距25 cm左右开深7 cm的沟,按株距6～7 cm将小鳞茎摆入沟内,覆土盖肥与畦面平,稍压实。经1年的培育,一部分可达种球的标准,较小者,继续培养1～2年,再作种用。

(3)珠芽繁殖 珠芽是在地上茎的叶腋间产生的圆球形"气生鳞茎",于夏季成熟后采收,收后与2～3倍的细沙混匀贮藏在阴凉干燥、通风处。当年9—10月,在苗床上按行距15 cm,开深5 cm的沟,在沟内每隔4～6 cm栽入珠芽1粒,栽后覆土3 cm,稍镇压,并盖草,翌春出苗时揭去盖草,并追肥,秋季收获即为1年生小鳞茎,然后再按小鳞茎进行繁殖。

(4)种子繁殖 9—10月蒴果成熟后,选取饱满的种子随即播种或将种子用湿沙层积贮藏,于翌春清明后播种。播种前将充分腐熟的粪肥整细,加入少量细沙,与床土拌匀整平,按行距10～15 cm,开深3 cm的沟,将种子均匀撒入沟内,覆土盖草,保温保湿,幼苗出土后加强管理。培养3～5年后收挖,大的做商品,小的留种用。也可提前收获进行种鳞茎繁殖。

（三）田间管理

1. 及时补苗

百合出苗后，有缺苗现象时应及时补苗。

2. 中耕除草

出苗前中耕 1～2 次，出苗后到封垄前可再中耕除草 2～3 次。中耕宜浅不宜深，以免伤鳞茎。

3. 追肥

出苗后结合中耕除草，每亩施入人畜粪水 1 000～1 500 kg，过磷酸钙 20～25 kg，或腐熟厩肥 1 500～2 000 kg。第二次追肥在生长旺期，每亩施硫酸铵 10～15 kg，氯化钾 5 kg。第三次在开花打顶后适量补施速效肥，每亩施碳酸氢铵 10 kg，同时在叶面喷施 0.2% 的磷酸二氢钾。

4. 灌水与排水

北方春季干旱，出苗前后遇旱及早浇水，其他季节如遇严重干旱或追肥后土壤缺水也应适量浇水。百合怕涝，夏季高温多雨季节，应注意清沟排水。

5. 抹珠芽、摘花蕾

5 月下旬至夏至，百合珠芽成熟，用其做繁殖材料的要适时打收，否则应及早将其抹去。除留种株外，现蕾后应及时将花蕾摘除。

五、病虫害防治

（一）病害

百合常见病害有叶斑病、立枯病、病毒病、软腐病等，应依据发生情况适时加以防治。

1. 叶斑病

叶斑病主要为害茎、叶。叶片受害出现圆形病斑，稍凹陷，病斑逐渐扩大，黑色或深褐色，严重时叶片枯死。茎部受害，茎秆变细，严重时茎腐倒苗而死。

综合防治措施：①合理与豆科作物等轮作；②选择无病鳞茎作种，栽前鳞茎用新洁尔灭或福尔马林消毒；③雨后及时疏沟排水，降低田间湿度，保持通风透光，增强植株抗病力；④发病前后，喷 1∶1∶100 波尔多液，或 65% 代森锌 500 倍液，每 7 d 1 次，连喷 3～4 次。

2. 立枯病

叶片被害后，从下而上变黄，受害严重者整株发黄枯萎，鳞片腐烂，合瓣脱落。

综合防治措施：①合理轮作；②选择排水良好、土壤疏松的地块种植；③增施磷、钾肥,增强抗病力;④种植前,用福美双 1∶500 倍液浸种球杀菌或 40％甲醛溶液加水 50 份浸种 15 min;⑤发现病株时,用 95％恶霉灵可湿性粉剂 4 000～5 000 倍液,或用 50％多菌灵 600 倍液,或甲基硫菌灵 1 000 倍液,或 75％代森锰锌络合物 800 倍液喷灌、喷雾防治。每 7～10 d 喷 1 次,连续防治 3 次左右。

3. 病毒病

为全株性病害。受害后叶片出现黄绿相间的花叶,表面凹凸不平。造成叶片早期枯死,植株生长矮小,严重时全株枯死。

综合防治措施:①采用茎尖组织培养,选择无病母株留种;②增施磷钾肥,加强田间管理,促进植株健壮生长;③及时消灭蚜虫、种蝇等传毒昆虫;④发现病株及时拔除,进行妥善处理;⑤发病初期用 5％氨基寡糖素(5％海岛素)1 000 倍液,或甘氨酸类(25％菌毒清)400～500 倍液喷雾或灌根,能有效缓解症状和控制蔓延。

4. 软腐病

软腐病主要为害鳞茎。受害鳞茎初呈褐色水渍状斑块,后变为黑色,病部逐渐软化并腐烂,患处有灰色脓状黏液产生,并有臭味。发病主要条件为高温高湿、通风不良和植株存在伤口。

综合防治措施:①选择健壮无病的种球繁殖;②采收和装运时,避免伤口的产生;③贮藏时要求低温、通风、干燥;④雨水较多时注意清沟排水,降低田间湿度;⑤发现病株,及时拔除,并用 5％石灰水消毒病穴;⑥用 38％噁霜嘧铜菌酯 800 倍液喷施,5～7 d 1 次,连喷 2～3 次;或用氯溴异氰尿酸、铜制剂等灌根和喷雾。

(二)虫害

百合常见虫害有蚜虫、红蜘蛛、地老虎和蛴螬等,应适时加以防治。

1. 蚜虫、红蜘蛛

蚜虫、红蜘蛛以成虫(成螨)、若虫(若螨)群集嫩茎、嫩叶上吸食汁液,使植株萎缩,并易感染病毒病。发生期用 1.8％阿维菌素 8 000 倍液,或 10％吡虫啉可湿性粉剂 3 000 倍液喷雾防治。或参照白芷、柴胡防治。

2. 地老虎、蛴螬等地下害虫

蛴螬、地老虎以幼虫咬食鳞茎、叶片,易引起腐烂。选用 90％晶体敌百虫 800 倍液,或 2.5％敌杀死 6 000 倍液,或 50％辛硫磷乳油 1 000 倍液,隔 8～10 d 灌根 1 次,连续灌 2～3 次,可抑制害虫的为害。

六、采收与产地加工

(一)采收

百合栽培 2 年后即可收获,待地上部分完全枯萎,地下部分完全成熟时采收。采收宜选晴天,雨天或雨后采收,黏泥较多,损伤较大,鳞茎易腐烂。收后切除地上部分须根和种子根,及时贮藏于通风阴凉处。

(二)产地加工

1. 剥片

一般用手剥片,也可在鳞茎基部横切一刀,使鳞片分开。不同品种不能混合。同一品种混合时,也应该按外鳞片、中鳞片和芯片分别盛装,然后洗净沥干。如混在一起,则泡片时因鳞片着生部位不同,老嫩不一,泡片时间不好掌握,影响质量。

2. 泡片

水沸后,将洗净沥干的鳞片分类下锅,每锅鳞片的数量以不出水面为宜,以便翻动。泡片的火力要均匀,时间 5～10 min,待水重新沸腾后,即当鳞片边缘柔软,背面有微裂时,迅速捞出。每锅开水可连续泡片 2～3 次,若锅内开水浑浊,应重新换水煮沸再泡,以免影响百合片质量。

3. 晒干

晾晒场地及工具应打扫干净,将漂洗后的鳞片轻轻摊薄晾晒,约 2 d 1 夜,鳞片达6 成干时再行翻晒,过早翻动易翻烂,直至晒干。

百合以鳞片洁白完整,大而肥厚,味苦者为好。

第三节　薄　荷

一、概述

薄荷(*Mentha haplocalyx* Briq.)为唇形科薄荷属多年生草本植物。以干燥的地上全草入药,药材名薄荷。薄荷又名菝蔄、番荷、苏薄荷等,是原产于我国的特种经济作物之一。其味辛、性凉,具有疏散风热、清利头目功效。用于治疗感冒发热头痛、咽喉肿痛等症。薄荷草及其提取物薄荷油、薄荷脑,在医药上,可以用来生产清凉油、人丹、感冒片等,另外薄荷还是化妆品、糖果、饮料等的原料。薄荷油,薄荷脑是我国传统出口物资,在国际上久负盛誉。薄荷生产在我国历史悠久,三国时代就有种植,目前,生产遍及全国,主要产地为江苏南通地区,其次江西、浙江、安徽、云南、四川等也有栽培。

二、形态特征

薄荷为多年生草本。茎直立,高 30～60 cm,下部数节具纤细的须根及水平匍匐根状茎,锐四棱形,具四槽,多分枝。叶片长圆状披针形,披针形,椭圆形或卵状披针形,稀长圆形,长 3～5 cm,宽 0.8～3 cm,先端锐尖,基部楔形至近圆形,侧脉 5～6 对;叶柄长 2～10 mm。轮伞花序腋生,轮廓球形,花时径约 18 mm,具梗或无梗;花梗纤细,长 2.5 mm。花萼管状钟形。花冠淡紫,雄蕊 4,前对较长,长约 5 mm,均伸出于花冠之外,花丝丝状,无毛,花药卵圆形,花柱略超出雄蕊。小坚果卵珠形,黄褐色,具小腺窝。花期 7—9 月,果期 10 月。薄荷在北方较少结果。

三、生长习性

薄荷喜欢温暖气候,早春气温在 2～3 ℃时,地下茎即可生长,气温 6 ℃时,新苗即可出土。地上茎生长适宜温度为 25 ℃左右,30 ℃以上也能正常生长。一般昼夜温差大,有利于薄荷油、脑的合成与积累。喜湿润,不耐干旱。在年降水量 1 000～1 500 mm 的地区,生长发育良好,在少雨地区种植,需要人工灌溉。薄荷属长日照植物,阳光充足,可提高薄荷油、薄荷脑含量。如果阴天、多雨、日照不足,则易徒长,叶片变薄,植株下部叶片容易变黄、脱落,并易感染病害,造成减产。薄荷适应性强,一般土壤都可以生长,但以壤土最好,土壤 pH 6.5～7.5 为宜。薄荷为喜肥植物,氮、磷、钾三要素都不可缺少。充足的氮素,更利于茎叶的生长。

四、规范化栽培技术

薄荷大多为露地栽培,北方地区还可以采用保护地设施栽培或者露地与保护地设施栽培相结合。栽培季节依各地气候而定,无霜冻季节都可。北方地区露地可在4—10 月栽培,保护地设施栽培周年都可生产。

(一)选择品种

薄荷栽培品种很多,生产上常用的有青茎圆叶(青薄荷)与紫茎紫脉(紫薄荷),两者含油量均高,尤以紫薄荷含油量高,香气浓,抗旱力强。

(二)选地整地、施肥做畦

薄荷对土壤要求不严格,除过酸过碱土壤外,一般都能种植,但是以选土壤肥沃、地势平坦、阳光充足、排灌良好的壤土为好。忌连作。栽前要深耕 20~30 cm,结合深耕每亩施入有机肥 2 500~3 000 kg 和复合肥 50 kg 作基肥。耙细整平,做成宽 100~120 cm、高 15~20 cm 的高畦,四周开好排水沟。

(三)选择适宜繁殖方式、适时栽植

薄荷有种子繁殖、根茎繁殖、分株繁殖和扦插繁殖等多种繁殖方式。

1. 种子繁殖

一般在春天播种育苗,苗高 15 cm 左右时移栽大田。此法会使植株发生变异,降低产量和品质。除用来进行新品种选育以外,生产上不宜采用。另外,薄荷在北方很少形成种子。

2. 根茎繁殖

薄荷的根茎无休眠期,只要条件适宜,一年四季均可栽植。以春季 3—4 月栽植为宜。方法是:栽前先挖出留种田的薄荷地下根茎,选择节间短、色白、粗壮、无病虫害者作种根。然后在整好的畦面上,按行距 25 cm 开沟,深 5~10 cm,将种根放入沟内,可以整条排放,也可以切成 5~10 cm 小段,根茎首尾相接,然后覆土,耙平压实,每亩用种根茎 100 kg 左右。

3. 分株繁殖

选生长健壮、无病虫害的薄荷种植地,待秋季收割后,每亩施有机肥 1 000 kg 左右,施后培土。第二年 3—5 月,薄荷苗高 10~15 cm 时,选阴雨天将苗挖起,分批移栽。栽植时,先在畦内按行距 30 cm 开沟,在沟内按株距 15 cm 栽苗,栽后覆土压实,随后浇水。

4. 扦插繁殖

每年 4—5 月,将地上茎枝切成 10 cm 的小段作插条。在整好的苗床上,扦插育苗,在插条生根发芽后移栽大田。生产上较少采用。

(四)田间管理

1. 定苗

薄荷主要是用地下茎和匍匐茎作繁殖材料,为了获得高产,田间须保持一定密度,一般每亩留苗 2.5 万株,株距以 10~13 cm 为宜。

2. 中耕除草

在封行前中耕除草 2~3 次,移栽成活后或苗高 7~10 cm 时进行第一次除草,中耕宜浅,第二次于 6 月植株封行前再拔一次草。

3. 追肥

结合中耕除草,每亩施人粪尿 1 000~1 500 kg;第二次收割后,在行间开沟,每亩

施有机肥 1 500～2 000 kg,施后盖土。此外,根据薄荷生长情况,还可进行根外喷施氮、磷、钾肥。

4. 灌水与排水

7—8 月天气干旱时,应及时浇水。每次收割施肥后也要及时灌溉。雨季要注意疏沟排水。

5. 摘心去顶

植株生长较稀疏时,于 5 月选晴天摘去植株顶芽,促进多分枝,提高产量。

6. 留种

薄荷多用根茎进行无性繁殖。4 月下旬或 8 月下旬,在田间去杂去劣后,选具有本品种典型特征的优良种株,移至事先准备好的留种地内,按行株距 20 cm×10 cm 栽植,培育至晚秋起挖,可获得 70%～80%白色新根茎。也可在 6 月上中旬用具有良种特征植株的匍匐茎进行快繁。1 亩留种地的种茎可供 5～6 亩地栽植。

五、病虫害防治

薄荷常见病虫害有锈病、斑枯病、小地老虎和银纹夜蛾等。

1. 锈病

锈病危害薄荷叶和茎。在 5—6 月连续阴雨或过于干旱时易发病。首先在叶背出现橙黄色、粉状的夏孢子堆,后期形成黑褐色、粉状的冬孢子堆。发病严重时,叶片枯萎脱落,以致全株枯死。

综合防治措施:发病初期用 20%三唑酮乳油 1 000～1 500 倍液或用敌锈钠 300 倍液喷雾防治。

2. 斑枯病

斑枯病又称白星病,为害叶部。5—10 月发生。开始叶部病斑小圆形,暗绿色,以后逐步扩大变为暗褐色,中心灰白色,呈白星状,上生黑色小点,逐渐枯萎、脱落。

综合防治措施:①发病初期及时摘除病叶烧毁;②用 70%代森锰锌、或 75%百菌清 500～700 倍液喷治。收获前 20 d 停止用药。

3. 小地老虎

小地老虎为害幼苗,春季幼虫咬食苗茎,造成缺苗。

综合防治措施:用 2.5%敌杀死 6 000 倍液,或 50%辛硫磷乳油 1 000 倍液,隔 8～10 d 灌根 1 次,连续灌 2～3 次。

4. 银纹夜蛾

银纹夜蛾为害薄荷叶和花蕾,以幼虫咬食叶片和幼蕾,造成孔洞或缺刻。

综合防治措施:低龄幼虫期用 25%灭幼脲悬浮剂 2 500 倍液,或 1.8%阿维菌素乳油3 000倍液喷雾。7 d喷1次,防治2～3次。收割前20 d停止用药。

六、采收及产地加工

1. 采收

一般每年收割两次。第一次在6月下旬至7月上旬,不得迟于7月中旬,否则影响第二次收割量。第二次在秋季。收割应在晴天的中午12:00至下午2:00进行,此时叶中含薄荷油、薄荷脑量最高。

2. 产地加工

收割后,摊开阴干2 d,扎成小把,再悬挂起来阴干或晒干。晒时须经常翻动,防止雨淋、夜露,否则易发霉变质。折干率25％左右。

第四节　党　参

一、概述

党参为桔梗科多年生缠绕性草本植物,以根入药。原产于山西上党,其根如参,故名党参。其嫩茎叶、肉质根茎均可食用,含有胡萝卜素、维生素、蛋白质、氨基酸、脂肪、纤维素及多种矿物质等丰富的营养物质,可拌食、炒食、做汤、做馅,营养价值较高,是很有发展前途的集营养、保健、药用功能于一身的经济植物。党参别名东党、西党、潞党、台党、口党、条党、白党、黄参、狮头参、大山参,中灵草等。具有补气养血和脾胃、生津清肺等功能,为滋补强壮药物之一。药理实验证明,党参有升血糖作用,能使红细胞及血色素量增加,还有降压、促进凝血作用。用于脾虚、食少便溏、四肢倦怠、气短喘咳、言语无力、血虚头晕、心慌、津亏舌干口渴等症。主要分布于东北、华北、西北等地。其中主产于东北三省的称为"东党";主产于甘肃、陕西、四川的称为"西党";主产于山西、河南的(野生的)称为"台党";山西潞安、长治、壶关、凤城等地栽培的称为"潞党"。上述四种虽产地名称不同,但均为正品党参,其中尤以"台党"质量最佳。

二、形态特征

多年生草本,有乳汁。茎基具多数瘤状茎痕,根常肥大呈纺锤状或纺锤状圆柱形,较少分枝或中部以下略有分枝,长 15～30 cm,直径 1～3 cm,表面为灰黄色,上端 5～10 cm 部分有细密环纹。茎缠绕长 1～2 m,直径 2～4 mm,有多数分枝,侧枝 15～50 cm,小枝 1～5 cm,具叶,黄绿色或黄白色,无毛。叶在主茎及侧枝上互生,在 小枝上近于对生,叶柄长 0.5～2.5 cm,有疏短刺毛,叶片卵形或狭卵形,长 1～ 6.5 cm,宽 0.8～5 cm;分枝上叶片渐趋狭窄,叶基圆形或楔形,上面绿色,下面灰绿 色。花单生于枝端,与叶柄互生或近于对生,有梗。花萼贴生至子房中部,筒部半球 状,裂片宽披针形或狭矩圆形,长 1～2 cm,宽 6～8 mm,顶端钝或微尖;花冠上位,阔 钟状,长 1.8～2.3 cm,直径 1.8～2.5 cm,黄绿色,内面有明显紫斑,浅裂,裂片正三 角形,全缘;花丝基部微扩大,长约 5 mm,花药长形,长 5～6 mm;柱头有白色刺毛。 蒴果下部半球状,上部短圆锥状。种子多数,卵形,无翼,细小,棕黄色,光滑无毛。花 果期 7—10 月。

三、生长习性

党参喜气候温和、夏季较凉爽的环境。耐严寒,能在－30 ℃的低温下安全越冬。 怕高温、忌积水,尤其是高温高湿条件对党参生长发育极为不利,甚至导致死亡。对 光要求较严,幼苗喜荫蔽湿润,怕强光直晒和干旱。所以,育苗地应选择半阴半阳坡 地,或设置荫蔽物及间种高秆作物。大苗及成株喜光,宜栽植在阳光充足的地方,光 照不足将生长不良。党参根系入土较深,宜选土层深厚,土质疏松、肥沃,富含腐殖质 的壤土或沙壤土种植。地势低洼,质地黏重以及盐碱土不宜栽培。

种子在 10 ℃以上即可萌发,发芽适温为 18～20 ℃。新鲜种子发芽率可达 85% 以上,但隔年种子发芽率极低,甚至完全丧失发芽率,故陈种不宜作种。

四、规范化栽培技术

(一)选地、整地与施肥

1. 育苗地

以选择靠近水源、地势较高、土质疏松肥沃、无宿根杂草、无地下害虫、排水良好、 稍背阴的沙质壤土或腐殖质壤土为宜。耕地、生荒地及幼林行间均可种植。黏土地、 盐碱地、低洼易涝地不宜选择。忌连作,前茬以玉米、水稻为好。

选好地后,若是生荒地,晚秋将杂草清除,每亩施腐熟的农家肥 3 000～5 000 kg。 熟地应在前作物收获后,亩施腐熟的农家肥 3 000 kg 和过磷酸钙 50 kg 作基肥,施后 耕翻 25～30 cm,耙细、整平,做成 1.2 m 宽的高畦。畦沟宽 30 cm,四周开好排水沟, 以便排水。

2.定植地

选地要求不严,山坡耕地或非耕地均可。但以地势高燥、阳光充足、无宿根杂草及地下害虫、排水良好、土层深厚、富含有机质的沙壤土为好。黏土地、盐碱地、低洼易涝地不宜选择,忌连作。选好地后,若是生荒地,晚秋将杂草铲除,随后深耕晒地。结合深耕每亩施厩肥 3 000～4 000 kg、硫酸锌 1 kg,钼酸铵 150 g。熟地应于前作收获后,每亩撒施腐熟的农家肥 3 000 kg,过磷酸钙 30～50 kg,施后深耕 25～30 cm,耙细整平,做成 1.2 m 宽的平畦或高畦,即可播种或栽植。

(二)繁殖方法

党参用种子繁殖,直播和育苗移栽均可,生产上多采用育苗移栽的方式。10 ℃左右种子即可发芽,18～20 ℃最为适宜,达到 25 ℃即对发芽出苗产生明显的不利作用。种子粒小,顶土力差,播种不宜太深,覆土不宜太厚,否则,不利于出苗。

1.直播

(1)播种期 直播多于春、秋季播种。秋播一般于秋末、土壤上冻之前,北方在 10 月中旬前后。春播时间在 3 月下旬至 4 月上中旬。秋播比春播出苗早,生长快,抗旱力强。

(2)种子处理 春播种子需要处理,而秋播种子无须处理。春播时,播前先将种子放在 40～45 ℃温水中浸种,至水温不烫手时将种子捞出装入布袋或麻袋中,平铺于 15～20 ℃的湿沙堆上,每隔 3～4 h 用 15～20 ℃水淋浇 1 次,经 5～6 d,大部分种子裂口时即可播种。

(3)播种方法 播种时,在做好的畦内,按行距 20～30 cm 开深 3～4 cm、宽 10 cm 左右的沟,然后将种子拌细土或草木灰,均匀播入沟内,覆土 1 cm,稍加镇压。并在畦面上盖一层草帘或薄膜,以便遮阴保温,确保苗齐、苗全。亩播种量 0.75 kg 左右。

2.育苗移栽

(1)播种 以 3 月下旬至 4 月中旬播种为宜。播前种子需经催芽处理,播种方式条播或撒播均可。亩播种量,条播为 1.5 kg 左右,撒播为 2～2.5 kg。条播时,于做好的畦内,按行距 18～20 cm 横向开深 3 cm、宽 10 cm 的平底沟,将种子均匀撒入沟内,覆土 0.5～1 cm,随后略加镇压。并覆盖树叶或稻草、玉米秸秆等覆盖物,以保温保湿,促进出苗。撒播时,于做好的畦内先浇水,水渗后将种子均匀撒到整个床面上,随后覆盖一薄层细土,以盖严种子为度,并稍加镇压。同样加盖覆盖物。若畦内墒足时也可不浇水直接撒种。

此外,也可在小麦行间套播党参,或在党参播种后于其畦埂或畦沟内点种玉米,让小麦、玉米为其幼苗遮阴,既有利党参幼苗生长,还可实现粮药双丰收。

（2）苗期管理　出苗以后，选择阴天分批撤除覆盖物。苗高 5 cm 左右时，按苗距 3～4 cm 进行间、定苗。育苗地一般不追肥，但见草就除，出苗期适当控制水分，保持土壤湿润，以利幼苗的正常生长。苗稍大后少浇水，防止水分过多枝叶徒长，7—8 月高温季节，需搭棚遮阴，避免阳光直射参苗，雨季还需及时清沟排水。育苗一年后，便可移栽定植。

（3）移栽定植　参苗在育苗地生长一年后，于翌年早春土壤刚解冻参根萌芽之前，及时进行移栽定植，宜早不宜迟。移栽前，将参苗挖起，剔除无芽头及有伤痕、断损、病虫的参根，所选参苗按大、中、小分级移栽。随栽随取。若当天栽不完，可埋在湿土中假植。移栽时，于整好的畦内，按行距 20～30 cm 开深 15～20 cm 的沟，山坡地应顺坡横向开沟，将参苗按株距 10 cm 左右斜摆于沟内，根头抬起向上，然后覆土并超过根头 4～6 cm，稍加镇压，及时浇水，以利成活。每亩用参苗 25 kg 左右。

（三）田间管理

1. 中耕除草

春季在幼苗出土并长出 2 片真叶时，开始松土除草。幼苗期除草宜勤，松土宜浅，以免伤根或受杂草危害。封行后停止松土。有大草及时拔除。秋季地上部分枯黄时，及时割除茎蔓，培土。

2. 间、定苗

直播田于苗高 5～7 cm 时按苗距 3～5 cm 进行间苗，苗高 10～15 cm 时按株距 10 cm 左右进行定苗。

3. 追肥

育苗时一般不追肥。于每年春季出苗后及直播田第一年定苗后，结合中耕除草每亩追施入粪尿 1 000～1 500 kg；封垄前每亩追施硫酸铵 10 kg 和磷酸氢二铵 5 kg，或氮、磷、钾复合肥 15～20 kg，施后培土。第二次追肥不宜过晚，否则茎枝蔓生，不便进行。

4. 灌排水

直播田苗期要保持土壤湿润，定植田于定植后要及时灌水，以防参苗干枯，保证出苗，幼苗成活后不遇干旱可不灌或少灌，以防参苗徒长。苗高 15 cm 以上时要适当控水，以防茎叶徒长，促进根系深扎。雨季应注意及时排水防涝，以防烂根死苗。

5. 搭架

党参茎蔓长可达 2 m 以上，当苗高 30 cm 时，用竹竿、树枝或玉米秸秆等架设支架，使茎蔓顺架生长，以便田间通风透光，减少病虫危害，提高根系与种子的产量和质量。

6. 摘蕾

对于非留种田,于党参现蕾后要及时将花蕾摘除,以减少养分消耗,提高根的产量。

五、病虫害防治

(一)病害

党参的病害主要有锈病、根腐病、紫纹羽病、立枯病等。

1. 锈病

锈病 5 月下旬发生,6—7 月严重。为害叶片。

综合防治措施:①选择地势高燥的地方种植;②设立支架,使田间通风透光,调节田间小气候;③党参苗枯或收获后,及时清理田园,集中处理地上病枯残叶;④发病初期,用 25% 粉锈宁 1 000 倍液、或 97% 敌锈钠 400 倍液、或 50% 多菌灵 800 倍液,每隔 7~10 d 喷 1 次,连喷 2~3 次。

2. 根腐病

根腐病又叫烂根病,5 月中下旬开始发病。发病初期下部须根或侧根出现暗紫色病斑,然后变黑腐烂。病害扩展到主根后,自下而上逐渐腐烂。

综合防治措施:①实行合理轮作,忌重茬;②播种前精心选种,进行种子消毒,用健壮无病的党参植株作种苗;③整地时进行土壤消毒,采取高畦,多雨季节做好排水防涝工作;④发现病株及时拔除集中处理,并用石灰粉消毒病穴;⑤发病初期用 50% 甲基托布津 800 倍液,或 50% 多菌灵可湿性粉剂 500 倍液,或用 50% 退菌特可湿性粉剂 1 500 倍液,或 75% 代森锰锌(全络合态)800 倍液灌根。10 d 左右 1 次,连续进行 2~3 次。

3. 紫纹羽病

紫纹羽病于 7 月上旬开始发病,8 月为发病盛期,夏季高温多雨季节,危害较重。

综合防治措施:①实行合理轮作;②多施有机肥,增强抗病力;③每亩施用石灰粉 100 kg,或用 40% 多菌灵胶悬剂 500 倍液、25% 多菌灵可湿性粉剂 300 倍液处理土壤;④培育无病参苗,移栽前,用 40% 多菌灵胶悬剂 300 倍液浸泡参根 30 min,稍晾干后栽植;⑤雨季注意排水;⑥发病期用 50% 多菌灵可湿性粉剂 1 000 倍液,或 50% 甲基托布津的 1 000 倍液等灌根 2~3 次进行防治。

4. 立枯病

立枯病主要为害幼苗茎基部或地下根部,导致病苗早期白天萎蔫,夜间恢复,最后干枯死亡。

综合防治措施：①与禾本科作物合理轮作；②苗期加强中耕松土与锄草；③合理追肥浇水，雨后及时排水；④发现病株时，用95％恶霉灵（土菌消）可湿性粉剂4 000～5 000倍液，或用50％多菌灵600倍液，或甲基硫菌灵（70％甲基托布津可湿性粉剂）1 000倍液，或75％代森锰锌络合物800倍液，或3％广枯灵（恶霉灵＋甲霜灵）600～800倍液喷灌，喷雾防治。每7～10 d喷1次，连续喷治2～3次。

（二）害虫

党参常见害虫有红蜘蛛、黄凤蝶、蚜虫及地下害虫蛴螬、地老虎、蝼蛄、金针虫等。

1. 蛴螬

蛴螬5—6月上升到距地面10 cm处活动。施入未腐熟的农家肥的田里易发生。为害根部，幼虫咬食党参根部。

综合防治措施：①施用充分腐熟的农家肥；②发生时，在上午10：00人工捕杀；③发生期用90％的晶体敌百虫1 000～1 500倍液，浇灌根部。

2. 蝼蛄

蝼蛄4月中旬开始到10月全生长季节为害。较湿的土壤中易发生。为害根部，成虫、若虫咬食党参根部。

综合防治措施：①用3％辛硫磷颗粒剂3～4 kg，混拌细沙土10 kg制成药土，在播种或栽植时撒施，撒后浇水；②用90％敌百虫晶体及50％辛硫磷乳油800倍液等灌根防治。每7～10 d灌1次，连续2～3次。

3. 金针虫

金针虫6月前开始，至7—8月。前茬马铃薯地，排水不良的黏土易发生。

综合防治措施：①合理进行轮作；②用50％辛硫磷乳油或用90％敌百虫晶体800～1 000倍液浇灌或灌根。

4. 红蜘蛛

红蜘蛛一般在7月发生，为害成株叶片和幼苗。

综合防治措施：①秋季收获时收集田间落叶，集中烧掉；②早春清除田埂、沟边和路边杂草；③发生期用40％乐果乳剂1 000～1 500倍液，或20％哒螨灵2 000倍液，57％炔螨酯2 500倍液，20％四螨嗪1 000倍液，5％唑螨酯或24％螺螨酯悬浮剂3 000倍液喷雾防治。

5. 黄凤蝶

以幼虫为害幼苗嫩枝，可用90％晶体敌百虫1 000倍液喷雾防治。

6. 蚜虫

干旱时严重发生，为害叶片和幼芽。可用40％乐果乳液800倍液喷雾，也可参照北沙参蚜虫综合防治措施防治。

六、收获与产地加工

1. 收获

党参一般栽植两年收刨。山东省有的地方在生长当年的立冬前、秋季茎蔓枯萎时收刨。当地上茎叶枯黄时,先割下茎蔓,选晴天,在畦的一边开 30 cm 深的沟,小心挖出参根,将粗大符合药用标准的参根加工入药;细小的再栽在地里生长 1 年。挖根时,避免挖伤与挖断,否则浆汁流出,形成黑疤,降低质量。也可用根茎类中药材收获机收获。

2. 加工

刨出符合标准的参根,洗净泥土,按粗细、大小、长短分为不同的等级。置阳光下晒至半干发软时,用手或木板揉搓,使皮部与木质部紧贴,饱满柔润,搓后再晒。如此反复几次,晒至九成干时,将头尾整理顺直,扎成小把,垛起来压紧,过几天再晒干,即成党参商品中药材。

第五节　甘　草

一、概述

甘草(*Glycyrrhiza uralensis* Fisch),别名甜甘草、甜草根等,为豆科甘草属多年生草本植物,以根及根状茎入药。甘草是一种重要的大宗药材,同时又是食品、香烟及其他轻工业的重要辅料。甘草性平味甘,具有清热解毒、润肺止咳、调和诸药的功效,主治脾胃虚弱、中气不足、咳嗽气喘、痈疽疮毒、腹中挛急作痛等症。其黄酮类成分对艾滋病病毒的增殖有抑制能力。主产于内蒙古、甘肃、新疆等地区,华北、西北、东北等地广泛栽培。

二、形态特征

甘草为多年生草本,根与根状茎粗壮,直径 1～3 cm,外皮褐色,里面淡黄色。具甜味。茎直立,多分枝,高 30～120 cm,密被鳞片状腺点、刺毛状腺体及白色或褐色的绒毛。叶长 5～20 cm,托叶三角状披针形,叶柄密被褐色腺点和短柔毛;小叶 5～17 枚,卵形、长卵形或近圆形,长 1.5～5 cm,宽 0.8～3 cm,上面暗绿色,下面绿色,边缘全缘或微呈波状。总状花序腋生,具多数花,总花梗短于叶,苞片长圆状披针形,长 3～4 mm;花萼钟状,长 7～14 mm,萼齿 5,与萼筒近等长;花冠紫色、白色或黄色,长 10～24 mm,旗瓣长圆形,顶端微凹,翼瓣短于旗瓣,龙骨瓣短于翼瓣;子房密被刺毛状腺体。荚果弯曲呈镰刀状或呈环状,密集成球,密生瘤状突起和刺毛状腺体。种子 3～11,暗绿色,圆形或肾形,长约 3 mm。花期 6—8 月,果期 7—10 月。

三、生物学特性

1. 生长习性

甘草是喜光植物;对温度具有较强的适应性,可耐—30 ℃以下低温;具有较强的耐干旱、耐瘠薄特性;对土壤具有广泛的适应性,但以含钙土壤最为适宜。土壤 pH 在 7.2～9.0 范围内均可生长,但以 8.0 左右较为适宜。此外,甘草还具有一定的耐盐性,总含盐量在 0.08％～0.89％ 范围的土壤中均可生长,但不能在重盐碱化的土壤中生长。甘草是深根性植物,适于土层深厚、排水良好、地下水位较低的沙质或沙壤质土中生长,不宜在涝洼地和地下水位高的土中生长。

2. 生长发育

甘草的地上部分每年秋末死亡,以根及根茎在土壤中越冬。次年春季 5 月中旬出土返青,6—7 月开花结果,8—9 月荚果成熟。甘草根茎的萌发力强,在地表下呈水平状向老株的四周延伸。一株甘草种后 3 年,在远离母株 3～4 m 处,可见新的植株长出。根长可达 10 m 以上,以便吸收地下水,适应干旱条件。

甘草的种皮致密,不易透水透气,成熟种子的硬实率高达 80％ 以上,种子萌发困难,所以在播种以前必须对种子进行处理。甘草种子寿命长,贮藏 13 年的种子仍可保持约 60％ 的发芽率。甘草种子发芽的最低温度为 6 ℃,适宜温度为 15～35 ℃,最适温度为 25～30 ℃,最高温度为 45 ℃;甘草种子的吸水能力非常强,种子萌发的适宜土壤含水量为 7.5％ 以上。

四、规范化栽培技术

(一)选地整地、施肥做畦

选择地势高燥,土层深厚、疏松、排水良好的向阳坡地。土壤以略偏碱性的沙质土、沙质壤土为宜。忌涝洼地及黏土地种植。选好地后,于秋季每亩撒施腐熟厩肥或堆肥 2 000～3 000 kg,并加入适量的草木灰及磷肥,深翻 30 cm 以上,晒土促进熟化,翌春再浅翻一次,然后耙细整平,做成平畦或高畦,无水浇条件的旱地可不做畦。

（二）选用适宜繁殖方法

甘草用种子和根茎均可繁殖，可因地制宜选用。

1. 种子繁殖

（1）种子处理　甘草成熟种子的硬实率高达 80％～90％，播前做好种子处理是丰产的关键措施之一。常用处理方法有三种。

①温水催芽。用 40～60 ℃的温水浸泡 4～6 h，捞出后用湿布包好，放到温暖处保温保湿催芽，待大部分种子裂口露芽时即可播种。

②机械损伤。首先将种子过筛按大小分级，然后分级进行碾磨处理。将种子用碾米机快速打两遍或慢速打一遍，处理效果以绝大部分种子的种皮失去光泽或轻微擦破，但种子完整，无其他损伤为宜。更可靠的方法是进行种子吸胀检查，方法是随机抽取一定量的种子，将种子用温水浸泡 3 h，若 90％以上的种子吸水膨胀，即可用于播种。若膨胀率低于 70％，还应再快速打碾一遍，然后再浸泡。

③硫酸处理。按每千克种子加入 30～40 mL 浓硫酸（98％）的比例进行均匀混合，并不断搅拌，一定使种子与浓硫酸充分接触，腐蚀 70 min 左右，当多数种子上出现黑色圆形的腐蚀斑点时，迅速用清水漂洗种子去掉硫酸晾干即可。处理好的种子发芽率可达 90％左右。

此外，据研究报道，于果荚青绿色略带紫红色时，将整个果序采下、晾干脱粒后去除杂质和瘪粒，留下浅褐色的饱满种子（称为嫩饱满种子）作种，自然条件下不经处理，发芽率可达 95％以上，比成熟种子发芽率高 75％左右。

（2）播种和育苗　种子繁殖时，直播和育苗移栽均可。

①直播。可分春播、夏播和秋播。春播一般在 3—4 月、土壤 5 cm 地温大于 10 ℃后即可进行播种。对于灌溉困难的地区，可在夏季或初秋雨水丰富时抢墒播种；夏播一般在 7～8 月；秋播一般在 9 月。

播种前先灌透水，蓄足底墒。播种量为每亩 3～5 kg。播种时，在畦内按行距 30 cm 开深 1.5～2 cm 的浅沟，将经过处理的干种子或已催芽的种子均匀撒入沟内，覆土与畦面平。播后稍加镇压，保持湿润，一般经 1～2 周即可出苗。

②育苗移栽。育苗移栽多春播。选择有灌溉条件、土层深厚、质地疏松、较肥沃的沙壤土地块，施足底肥，作为育苗用地。播种时间与直播法基本相同，但播种量为每亩 7～8 kg，采用宽幅条播，行距 30 cm，幅宽 20 cm。播后覆土、镇压，最后畦面盖草，保湿保温。出苗后及时除去盖草，加强田间管理，当年秋季或翌春移栽定植。

移栽分秋季移栽和春季移栽。秋季移栽一般在 10 月初土壤上冻前进行，春季移栽一般在 4—5 月土壤解冻后进行。两者相比，秋季移栽的在第二年春季返青早，可适当延长生长期，有利于高产。为了便于管理和实现高产，可采用分级移栽，即将幼苗主根挖出后,去掉尾根,剪成 30～40 cm 长的根条。按粗细分级:0.8～1.0 cm 粗为 1 级根条;0.5～0.8 cm 粗为 2 级根条;粗度小于 0.5 cm 的短根为 3 级根条,或者简单按大、中、小分成三级,然后分级开沟移栽:沟深 8～12 cm,行距 30 cm,将根条平摆于沟内,株距(芦头间的距离)10～15 cm。分级栽植,1 级、2 级苗生长 1～2 年即可成材收获,3 级苗经 2～3 年可成材收获,生长整齐,周期短,产量高,商品等级较高。

2. 根茎繁殖

收获甘草时,选无病、无损伤、直径 0.5～0.8 cm 的地下根茎,截成 10～12 cm 的根茎段,每段至少应带有 1～2 个芽,然后按行距 30 cm 开深 6～8 cm 的沟,将截好的根茎段按株距 15 cm 平放于沟内,覆土压实,随后浇水,保持土壤湿润,每亩需根茎 40～50 kg。根茎繁殖以秋季栽植较好,可减少春天因采挖或移栽不及时造成新生芽的损伤,提高成活率。

(三)田间管理

1. 间定苗

直播田当幼苗出现 3 片真叶、苗高 6 cm 左右时,结合中耕除草按株距 3～5 cm 间苗,苗高 10～15 cm 时按株距 15 cm 定苗。

2. 中耕除草

当年播种的甘草幼苗生长缓慢,易受杂草侵害。由于苗小、生长慢,应勤中耕除草。在幼苗出现 5～7 片真叶时,进行第一次锄草松土,结合趟垄培土,提高地温,促进根系生长。入伏后进行第二次中耕除草,再趟垄培土一次,立秋后拔除大草,地上部枯黄,上冻前深趟一犁,培土压护根头越冬。第二年植株生长旺盛,主根增粗、增重较快,株高 10～15 cm 时和入伏后各中耕除草、趟垄培土一次。第三年管理同第二年,但三年龄植株根头萌发较多根茎,串走垄间,宜适当增加趟垄次数,切断根茎,促进主根生长。

3. 追肥

甘草追肥应以磷、钾肥为主,少施氮肥,氮肥过多,会引起植株徒长,使营养向枝叶集中,影响根的生长。甘草喜偏碱,若种植地为酸性或中性土壤,可在整地时或在甘草停止生长的冬季或早春,向地里撒施适量熟石灰粉,调节土壤为弱碱性。第一年在施足基肥的基础上可不追肥,第二年后每年于返青后每亩追施腐熟人畜粪水 1 500～2 000 kg;6～7 月交替喷施 0.5% 的尿素液和 1% 的过磷酸钙液 2～4 次,每次 100～150 kg;秋末甘草地上部分枯萎后,每亩用 2 000 kg 腐熟农家肥覆盖畦面,以增加地温和土壤肥力。也可于每年封垄前每亩追施氮、磷、钾复合肥 20～30 kg。

4. 灌水、排水

无论直播或根茎繁殖的甘草,在出苗前都要保持土壤湿润,以确保正常发芽出苗。播种或栽植时若土壤水分不足,播种栽植前要灌足底水。甘草是深根性植物,具有较强的抗旱耐旱性,幼苗期,不遇特殊干旱不宜浇水,以免影响主根深扎。苗高10 cm 以上,出现 5 片真叶后浇头水,并保证每次浇水浇透,这样有利根系向下生长。雨季土壤湿度过大会使根部腐烂,所以应特别注意排除积水,充分降低土壤湿度,以利根部正常生长。另外,在初冬若土壤墒情较差,还要灌好越冬水。

五、病虫害防治

(一)病害

甘草常见病害有锈病、褐斑病和白粉病等。

1. 锈病

一般于 5 月甘草返青时始发,为害幼嫩叶片,感病叶背面产生黄褐色疱状病斑,表皮破裂后散出褐色粉末,即为夏孢子。8—9 月形成黑色冬孢子堆。

综合防治措施:①采摘病叶残体烧毁;②发病初期用 97% 敌锈钠 400 倍液、或20% 三唑酮乳油 1 000~1 500 倍液喷雾防治。

2. 褐斑病

褐斑病为害叶片。受害叶片产生圆形和不规则形病斑,病斑中央灰褐色,边缘褐色,在病斑的正反面均有灰黑色霉状物。

综合防治措施:①与禾本科作物轮作;②合理密植,增加株间通风透光性;③合理追肥,氮、磷、钾配合施用,不偏施氮肥;④秋季集中病残体烧毁;⑤发病初期用 50%多菌灵可湿性粉剂 600 倍液,或甲基硫菌灵(70% 甲基托布津可湿性粉剂)1 000 倍液,或 75% 代森锰锌络合物 800 倍液等保护性杀菌剂喷雾防治。发病后选用戊唑醇(25% 金海可湿性粉剂)或三唑酮(15% 粉锈宁可湿性粉剂)1 000 倍液,或 25% 丙环唑 200 倍液,或 40% 福星(氟硅唑)5 000 倍液,或 25% 腈菌唑 3 000 倍液等治疗性杀菌剂喷雾防治。

3. 白粉病

白粉病为害叶片。被害叶片正反面产生白粉,后期叶变黄枯死。

综合防治措施:①选择地势较高,通风良好的地块;②合理密植,避免密度过大;③合理施肥,氮、磷、钾合理搭配,避免氮肥施用过多;④雨季注意排水防涝;⑤发病初期,喷施 40% 氟硅唑乳油 5 000 倍液,或 12.5% 烯唑醇可湿性粉剂 1 500 倍液,25%三唑醇 4 000 倍液。10 d 左右 1 次,连喷 2~3 次。

(二)虫害

甘草常见虫害有蚜虫、甘草种子小蜂、叶甲和甘草胭蚧等。

1. 蚜虫

蚜虫属同翅目蚜科。成虫及若虫为害嫩枝、叶、花、果,刺吸汁液,严重时使叶片发黄脱落,影响结实和产品质量。

综合防治措施:发生期用飞虱宝(25％可湿性粉)1 000～1 500 倍液;吡虫啉(10％可湿性粉)1 500 倍液;蚜虱绝(25％乳油)2 000～2 500 倍液喷洒全株,并在5～7 d后再喷1次,便可较长期有效控制蚜虫为害。

2. 甘草种子小蜂

甘草种子小蜂属膜翅目广肩蜂科。为害种子。成虫产卵于青果期的种皮上,幼虫孵化后即蛀食种子,并在种子内化蛹,成虫羽化后,咬破种皮飞出。被害籽被蛀食一空,种皮和荚上留有圆形小羽化孔。此虫对种子的产量、质量影响较大。

综合防治措施:①清园,减少虫源;②在盛花期及种子乳熟期各喷1次50％辛硫磷乳油1 000 倍液,或1.8％阿维菌素乳油2 000 倍液,或2.5％溴氰菊酯或联苯菊酯(10％天王星乳油)等喷雾杀成虫,在结荚期可用以上药剂,或10％吡虫啉可湿性粉剂1 000 倍液,或3％啶虫脒乳油1 500 倍液等药剂喷雾防治。

3. 叶甲

叶甲为叶甲科的食叶害虫,于6—7月始发,严重时可将甘草叶子全部吃光,是发展甘草生产的主要障碍之一。

综合防治措施:卵孵化盛期或若虫期及时喷药防治,可用2.5％的敌百虫粉剂每亩用药2.5 kg撒施,或用90％敌百虫原液1 000 倍液,或2.5％溴氰菊酯或4.5％高效氯氰菊酯1 000 倍液,或2.5％的联苯菊酯2 000 倍液等,于上午11:00前喷雾杀虫。

4. 甘草胭蚧

甘草胭蚧一般于4月下旬开始严重为害,一直持续到7月下旬。发生时在土表下5～15 cm的根部,可见有玫瑰色的蚧虫群集,吸食汁液,使根部组织受到破坏,地上部长势衰弱,以致全株干枯死亡。

综合防治措施:①合理轮作,减少虫源;②在成虫羽化盛期(7月下旬),地面喷施10％克蚧灵1 000 倍液,以减少翌年的虫口密度。

六、采收与产地加工

1. 采收

直播繁殖的第四年可采收,根茎繁殖的第三年可采收。采收期春季、秋季均可,秋季于甘草地上部枯萎时至封冻前均可采收;春季采收于甘草萌发前进行。有研究认为,春季采收的药材质量优于秋季采收。甘草根深,3～4 年根龄的主根长度一般在1.5 m以上,因此,必须深挖,尽量不要挖断或伤根皮。采收时可以沿行两边先把土挖走 20～30 cm 后，揪住根头用力拔出，然后再把下一行的土挖出放到前一行的地方，这样不仅可以增加产量 50％～100％，而且不乱土层，不影响下茬作物的生长。育苗移栽采挖相对比较容易。

2. 产地加工

挖出后去掉泥土，忌用水洗。分出主根和侧根，切去芦头和须根。再切成不同长度的规格，晒至大半干时按照条草的商品规格分级，将条理顺，扎成小捆，再晒至全干。干鲜比为 1：（2～2.5）。一般干货顶端直径≥1.5 cm，长 20～50 cm 是一等草；顶端直径为 1.0～1.5 cm，长 20～50 cm 是二等草；顶端直径为 0.7～1.0 cm，长 20～50 cm 是三等草。也可采用人工或机械的方法将在甘草半干时加工成切片。

甘草以根条粗细均匀，质坚实，粉性足者为佳。

第六节　枸　杞

一、概述

枸杞（*Lycium barbarum* L.），别名山枸杞、枸杞子、白疙针等，为茄科枸杞属多年生落叶灌木宁夏枸杞，主要以干燥成熟果实入药，药材名枸杞子，性平味甘，有滋补肝肾、益精明目的功能。主治肝肾阴虚，精血不足，腰膝酸痛，视力减退，头晕目眩等症。枸杞在我国有悠久的入药历史，自古被誉为药疗食补佳品，广泛用于保健茶饮。根皮也可入药，称地骨皮，有除湿凉血、补正气、降肺火的功能，主治肺结核低热、肺热咯血、高血压、糖尿病等症。主产于宁夏、甘肃、青海、内蒙古、河北等地，其他省区也多有栽培。枸杞作为我国大宗名贵药材之一，社会需求量较大。

二、形态特征

宁夏枸杞为灌木，或栽培因人工整枝而成大灌木，高 0.8～2 m，栽培者茎粗直径达 10～20 cm；分枝细密，有纵棱纹，灰白色或灰黄色，无毛而微有光泽，有不生叶的短棘刺和生叶、花的长棘刺。叶互生或簇生，披针形或长椭圆状披针形，长 2～3 cm，宽 4～6 mm，栽培时长达 12 cm，宽 1.5～2 cm，略带肉质，叶脉不明显。花在长枝上 1～2 朵生于叶腋，在短枝上 2～6 朵同叶簇生；花梗长 1～2 cm，向顶端渐增粗。花萼钟状，长 4～5 mm，通常 2 中裂，花冠漏斗状，紫堇色，筒部长 8～10 mm，自下部向上

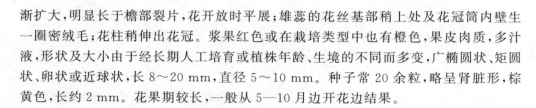

渐扩大,明显长于檐部裂片,花开放时平展;雄蕊的花丝基部稍上处及花冠筒内壁生一圈密绒毛;花柱稍伸出花冠。浆果红色或在栽培类型中也有橙色,果皮肉质,多汁液,形状及大小由于经长期人工培育或植株年龄、生境的不同而多变,广椭圆状、矩圆状、卵状或近球状,长 8～20 mm,直径 5～10 mm。种子常 20 余粒,略呈肾脏形,棕黄色,长约 2 mm。花果期较长,一般从 5—10 月边开花边结果。

三、生物学特性

1. 生长习性

枸杞为长日照植物,强阳性树种,忌荫蔽。通风透光是枸杞高产的重要因素之一。耐寒、耐旱、耐瘠薄、耐盐碱、耐风沙。喜湿润、喜光、喜肥、喜凉爽气候,怕涝。对土壤要求不严,除低洼易涝地外多数土壤都可栽培,但以土层深厚、疏松肥沃、灌排方便、中性或微碱性的沙壤土或壤土最为适宜。

2. 生长发育

枸杞为浅根系植物,主根由种子的胚芽发育而成,只有由实生苗发育的植株才有发达的主根,而扦插苗发育的植株无明显的主根,只有侧根和须根。根系中水平根发育较旺,根系密集区分布在地表 20～40 cm 处,是树冠的 3～4 倍。在开春后土层处温度达到 0 ℃时,枸杞根系开始活动。8～14 ℃根系生长出现第一次高峰。秋季地温达 20～23 ℃时,出现第二次高峰。10 月下旬地温低于 10 ℃时基本停止生长。

气温达 6 ℃以上时,冬芽开始萌动。花芽在 1～2 年生的长枝及在其上分生的短枝上,均有分化。开花期以 16～23 ℃为最适,花果期一般为 11～20 ℃为最适,果熟期以 20～25 ℃为最适。枸杞是连续花果植物,花期 5—10 月,从开花到果实成熟 35 d 左右。秋季降霜后地上部分停止生长。能在 －30 ℃的低温下安全越冬。种子保存 4 年以内均可使用。

枸杞的植株生命年限在 30 年以上,根据其生长可分为 3 个生长龄期。幼龄期:树龄 4 年以内。壮龄期:树龄 5～20 年,此期植株的营养生长与生殖生长同时进行,为树体扩张及大量结果期。老龄期:株龄 20 年以上,此期生长势逐渐减弱,结果量减少,生产价值降低,一般生产中要进行更新。

四、规范化栽培技术

(一)选地施肥、精细整地

育苗地宜选阳光充足、地势平坦、灌排方便、疏松肥沃的沙壤土或壤土。于前作收获后每亩撒施腐熟农家肥 2 000～3 000 kg,深耕 25 cm,翌春再浅翻 1 次,耙细整平,做成宽 1~1.3 m 的平畦或高畦。

定植地宜选灌排方便、含盐量不超过 0.3% 的沙壤土或轻壤土,建立枸杞园,进行集约栽培。选好地后及时深翻,整平田面,按行株距 2 m×2 m 挖深宽各 30~40 cm 的穴,每穴施腐熟农家肥 4~5 kg 与土拌匀即可待植。此外,路边、宅旁等零星地块也可直接按上述规格挖穴栽植。

(二)选择适宜的繁殖方法、适时育苗和定植

1. 繁殖方法

枸杞以种子繁殖为主,也可采用种子繁殖、扦插繁殖和分株繁殖。

(1)种子繁殖　果实成熟时选健壮、丰产、果大色红、无病虫害的母株采种,带果皮晒干贮藏。翌年 3—4 月,先用 40 ℃ 温水浸泡带皮的种子 24 h,搓去果皮果肉,捞出洗净直接播种,或加 3 倍湿沙置 20 ℃ 室内保湿催芽,待种子 30%~50% 裂口露白时再行播种。播前若苗床水分不足应先浇水,待表土干湿适宜时按行距 20~25 cm、开深 2~3 cm 的浅沟,然后将种子均匀撒入沟内,覆土搂平,镇压盖草,以便保湿。每亩播种量 0.5 kg 左右。

播后 7~10 d 出苗,出苗后及时去除盖草,苗高 4~5 cm 时结合除草按株距 5 cm 间苗,苗高 10 cm 时按株距 10~15 cm 定苗,随后追施人畜粪水 1~2 次。苗高 30 cm 时及时去除基部发出的侧枝,苗高 60 cm 以上时打顶,并在中上部选留 3~4 个分布均匀的侧枝。当年秋季或翌春即可定植。种子繁殖的植株生长旺盛,结果晚,而且其后代变异率较高。

(2)扦插繁殖

①硬枝扦插育苗。于春季 3—4 月土壤解冻后、枝条萌动前,选取树冠中上部着生的 2~3 年生的、粗度为 0.5~0.8 cm 的健壮徒长枝,剪成长 15~18 cm 的插条,上端剪平,下端近节处剪成斜口,然后将其浸泡于 500 mg/L 的 ABT 生根粉或吲哚乙酸溶液中 10 min,取出按行株距 30 cm×(10~15) cm 斜插入苗畦土内,地上部留 1 cm,外露一个饱满芽。插后浇水保持土壤湿润,10~15 d 开始生根,出芽成活后加强管理,当年秋季或翌春即可移栽。扦插繁殖植株变异小、结果早,是枸杞丰产的主要途径。

②绿枝扦插育苗。5—6 月选择无病斑、无虫口、无破伤、无冻害、壮实,直径在 0.3~0.4 cm 粗的春发半木质化嫩茎作为种茎。将所选种茎剪取 10 cm 长,去除下部 1/2 的叶片,同时保证上部留有 2~3 片叶的嫩茎作为插条,经生根剂处理,随剪随插。按 10 cm×3 cm 的行株距插入土中,插后立即浇足水分。

扦插后,在苗床上搭建 40 cm 高的荫棚遮阴,育苗期间要保持苗床土壤湿润,浇水宜用喷淋。10~15 d 后待插枝生根即可拆去荫棚,以利壮苗。苗高 40 cm 以上时

剪顶,促发侧枝。翌年出圃。

（3）分株繁殖　在枸杞树冠下,由水平根的不定芽萌发形成根蘖苗,待苗高生长至 50 cm 时,剪顶促发侧枝,当年秋季即可起苗,进行移栽定植。

2. 定植

秋季落叶后或早春萌芽前,于已挖好的定植穴内,每穴栽植 1 株,覆土填平踩实并浇水保湿。

（三）加强田间管理

1. 中耕除草

枸杞定植后的前 2～3 年,由于株小行距大,可适时间作植株较矮的豆类、薯类、蔬菜及其他中药材,以提高土地利用效率和经济效益。结合间种作物的田间管理及时进行松土除草、追肥和灌水。枸杞进入盛果期后不再间种作物。每年可分别于春、秋季各翻晒园土一次。

2. 追肥与灌水

枸杞结果后每年追肥 3 次左右。第一次在萌芽前,每株追施人畜粪水 15～20 kg;第二次在结果期,每株追施尿素和过磷酸钙各 50～100 g;第三次在 10 月底叶黄后,每株追施农家肥 15～20 kg。每次追肥后应及时灌水,结果盛期及成熟采摘期应适当多灌水,以防受旱影响结果和灌浆成熟。

3. 整形修剪

定植当年,对未打顶的植株于株高 60 cm 以上时将顶芽摘去,并在中上部选留 3～5 个生长健壮、分布均匀的侧枝,第二年将侧枝截留 20 cm,选留第二层侧枝培育,反复修剪 2～3 年,培育成具 3 层侧枝的"主干分层型"树形。植株成形或大量结果后,在春、夏季剪去枯枝、徒长枝及 3 年生以上老枝;秋季收果后剪除基部抽生的徒长枝、树冠顶端的直立枝、内膛的老弱枝及无用横生枝、病虫枝等。不断更新结果枝,达到高产、稳产、年年丰产。

五、病虫害防治

枸杞因其叶、枝梢鲜嫩,果汁甘甜,常遭受 20 多种病虫害。防治工作中优先采用农业防治措施:统一清园,将树冠下部及沟渠路边的枯枝落叶及时清除销毁,早春土壤浅耕、中耕除草、挖坑施肥、灌水封闭和秋季翻晒园地,均能杀灭土层中羽化虫体,降低虫口密度。通过加强栽培管理、中耕除草、清洁田园等一系列措施起到防治病虫的作用,能降低越冬虫口基数 30% 以上。枸杞常见病虫害有黑果病、流胶病、根腐病、蚜虫、木虱、瘿螨、锈螨、红瘿蚊、负泥虫等。

1. 黑果病

黑果病一般于 6 月下旬后进入雨季发生,枸杞青果感病后,开始出现小黑点或黑斑或黑色网状纹。阴雨天,病斑迅速扩大,使果变黑。花感病后,首先花瓣出现黑斑,轻者花冠脱落后仍能结果,重者成为黑色花,其次子房干瘪,不能结果。花蕾感病后,初期出现小黑点或黑斑,严重时为黑蕾,不能开放。枝和叶感病后出现小黑点或黑斑。6—9 月雨水较多时,发病严重。

综合防治措施:①有连续阴雨时,提前喷施 50％甲基托布津 1 000 倍液,全园预防;②雨后开沟排水,降低田间湿度,减轻危害;③发病初期,摘除病叶、病果,再用农抗 120 乳油 1 000 倍液,或百菌清及绿得保 800 倍液喷雾防治。

2. 流胶病

流胶病多在夏季发生,秋季停止流出胶液。受害植株,树干皮层开裂,从中流出泡沫状白色液体,有腥臭味,常有黑色金龟子和苍蝇吮吸。树干被害处皮层呈黑色,同木质部分离,树体生长逐渐衰弱,然后死亡。一般发病率 1％左右。该病主要是田间作业时的机械创伤、修剪时伤皮及害虫为害所致。

综合防治措施:①选择适宜的园地。忌选盐碱过重、土壤黏重、排水不良的田块建园;②合理施肥,加强管理,增强树势;③合理修剪,避免碰伤枝、干皮层,剪口平整;④消灭枝干虫害;⑤发现皮层破裂或伤口、或有轻度流胶时,将伤口或流胶部位用刮刀刮除干净,用 5 度的石硫合剂涂刷消毒伤口,再用 200 倍的抗腐特涂抹伤口。

3. 根腐病

根腐病发生普遍,因病死亡植株率每年在 3％～5％,给枸杞生产造成很大损失。该病分两种类型:根朽型,多发生在春季,根颈部发生不同程度腐朽、剥落现象,茎维管束变褐色,潮湿时在病部长出白色或粉红色霉层。造成落叶,严重时全株枯死;腐烂型,根颈或枝干的皮层变褐色或黑色腐烂,维管束变为褐色。叶尖开始时黄色,逐渐枯焦,向上反卷,当腐烂皮层环绕树干时,病部以上叶全脱落,树干枯死,有的则是叶片突然萎蔫枯死,枯叶仍挂在树上。多发生在夏季的高温季节。田间积水是增加发病率的重要原因。

综合防治措施:①选择适宜的园地,忌选土壤黏重、排水不良的田块建园;②合理密植,避免栽植过密;③合理施肥和灌排水,加强管理,增强树势;④防止伤根,在松土除草和剪除根部徒长枝时,避免碰伤根部;⑤发病初期用灭病威 500 倍液、或 50％多菌灵及 50％甲基托布津 1 000～1 500 倍液、或 15％混合氨基酸锌镁水剂 500 倍液、或 20％抗枯宁水剂 600 倍液、或 45％代森铵 500～1 000 倍液灌根,7～10 d 1 次,连续 3～4 次。

4. 蚜虫

蚜虫在每年 4 月枸杞发芽时开始为害枸杞嫩梢叶。可持续为害至 10 月上旬,一年发生 20 代左右。

综合防治措施:枸杞展叶、抽梢期使用 2.5％扑虱蚜 3 500 倍液树冠喷雾防治,开花坐果期使用 1.5％苦参碱 1 200 倍液树冠喷雾防治。也可参考前述中药材蚜虫综合防治措施。

5. 木虱

木虱在 6—7 月为害枸杞枝叶。成虫、若虫均以口器插入叶组织内吮吸汁液,使树势衰弱。

综合防治措施:用 40％辛硫磷乳油 500 倍液喷洒园地,喷洒时,连同园地周围的沟渠路一并喷施;若虫发生期使用 1.5％苦参碱 1 200 倍液、或 20％吡虫啉乳油 2 000 倍液、或 25％虱能净乳油 10 000 倍液等树冠喷雾防治;秋末冬初及春季 4 月以前,灌水翻土以消灭越冬成虫。

6. 瘿螨

瘿螨成虫在叶片反面刺伤表皮吮吸汁液,损毁组织,使之渐呈凹陷,以后表面愈合,成虫潜居其内,产卵发育,繁殖为害,此时在叶的正面隆起如一痣,痣由绿色转赤褐色渐变紫色。形成瘤痣或畸形,使树势衰弱,早期落果落叶,严重影响生产。

综合防治措施:成虫转移期虫体暴露,选用 40％乐果 1 000 倍液或 40％毒死蜱 800 倍液树冠及地面喷雾防治。

7. 锈螨

锈螨又名枸杞刺皮瘿螨。1 年发生 17 代左右,以成螨在枝条皮缝、芽眼、叶痕等隐蔽处越冬,常数虫至更多的虫体挤在一起。枸杞发芽后爬到新芽上为害并产卵繁殖。叶面密布螨体呈锈粉状。被害叶片变厚质脆,呈锈褐色而早落。

综合防治措施:成虫期选用硫黄胶悬剂 600～800 倍液,若虫期使用 1％阿维菌素 2 000～3 000 倍液、或 20％哒螨灵(牵牛星)可湿性粉剂 3 000～4 000 倍液树冠喷雾防治。

8. 红瘿蚊

红瘿蚊每年发生 6 代。约 5 月间成虫羽化。此时枸杞幼蕾正陆续出现,成虫产卵于幼蕾内,幼虫孵化后,钻蛀到子房基部,蛀食正在发育的子房,形成虫瘿,造成花蕾和幼果脱落。

综合防治措施:4 月上旬,将树体两侧土壤(宽度超出树冠投影线外 20 cm)用地膜全部覆盖,至 5 月中旬后撤膜,阻断越冬代成虫飞出;或 4 月中旬,用 40％辛硫磷微胶囊 500 倍液拌毒土均匀地撒入树冠下及园地后耙地,灌透水土壤封闭;或成虫发生期喷洒乐果 1 000 倍液防治。

9.负泥虫

负泥虫每年夏秋季成虫、幼虫均为害叶片。成虫常栖息于树叶上,卵产于叶面或叶背排列成"人"字形。被害叶在边缘形成大缺刻或叶面成孔洞,严重时,全叶被吃光。

综合防治措施:成虫期用 1.5%苦参碱 1 200 倍液或 2.5%鱼藤酮乳油 500~1 000 倍液或 40%乐果乳油 1 000 倍液树冠喷雾防治。

六、采收与产地加工

(一)采收

枸杞的果期较长,6 月底以前采摘的称"春果";7 月采摘的称"伏果";9—10 月采摘的称"秋果"。当果实呈青红色或黄色时带果柄采摘。如果实过熟,晒后易破皮,干后就成"油果",降低质量。摘时要轻摘轻拿轻放,放入容器内不可翻动,每摘 2 kg 即倒入晒盘。

(二)产地加工

枸杞鲜果含水量 78%~82%,必须经过脱水制干后方能成为成品枸杞子。

1.晒干法

将采收后的鲜果均匀地摊在架空的竹帘或芦席上,厚 1~2 cm,进行晾晒。晒果时,上午 7:00 晒到 10:00,下午 4:00 晒到 7:00,中午不能晒。用此法晒两天,果皮出现皱纹时就可整天在阳光下晒,晒至八成干,再把晒盘斜放到向阳的墙下,一方面日晒,另一方面借墙壁的辐射热烘烤,直至晒干。要防止雨淋或露水,防止撞伤果皮。干燥后放入麻袋或筐中轻轻簸动,使果柄脱落。

2.烘干法

枸杞集中产区,最好建烘房烘干。鲜果应先在室外晾 1 d,使果皮稍有收缩,然后再送进烘房。烘房墙上设气眼,房顶设天窗。将晒盘置架子上。烘烤过程中不可用手翻动,以免变黑。开始室温在 40~45 ℃,烘 24~36 h 后,温度可提高到 45~50 ℃,烘 36~48 h,到果实收缩呈现皱纹时,将温度提高到 50~55 ℃,再烘约 24 h 至全干即可。烘烤过程中潮气大时,适当打开气眼和天窗,放出潮气,然后再堵塞气眼和关闭天窗。烘 3~4 昼夜就可烘干。

3.现代工艺热风烘干法

(1)冷浸 将采收后的鲜果经冷浸液(食用植物油、氢氧化钾、碳酸钾、乙醇、水配制成,起破坏鲜果表面的蜡质层的作用)处理 1~2 min 后均匀摊在果栈上,厚 2~

3 cm,送入烘道。

(2)烘干　将热风炉中烘道内鲜果在 45～65 ℃递变的流动热风作用下,经过 55～60 h 的脱水过程,果实含水达到 13%以下时,即可出道。

(3)脱把(脱果柄)　干燥后的果实,装入布袋中来回轻揉数次,使果柄与果实分离,倒出用风车扬去果柄或采用机械脱果柄即可。

枸杞以粒大、肉肥厚、色鲜红、味甜、质柔软为佳。

第七节　桔　梗

一、概述

桔梗[*Platycodon grandiflorum*(Jacq.) A. DC.],别名包袱花、铃铛花等,为桔梗科桔梗属多年生草本植物,以根入药,为常用中药。性微温,味苦、辛。有宣肺散寒、祛痰镇咳、消肿排脓之功效。主治感冒咳嗽、咳痰不爽、咽喉肿痛、支气管炎、胸闷腹胀等。桔梗由于营养丰富,可药、菜兼用,是食品工业的重要原料。桔梗属仅有桔梗一个种,但在种内出现不同花色的分化类型,主要有紫色、白色、黄色等,另有早花、秋花、大花、球花等,也有高秆、矮生,还有半重瓣、重瓣。其中白花类型因常作蔬菜用,入药者则以紫花类型为主,其他多为观赏品种。

桔梗分布于中国、俄罗斯远东地区、朝鲜半岛和日本等东亚地区。桔梗在我国栽培历史悠久,各省区均有分布,主产于安徽、山东、江苏、河北、河南、辽宁、吉林、内蒙古、浙江、四川、湖北和贵州等地。

二、形态特征

桔梗为多年生草本植物。茎高 20～120 cm,通常无毛,偶密被短毛,不分枝,极少上部分枝。叶全部轮生、部分轮生至全部互生,无柄或有极短的柄,叶片卵形,卵状椭圆形至披针形,长 2～7 cm,宽 0.5～3.5 cm,基部宽楔形至圆钝,急尖,上面无毛而绿色,下面常无毛而有白粉,有时脉上有短毛或瘤突状毛,边缘具细锯齿。花单朵顶生,或数朵集成假总状花序,或有花序分枝而集成圆锥花序;花萼钟状五裂片,被白粉,裂片三角形,或狭三角形,有时齿状;花冠大,长 1.5～4.0 cm,蓝色、紫色或白色。蒴果球状,或球状倒圆锥形,或倒卵状,长 1～2.5 cm,直径约 1 cm。花期 7—9 月,果期 8—10 月。

三、生物学特性

1. 生长习性

桔梗喜充足阳光,荫蔽条件下生长发育不良。喜凉爽环境,耐严寒,20 ℃左右最适宜生长,根能在严寒下越冬。喜湿润气候,但忌积水,土壤过湿易烂根,较抗旱。怕风害,遇大风易倒伏。适宜生长在疏松肥沃、排水良好的沙壤土上。土质黏重、地势低洼、排水不良、渗水力差及盐碱地的土壤生长不良,且易烂根死苗。适宜 pH 6～7.5。

桔梗种子在 10 ℃以上发芽,在 15～25 ℃条件下,15～20 d 出苗,发芽率 50%～70%。赤霉素可促进桔梗种子的萌发。5 ℃以下低温贮藏,可以延缓种子寿命,活力可保持 2 年以上;室温下贮存,寿命 1 年,第 2 年种子丧失发芽力。

2. 生长发育

桔梗为多年生宿根性植物,播后 1～3 年采收,一般 2 年采收。桔梗从种子萌发至枯萎的生长发育可分为 4 个时期。从种子萌发至 5 月底为苗期,这个时期植株生长缓慢,高度至 6～7 cm;此后,生长加快,进入生长旺盛期,至 7 月开花后减慢;7—9 月孕蕾开花,8—10 月陆续结果,为开花结实期。在此期,1 年生的开花较少,5 月后晚种的至翌年 6 月才开花,两年后开花结实多;10—11 月中旬地上部开始枯萎回苗,根在地下越冬,进入休眠期,至翌年春出苗。

种子萌发后,胚根当年主要为伸长生长,一年生主根可长达 15 cm,二年生主根可长达 40～50 cm,并明显增粗,第二年 6—9 月为根的快速生长期。一年生苗根茎只有 1 个顶芽,二年生苗可萌发 2～4 个芽。

四、规范化栽培技术

(一)选地施肥、整地做畦

选择阳光充足、土层深厚、疏松肥沃、有机质含量丰富、湿润而排水良好的沙质壤土或腐殖质壤土。前茬作物以豆科、禾本科作物为宜。黏性土壤、低洼盐碱地不宜种植。于前作物收获后,每亩撒施腐熟农家肥 2 000～3 500 kg、过磷酸钙 30 kg、草木灰150 kg、饼肥 30～50 kg。深翻 30～40 cm,耙细整平,做成宽 1.2～1.3 m 的平畦或高畦,多雨地区宜做成高畦。如土壤水分不足,可先浇水,待水渗下,表土稍松散时再播种。

(二)播种与繁殖

桔梗的繁殖方法有种子繁殖、根茎或芦头繁殖等,生产中以种子繁殖为主,其他方法很少应用。

1. 种子繁殖

种子繁殖在生产上有直播和育苗移栽两种方式,因直播产量高于移栽,且根条直,根杈少,便于刮皮加工,质量好,生产上多用。

桔梗可春播、夏播和秋播;南方也可冬播。秋播当年不出苗,翌年出苗早而齐,生长期长,产量和质量高于春播,秋播于晚秋上冻前。春播一般在4月中旬前后。麦区夏播于小麦收割之后。北方生产上以春播为多。

播前可因地制宜地进行种子处理:方法是将种子用温水浸泡24 h,或用0.3%的高锰酸钾浸种12~24 h,取出冲洗去药液,稍晾干播种,可提高发芽率。也可将种子放入40~50℃的温水中浸泡8 h,捞出用湿布包上,放在25~30℃处,保温保湿催芽,每天晚上用温水冲滤一次,4~5 d,大部分种子萌动露白后播种。

(1)直播 种子直播有条播和撒播两种方式。生产上多采用条播。条播按行距20~25 cm,沟深3.5~6 cm,播幅10~15 cm开沟,将露白的种子或湿种子拌3倍的湿沙,均匀撒入沟内,覆土0.5~1 cm,以不见种子为度。撒播将种子均匀撒于畦内,撒细土覆盖,以不见种子为度。播种量为条播每亩1 kg左右、撒播1.5~2.5 kg。播后在畦面上适量盖草,以保温保湿,干旱时要浇水保湿。春季早播的可以采取覆盖地膜措施。

(2)育苗移栽 育苗方法同直播。一般培育1年后,在当年茎叶枯萎后至翌年春季萌芽前出圃定植。将种根小心挖出,勿伤根系,以免发杈,按大、中、小分级栽植。按行距20~25 cm,沟深10 cm左右开沟,按株距8~10 cm,将根斜栽或平放于沟内,覆土略高于根头,稍压即可,浇足定根水。

2. 根茎或芦头繁殖

可春栽或秋栽,以秋栽较好。在收获桔梗时,选择发育良好、无病虫害的植株,从芦头以下1 cm处切下芦头,伤口在草木灰中蘸一下,即可进行栽种。

(三)田间管理

1. 间苗、定苗、补苗

出苗后,选阴天或晴天下午4:00后及时撤去盖草。苗高3 cm左右时间苗,并对缺苗部分,在阴雨天带土移栽补苗。苗高6~7 cm时,按株距8~10 cm定苗,拔除小苗、弱苗、病苗。

2. 中耕除草

齐苗后,结合间定苗进行2次中耕除草,苗小时可用手拔除苗间杂草,以免伤害小苗,以后视土壤水分及杂草等情况再中耕除草1~2次。封垄后不再中耕,有大草应及时拔除。

3. 追肥

生长期间,每年要追肥2~3次。定苗或返青后,每亩追施人畜粪水2 000 kg,或硫酸铵15~20 kg,磷酸氢二铵5~8 kg,或复合肥20~30 kg,以促进壮苗;在开花初期每亩追施人畜粪水2 000~3 000 kg,过磷酸钙30~50 kg,或尿素10 kg加磷酸氢二铵5~7 kg;地上植株枯萎后,结合清沟培土,每亩追施腐熟有机肥1 500~2 000 kg及过磷酸钙50 kg。

桔梗施肥以农家肥和磷钾肥为主,注意适当控制氮肥,以利培育粗壮茎秆,防止倒伏,促进根的生长。二年生桔梗,植株高,易倒伏。若植株徒长可喷施矮壮素或多效唑以抑制增高,使植株增粗,减少倒伏。

4. 灌水与排水

出苗前后应保持畦面湿润,土壤水分不足时,应适量灌水;生长期间,遇大旱应适时适量灌水。雨季及多雨地区,应注意及时排水防涝,防止发生根腐病而烂根。

5. 摘蕾除花与摘芽

不留种的生产田,应于开花前将花蕾全部摘除,以减少养分消耗,促进根部生长。留种田及留种植株应在8月下旬到9月上旬将刚开和未开的花蕾剪除,促进所留花朵中种子的生长发育。生产上多采用人工摘除花蕾,每隔10 d摘一次花蕾,整个花期需摘多次。也可采用乙烯利化学除花。方法是在盛花期用0.05%的乙烯利喷洒花朵,以花朵沾满药液为度,每亩用药液75~100 kg,此法省工省时,效率高,成本低,使用安全,疏花增产效果显著。

桔梗以根顺直、少杈为佳。直播法相对根杈少一些,适当增加植株密度也可以减少根杈。桔梗第2年易出现一株多苗,一株多苗易生根杈。因此,春季返青时要把多余的芽除掉,保持一株一苗,可减少根杈。

五、病虫害防治

(一)病害

1. 根部病害

桔梗常见根部病害有根腐病、紫纹羽病和根结线虫病。此外,枯萎病有时也为害根部。几种根部病害可参考北苍术和白芷等中药材相关病害的防治。此外,重点应加以如下综合防治。

(1)前作物收获后,深翻土壤,与谷类作物轮作;切忌与发生相同病害的中药材或其他作物换茬;

(2)增施有机肥和磷、钾肥,合理控制氮素化肥,增强植株抗病力;

（3）发现病株，拔出移至田外集中处理，病穴撒石灰消毒，四周植株或全田喷70％甲基硫菌灵可湿性粉剂 1 000 倍液，或 50％多菌灵 500～1 000 倍液，或 30％恶霉灵 1 000 倍液，或 50％退菌特可湿性粉剂稀释 1 000 倍液浇灌，防止病害蔓延。

（4）根结线虫病用 1.8％阿维菌素 3 000 倍液灌根。

2. 叶及地上部病害

主要有轮纹病、斑枯病、白粉病、炭疽病、立枯病、枯萎病、疫病等。叶及地上部病害虽经常发生，但危害相对根部病害较轻，较少造成毁灭性的危害。可参考前述北苍术等中药材相关病害的防治方法。

3. 疫病

桔梗疫病主要为害茎、叶、芽。茎部染病初生长条形水渍状溃疡斑，后变为长达数厘米的黑色斑，病斑中央黑色，向边缘颜色渐浅。近地面幼茎染病，整个枝条变黑枯死。病菌侵染根颈部时，出现颈腐。叶片染病多发生在下部叶片，初呈暗绿色水渍状，后变黑褐色，叶片垂萎，病部一般看不到霉层。

综合防治措施：①选择高燥地块或起垄栽培，防止茎基部淹水；②加强田间管理，雨季及时排水；③发病初期及时喷洒 25％甲霜灵可湿性粉剂 400 倍液，或 58％甲霜灵·锰锌可湿性粉剂 400 倍液，或 72％杜邦克露可湿性粉剂 600～700 倍液，或 70％代森锰锌可湿性粉剂 500～700 倍液。

（二）虫害

为害桔梗的虫害有地老虎、蚜虫、红蜘蛛、网目拟地甲等。其中地老虎、蚜虫、红蜘蛛等可参照前述药材的防治方法防治。

网目拟地甲为害桔梗根部，可在 3—4 月成虫交尾期和 5—6 月幼虫期，用 90％敌百虫晶体 800 倍液，或 50％辛硫磷乳油 1 000 倍液喷杀，7～10 d 1 次，连喷 2～3 次。

六、采收与产地加工

1. 采收

桔梗播种两年后方可收获。采收可在秋季地上茎叶枯萎后至翌年春季萌芽前进行，以秋季采收为好，秋季采者体重质实，质量好。过早采挖，根不充实，折干率低，影响产量和品质；过迟收获，不易剥皮。

采收时，先将茎叶割去，从地的一端起挖，依次深挖取出，或用犁翻起，将根拾出，去净泥土，运回加工。要防止伤根，以免汁液外流，更不要挖断主根，影响桔梗的等级和品质。现代规模化种植，可用根茎类中药材收获机收获。

2. 产地加工

采收回的鲜根，清洗后浸清水中，去芦头，趁鲜用竹刀或碗片等刮去外皮，不能用金属刀具。刮时不要伤破中皮，以防内心黄汁渗出，影响质量。刮掉外皮后，用清水洗涤，并在清水中浸泡 3～4 h，然后捞出滤干放在凉席上晒干。晾晒过程中要经常翻动，等晒至三四成干时，即外部初显枯皱，折而不断时，将分枝捏拢，理顺根条，按大小分开，捆成小把，摆放晾晒，每天中午翻转一次，晒至七八成干时，将其堆起发汗一天，然后再摊开晒至全干。如遇阴雨，可用火炕烘干。收购厂家收购不去皮产品者，可不去皮晒干。

不能及时去皮加工的桔梗，可用沙埋，防止外皮干燥收缩，但不要长时间放置，以免根皮难刮。每亩可产干品 300～400 kg，高产者达 600 kg。

桔梗的商品质量要求是：干货、条长整齐、表面洁白色；断面有黄色花心、中央有淡棕色环、质坚实、无杂质、无虫蛀、不霉变。

第八节　菊　花

一、概述

菊花（*Chrysanthemum morifolium* Ramat.），别名药菊花、怀菊花、杭白菊等，为菊科菊属多年生草本植物，以花入药。菊花在我国有悠久的入药历史，同时又被广泛用于保健茶饮。菊花味甘、苦，性微寒，具有疏风、清热、明目、解毒的功效，主治头痛、眩晕、目赤、心胸烦热、疔疮、肿毒等症。主产于浙江、江苏、河南、安徽、河北、四川、山东等省，全国各地均有栽培。菊花是我国大宗和重要出口药材之一，社会需求量较大。

二、形态特征

菊花为菊科多年生草本植物。株高通常为 30～90 cm。茎色嫩绿或褐色，直立多分枝，基部半木质化。单叶互生，卵圆形至长圆形，边缘有缺刻及锯齿。头状花序顶生或腋生，一朵或数朵簇生。舌状花为雌花，筒状花为两性花。花色有黄、白、绿、淡绿等。花序大小和形状各有不同。药用菊花多数不结实。

三、生长习性

菊花为短日照植物,每天不超过 10～11 h 的光照才能现蕾开花,人工遮光缩短日照时数可促其提早开花。喜阳光,忌荫蔽,通风透光是菊花高产的重要因素之一。较耐旱,怕涝。喜温暖湿润气候,但也能耐寒。植株在 0～10 ℃ 及以下能生长,并能忍受霜冻,但最适生长温度为 20～25 ℃。花能经受微霜,而不致受害,花期能忍耐 −4 ℃ 的低温。降霜后地上部停止生长。根茎能在地下越冬,可忍受 −17 ℃ 的低温,但在 −23 ℃ 时,根将受冻害。幼苗生长和分枝孕蕾期需较高的气温,若气温过低,植株发育不良,影响开花。

对土壤要求不严,一般土壤均可种植,但以疏松肥沃、富含有机质、排水良好、pH在 6～8 的沙壤土为优,过黏、盐碱及低洼易涝地块不宜种植,忌连作。

四、规范化栽培技术

(一)选地施肥、整地做畦

菊花对土壤要求不严,一般排水良好的农田均可栽培。但以地势高爽、排水畅通、土壤有机质含量较高的壤土、沙壤土、黏壤土种植为好,也可利用庭院四周、树旁及水渠两岸等零星闲散地种植。以禾本科和豆科作物做前茬为宜。如是冬闲地,则秋季应进行耕翻。结合耕翻每亩施入充分腐熟的有机肥 2 000～3 000 kg,耕翻 20～25 cm,耙细整平,做成宽 2 m 的平畦。

(二)育苗与繁殖

菊花主要用分根繁殖和扦插繁殖。分根繁殖虽然前期容易成活,但因根系后期不太发达,易早衰,进入花期时,叶片大半已枯萎,对开花有一定影响,花少而小,还易引起品种退化;而扦插繁殖虽较费工,但扦插苗移栽后生长势强,抗病性强,产量高,故生产上常用。此外,近年部分地区开展了茎尖脱毒育苗技术,增产效果显著。

1. 分根繁殖

选择生长健壮、无病虫害的植株,收摘菊花后,将菊花茎齐地面割除,直接于原地用肥土或骡马粪覆盖地面保暖越冬,或将老根挖起,重新栽植在另一块肥沃的地上,覆盖肥土或粪肥保暖越冬。翌春 3—4 月扒开粪肥,浇水中耕,促其及早发芽出苗。待越冬种株发出新苗 15～25 cm 高时,便可进行分株移栽。分株时,一般选择阴天,将母株全棵挖出,轻轻振落泥土,然后顺菊苗分开,选择粗壮和须根多的种苗,剪去过长的须根、老根和菊头,每株苗应带有白根,根保留 6～7 cm 长,地上部保留 15 cm长。按行距 40 cm,株距 30 cm 挖穴定植,每穴栽苗 1～2 株。栽后覆土压实,并及时浇水。每亩栽 5 500 株左右。一般每亩老菊苗可移栽大田 20 亩左右。

2. 扦插繁殖

(1)苗床准备 苗床应选择向阳地,于冬前每亩撒施充分腐熟的有机肥 3 000～4 000 kg,深翻 25 cm。育苗前,细耙整平,做成宽 1.5～1.8 m、长 4～10 m 的平畦。

(2)扦插方法 4 月上旬以后,在 5～10 cm 日平均地温达 10 ℃ 以上时进行扦插。选择健壮、直径在 0.3～0.4 cm 粗的春发嫩茎,取其中段,剪成长 10～15 cm、留有 4～6 片叶子的插条,去除下部叶片,于下端近节处剪成斜口,湿润后快速蘸一下 500 mg/L 的吲哚乙酸加滑石粉的粉剂,随后按行距 20～25 cm、株距 6～7 cm 插入已整好的苗床上,插条入土 2/3,随剪随插。插后浇水,培土压实,最后畦面盖草保湿。

(3)苗期管理 扦插后,在苗床上应搭建 40 cm 高的荫棚用于白天遮阴。晴天上午 8:00～9:00 至下午 4:00～5:00 遮阴,晚上和阴雨天撤去遮阴物。育苗期间要保持苗床土壤湿润,浇水宜用喷淋。15 d 左右后待插枝生根后即可拆去荫棚,以利壮苗。随后浇一次人畜粪水,并注意及时松土除草和浇水。

(4)移栽 一般苗龄控制在 40～50 d 及以后,苗高 20 cm 时即可移栽。在移栽前 1 d,先将苗床浇透水,带土起苗。移栽行株距同分根繁殖法。注意在雨天或雨后土壤过湿时不宜移栽。如遇连续雨天,而苗龄已到,可将菊苗的头剪掉,推迟几天再移植。

3. 茎尖脱毒育苗

菊花由于长期的分根和扦插等无性繁殖,导致病毒积累较多,退化现象较为明显。而植物茎尖分生组织中(包括原套、原体等),因维管系统尚未发育完善,病毒较难进入茎尖组织中。因此通过适宜的茎尖离体培养,即可脱除植物病毒,获得菊花的无毒苗——脱毒苗。用脱毒苗作为繁殖材料,可提高菊花产量 30% 左右,是提高菊花产量与质量的重要途径。

(三)田间管理

1. 中耕除草

菊花是浅根性植物。移栽后至现蕾前,一般要进行 4～5 次中耕除草。第一次在缓苗期浅中耕,以提高地温、促进早缓苗;第二次在成活后,只宜浅松表土 3～5 cm,使表土干松,底下稍湿润,促使根向下扎,并控制水肥,使地上部生长缓慢,俗称"蹲苗"。以后视杂草和降雨情况再中耕除草 2～3 次,一般在大雨后,为防止土壤板结,可适当进行一次浅中耕。最后 2 次中耕时,要结合进行培土。

2. 合理追肥

菊花根系较为发达,入土较深且细根多,需肥量大。生长期间分 3 次进行追肥。

(1)促根肥 移栽成活后,每亩穴施稀人畜粪水 1 000 kg 或尿素和复合肥各

10 kg,以利发根,穴深 5～6 cm。

（2）发棵肥　在第一次打顶后,为促进植株发棵分枝,每亩追施人畜粪水 1 500 kg(选晴天浇施)或尿素 8～10 kg(选阴雨天撒施)。

（3）促花肥　在现蕾前,为了促进植株现蕾开花,每亩再追施人畜粪水 2 000 kg (选晴天浇施),或尿素 10 kg 加过磷酸钙 20 kg 或氮、磷、钾总含量 42％以上的复合肥 20～25 kg(选阴雨天撒施)。同时每隔 7 d,用 2％的磷酸二氢钾溶液喷施,进行根外追肥,每次每亩用磷酸二氢钾 250 g,连续 3～4 次。此法对多开花和开大花效果十分明显。

3. 灌水与排水

扦插或移栽时应及时灌水,以保证幼苗成活;缓苗后要少浇水,6 月下旬后天旱要多浇水,追肥后也要及时浇水。现蕾期干旱应注意浇水,雨季应及时清沟排水,防止积水烂根。

4. 及时培土

培土可保持土壤水分,增加抗旱能力;同时可增强根系,防止倒伏。一般在第 1 次打顶后,结合中耕除草,在根际培土 15～18 cm,促使植株多生根,抗倒伏。

5. 适时打顶

打顶是促使菊主干粗壮,分枝增多,减少倒伏,增生花朵,提高产量的关键措施之一。在菊生长过程中,除移栽时要打一次顶外,在大田生长阶段一般要打 3 次顶:第一次在苗高 30 cm 左右时,用手摘或用镰刀打去主干和主侧枝 7～10 cm;第二次在抽出的新枝长达 30 cm 左右时;再经过 15 d 后进行第三次,过迟打顶则会影响菊花的产量和质量。打顶宜在晴天露水干后进行。第二次和第三次只摘去分枝顶芽 3～5 cm 即可。此外,还要摘除徒长枝条。每次打顶或摘除的菊头应集中后带到田外处理。此外,于移栽成活后和第三次打顶后喷洒两次 500 mg/kg 的多效唑,对于促进分枝形成、降低植株高度、提高产量和品质都有明显作用。

五、病虫害防治

（一）病害

菊花常见病害有斑枯病、枯萎病、霜霉病、黑斑病和花叶病毒病等。

1. 斑枯病

斑枯病又名叶枯病。一般于 4 月发生,一直为害到菊花收获。植株下部叶片首先发病,出现圆形或椭圆形紫褐色病斑,大小不一,中心呈灰白色,周围褪绿,有一块褐色圈。后期叶片病斑上生小黑点,严重时病斑汇合,叶片变黑干枯,悬挂在茎秆上。

雨水较多时,发病严重。

综合防治措施:①在最后一次菊花采摘后,即割去地上部植株,集中烧毁,减少越冬菌源;②选健壮无病的菊种苗,培育壮苗;③合理施肥,氮、磷、钾结合,适当控施氮肥;④雨后开沟排水,降低田间湿度,减轻危害;⑤发病初期,摘除病叶,交替喷施1∶1∶100波尔多液,或50%托布津1 000倍液,或75%代森锰锌(全络合态)800倍液,或30%醚菌酯1 500倍液,晴天露水干后喷药。每隔7～10 d喷1次,共喷3次以上。

2. 枯萎病

枯萎病俗称"烂根"。于6月上旬至7月上旬始发,直至11月才结束,尤以开花前后发病最重。受害植株,叶片变为紫红色或黄绿色,由下至上蔓延,以致全株枯死,病株根部深褐色呈水渍状腐烂。在地下害虫多、地势低洼积水的地块容易发病。

综合防治措施:①选无病老根留种;②合理轮作,不重茬;③做高畦,开深沟,排水降低湿度;④选用健壮无病种苗;⑤发现病株及时拔除,并在病穴中撒施石灰粉,或用50%多菌灵1 000倍液,或3%广枯灵(恶霉灵＋甲霜灵)600～800倍液灌根。

3. 霜霉病

霜霉病为被害叶片出现一层灰白色的霉状物。一般于3月中旬菊出芽后发生,到6月上中旬结束;第二次发病在10月上旬。遇雨,流行迅速,染病植株枯死,不能开花,影响产量和质量。

综合防治措施:①合理轮作;②合理施肥和灌排水,提高田间管理水平;③种苗用40%霜疫灵300～400倍液浸10 min后栽种;④发病期用40%疫霜灵200倍液,或50%瑞毒霉500倍液喷治。

4. 黑斑病

黑斑病主要为害菊花的叶片。

综合防治措施:①与禾本科作物合理进行轮作;②秋季清洁田园,清除枯枝落叶,销毁病残体;③雨季注意及时排除田间积水;④黑斑病发病初期,使用500 g/L异菌脲悬浮剂1 000倍液,或将该药与70%丙森锌可湿性粉剂500倍液配合喷洒。

5. 花叶病毒病

花叶病毒病发病植株,其叶片呈黄绿色相间的花叶,对光有透明感。病株矮小或丛枝,枝条细小,开花少,花朵小,产量低,品质差。发生危害时间较长,蚜虫为传毒媒介。

综合防治措施:①选择抗病的菊花品种;②及时治蚜防病;③发病初期用5%氨基寡糖素(5%海岛素)1 000倍液,或甘氨酸类(25%菌毒清)400～500倍液喷雾或灌根,能有效缓解症状和控制蔓延。

（二）虫害

菊花常见虫害有蚜虫、菊天牛、蛴螬和菊花瘿蚊等。

1. 蚜虫

蚜虫于9—10月集中于菊嫩梢、花蕾和叶背为害,吸取汁液,使叶片皱缩,花朵减少或变小。

综合防治措施:①合理轮作,忌与菊科植物连作和间套作;②清除杂草,发生期喷40％乐果2 000倍液,或1.5％苦参碱1 200倍液喷雾防治,每隔7 d喷1次,连续喷2～3次。

2. 菊天牛

菊天牛又名菊虎。成虫将菊茎梢咬成一圈小孔并在圈下1～2 cm处产卵于茎髓部,致使茎梢部失水下垂,容易折断。卵孵化后幼虫在茎内向下取食。有时在被咬的茎秆分枝处折裂,愈合后长成微肿大的结节,被害枝不能开花或整枝枯死。

综合防治措施:①5—7月,早晨露水未干前在植株上捕杀成虫;②在产卵孔下3～5 cm处剪除被产卵的枝梢,集中销毁;③在7月间释放肿腿蜂进行生物防治;④成虫发生期于晴天上午在植株和地面喷5％西维因粉,5 d喷1次,喷2次,清除杂草,并销毁。

3. 蛴螬

地下钻洞并咬食菊地下部根皮,破坏根部组织。

综合防治措施:用90％敌百虫1 000倍液喷杀或人工捕杀。

4. 菊花瘿蚊

一般于4月中旬在菊花田出现第一代幼虫,并形成虫瘿,随着菊花苗移栽,把虫瘿带入大田。5—6月在大田菊花上发生第二代,7—8月发生第三代,8—9月发生第四代。此时正值现花蕾期,受害影响最重,10月上旬发生第五代,受害植株虫瘿成串,植株矮小。

综合防治措施:①人工摘剪虫瘿,从菊花育苗田向大田移栽时,应先摘剪虫瘿后再移栽,摘剪下的虫瘿要集中深埋或烧毁;②利用天敌,5—8月是天敌寄生菊瘿蚊的高峰期,保护好天敌对抑制瘿蚊的发展有显著效果;③药剂防治,8月中下旬菊花开始现蕾时用40％乐果乳油1 000倍液喷雾防治。

六、采收与产地加工

（一）采收

因产地或品种不同,各地菊花采收时期和方法略有不同。

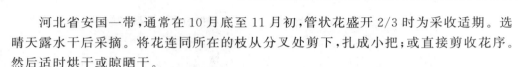

河北省安国一带,通常在 10 月底至 11 月初,管状花盛开 2/3 时为采收适期。选晴天露水干后采摘。将花连同所在的枝从分叉处剪下,扎成小把;或直接剪收花序。然后适时烘干或晾晒干。

安徽、河南等地区的毫菊和怀菊,当一块田里花蕾基本开齐、花瓣普遍洁白时,即可收获。采收时在花枝分叉处将枝条折断,随手将花枝扎成小把后带回加工地。

(二)产地加工

菊花加工方法因产地及菊花种类不同而异。杭菊多采用蒸晒法。方法简单,但技术性较强,稍有疏忽,就会影响品质。其大体分为上笼、蒸花和晒花三个环节。北方多采用烘干法。将剪下的鲜花序,摊在席上或晒盘上,厚约 3 cm,放在烘房架上,先用 45～50 ℃烘 12 h,再提高到 60 ℃左右烘 12 h。后者干得快,损耗少,质量好,出干率高。出干率约为 20%。

菊花的质量,以花朵完整、身干、颜色鲜艳、气味清香、无杂质、无霉变者为佳。同时,《中华人民共和国药典(2020 年版)》规定,本品按干燥品计算,含绿原酸($C_{16}H_{18}O_9$)不得少于 0.20%,含木犀草苷($C_{21}H_{20}O_{11}$)不得少于 0.080%,含 3,5-O-二咖啡酰基奎宁酸($C_{25}H_{24}O_{12}$)不得少于 0.70%。

第九节　菊　苣

一、概述

菊苣(*Cichorium intybus* L.),菊科菊苣属,用途多样,为药食饲多用植物,叶可饲喂家畜或食用,根含菊糖及芳香族物质,可提炼菊粉等食品工业原料。地上部分及根可供药用,中药名分别为菊苣、菊苣根。味微苦、咸,性凉,归肝、胆、胃经。具有清肝利胆,健胃消食,清热解毒,利尿消肿等功效。用于湿热黄疸,胃痛食少,水肿尿少等病症。

二、形态特征

菊苣为多年生草本植物,高 40～100 cm。茎直立,单生,分枝开展或极开展,全部茎枝绿色,有条棱。基生叶莲座状,倒披针状长椭圆形,包括基部渐狭的叶柄,全长 15～34 cm,宽 2～4 cm,基部渐狭有翼柄,侧裂片 3～6 对或更多,顶侧裂片较大,向下侧裂片渐小。茎生叶少数,较小,卵状倒披针形至披针形,无柄,基部圆形或戟形扩大半抱茎。头状花序多数,单生或数个集生于茎顶或枝端,或 2～8 个为一组沿花枝排列成穗状花序。总苞圆柱状,长 8～12 mm;总苞片 2 层,外层披针形,长 8～13 mm,宽 2～2.5 mm,上半部绿色,草质,下半部淡黄白色,质地坚硬,革质;内层总苞片线状披针形,长达 1.2 cm,宽约 2 mm,下部稍坚硬。舌状小花蓝色,长约 14 mm,有色斑。瘦果呈倒卵状、椭圆状或倒楔形,3～5 棱,顶端截形,向下收窄,褐色,有棕黑色色斑。冠毛极短,2～3 层,膜片状,长 0.2～0.3 mm。花果期 5—10 月。

三、生长习性

菊苣具有极强的抗逆性,耐寒,喜冷凉和充足的阳光,不耐高温。发芽适宜温度 15 ℃左右,5 d 左右发芽。苗期生长适温 20～25 ℃,苗期能耐 30 ℃的高温,如遇 30 ℃以上高温,会出现提早抽薹的现象。叶片生长适温 17～22 ℃,地上部能耐短期的 −2～−1 ℃的低温。根在 −3～−2 ℃时冻不死。在短日照条件下生长旺盛。菊苣怕涝,喜湿润的环境。喜排水良好、土层深厚、疏松且富含有机质的沙壤土和壤土,土壤中有石块、瓦砾时,易形成杈根。菊苣对土壤的酸碱性适应力较强,但过酸的土壤不利于生长。

四、规范化栽培技术

(一)选地整地

菊苣喜湿润、怕涝,对土壤的酸碱性适应力较强。所以种植菊苣,以选择排水良好、土层深厚、疏松、富含有机质的沙壤土和壤土为宜。过酸的土壤不利于菊苣生长。前作物收获后,每亩撒施腐熟的有机肥 3 000 kg,磷酸氢二铵 30 kg,硫酸钾 20 kg,然后深翻 25～30 cm,使肥料均匀地分布在土壤里,随后耙细整平做成高垄或平畦。菊苣通常是起垄栽培,单垄单行播种时按垄距 40～50 cm 等距起垄,垄高 15～17 cm;单垄双行播种时按垄距 80～90 cm 起垄,垄高 12～15 cm;垄长 10～15 m,或因实际情况而定。

(二)播种育苗与栽植

1. 种子处理

播种前 7～10 d,将种子放置在阴凉通风处晾晒 1～2 d,可提高发芽率,但是不要将种子暴晒在水泥地面上。为保证全苗,播种前宜测定种子发芽率再行播种。一般进口的菊苣种多为包衣种子,可以干播。如是自采种子或国内繁育的种子,可用凉水浸种,除去漂浮的瘪粒和杂质,下沉的饱满种子出水后,晾去水分后即可播种。

2. 播种育苗

菊苣可直播,也可育苗移栽,因地区不同而异。

(1)直播　冀中南部的播种时间为 7 月 22 日至 8 月 5 日,而 7 月 25 日至 28 日是最佳播种期。冀东地区 7 月中下旬播种,张承地区 6 月上旬播种。单垄单行播种的,在垄的顶部开沟撒籽。单垄双行播种的,可大小行播种,垄上小行距 30 cm,垄间大行距 50~60 cm。播种时先用竹竿等工具划 0.5 cm 深的小沟。将种子均匀撒入沟中,用锄轻轻推平即可。直播每亩需种子 120~150 g。播种后随即浇水,不要串垄,不要漫过顶。出苗前浇一水,出苗后再浇一水定棵。

(2)育苗移栽　菊苣育苗可采用穴盘育苗或小营养土方育苗。穴盘育苗,起苗时不散坨,不伤根,成活率高。可选用 288 孔(24 cm×12 cm)苗盘育苗,节省资源、效率高。

育苗基质:可就地取材,可直接用无病肥沃园田土,也可用草炭 2 份、蛭石 1 份,或草炭、废菇料、蛭石各 1 份混合。若用 288 孔苗盘,种 1 亩地菊苣需用苗盘 40~50 个,每立方米基质可装 300 盘,在配制基质时,每立方米的基质加入复合肥 0.7 kg,或用 0.5 kg 尿素和 0.5 kg 磷酸二氢钾,与基质拌匀后装入穴盘。

播种:每穴放籽 1 粒,深度不超过 1 cm,播后上面盖一薄层蛭石,浇水后不露种子便可。播种后要喷透水,以有水从穴盘底孔滴出为度,喷水后穴盘各格应清晰可见。每亩大田育苗用种量 18~20 g,比直播节省很多。在 20 ℃左右时,3~4 d 出齐苗。

育苗期多数地区正值高温多雨季节,苗地要防雨防高温。如在温室育苗,每天都要喷水,高温期要早、晚各喷一次。小苗三叶一心时,可结合喷水进行 1~2 次叶面喷肥,可用 0.3%尿素加 0.2%磷酸二氢钾液喷洒。20 d 左右,小苗 3~4 片真叶时,在做好的垄上按照株距 17~19 cm 定植于大田,每亩栽苗 10 000 株左右。

(三)田间管理

1. 间苗与定苗

直播田菊苣 2~3 片叶时第一次间苗,4~5 片叶时第二次间苗,去除病弱苗,适当疏开。7~9 片叶时定苗,株距单行播种的 17 cm,双行播种的 19 cm,每亩留苗 8 500~10 000 株。

2. 中耕除草

定植或定苗后及时中耕除草 1~2 次,以疏松土壤,清除杂草,控制菊苣地上部分生长,促进根部膨大。

3. 追肥浇水

菊苣莲座后期,根部进入膨大期,追肥 1~2 次,每次每亩追施尿素 10 kg,追肥要结合浇水进行。

五、病虫害防治

菊苣常见病虫害有霜霉病、腐烂病、虫害等。

1. 霜霉病

霜霉病主要为害叶部,严重时可造成20%～40%的产量损失。先由基部向上部叶发展。发病初期在叶面形成浅黄色近圆形至多角形病斑,空气潮湿时,叶背产生霜状霉层,有时可蔓延至叶面。后期病斑枯死连片,呈黄褐色,严重时可致植株死亡。

综合防治措施:①采用高垄或高畦栽培;②合理密植,避免过密;③浇小水,严禁大水浸灌;④保护地栽培的,雨天注意防漏;⑤发病前选用5%百菌清粉尘剂,每亩用1 kg喷粉预防,每隔10～15 d喷1次,或用45%安全型百菌清烟剂熏烟预防,每亩0.5 kg,每隔7～10 d 1次;⑥发病初期用50%安克可湿性粉剂1 500倍液,或72%克露可湿性粉剂600～800倍液喷雾,喷雾时应尽量把药液喷到基部叶背。7～10 d 1次,连喷2～3次。

2. 腐烂病

一般在生产中、后期开始发病,造成腐烂,严重时损失可达80%以上。腐烂病多从植株基部叶柄或根茎开始侵染,开始呈水浸状黄褐色斑,逐渐由叶柄向叶面扩展,由根茎或基部叶柄向上发展蔓延。空气潮湿时,表现为软腐,根基部或叶柄基部产生稀疏的蛛丝状菌丝。空气干燥时,植株呈褐色枯死,萎缩。另外一种腐烂类型,多从植株基部伤口开始,初呈浸润半透明状,后病部扩大呈水浸状,充满浅灰褐色黏稠物,发出恶臭气味。

综合防治措施:①种子处理,用种子重量0.4%的40%拌种双或50%多菌灵拌种;②施用充分腐熟的有机肥;③适期播种,避免晚播;④高温季节用遮阳网遮阴,多雨季节及时排水;⑤发现病株及早拔除,并对病穴进行消毒处理;⑥发病初期选用70%甲基托布津可湿性粉剂600倍液,或70%代森锰锌可湿性粉剂500倍液喷雾防治,重点喷洒植株基部。

3. 虫害

为害菊苣的害虫较少,但在连年旱作情况下,地下害虫如蛴螬等发生为害加重,应在翻耕土地时施入杀虫剂消灭。或在发生期用90%敌百虫1 000倍液喷杀或人工捕杀。

六、采收和产地加工

菊苣植株在大田生长110～120 d,形成充实的肉质根,即可收获。收获前地干时应提前 5～7 d 浇一小水。收刨时距地面 4～5 cm 处割去叶片,用镐、铁锨等将菊苣根挖出。或用根茎中药材采收机收获。采收的叶片和根部,分别晾晒干燥或烘干,均可入药。

第十节　金银花

一、概述

金银花,别名银花、双花、忍冬花、二宝花等,为忍冬科植物忍冬(*Lonicera japonica* Thunb.)的干燥花蕾或带初开的花。为多年生半常绿缠绕小灌木或直立小灌木,以花蕾(金银花)和藤(忍冬藤)入药。金银花味甘,性寒;归肺、心、胃经;具有清热解毒,凉散风热功能;用于痈肿疔疮、喉痹、丹毒、热血毒痢、风热感冒、瘟病发热等症。主产于山东、河南、河北等省,现全国各地均有栽培。

二、形态特征

金银花属多年生半常绿缠绕及匍匐茎的灌木。小枝细长,中空,藤为褐色至赤褐色。卵形叶子对生,枝叶均密生柔毛和腺毛。夏季开花,苞片叶状,唇形花,有淡香,外面有柔毛和腺毛,雄蕊和花柱均伸出花冠,花成对生于叶腋,花色初为白色,渐变为黄色,黄白相映,球形浆果,熟时黑色。花期 4—6 月(秋季也常开花),果熟期 10—11 月。

三、生物学特性

(一)生长习性

金银花喜温暖湿润和阳光充足的环境,适应性强,耐寒、耐旱、耐盐碱。对地势、土壤要求不严,山地、平原、丘陵及酸性、碱性的土壤均可生长,但以疏松肥沃、排水良好、偏碱性的沙壤土为优。

(二)生长发育

金银花是一种长线药材,栽植一次多年收益。一般栽后 2～3 年即可开花,3～6 年产花渐多,7～20 年为盛花期,20 年后趋于衰退,需要更新。金银花年生长发育阶段可分为 6 个时期,即萌芽期、新梢旺长期、现蕾期、开花期、缓慢生长期和越冬期。

1. 萌芽期

植株枝条茎节处出现米粒状绿色芽体,芽体开始明显膨大,伸长,芽尖端松弛,芽第一对和第二对叶片伸展。

2. 新梢旺长期

日平均气温达 16 ℃后,进入新梢旺长期,新梢叶腋露出花总梗和苞片,花蕾似米粒状。

3. 现蕾期

果枝的叶腋随着花总梗伸长,花蕾膨大。

4. 开花期

在黄淮海平原,人工栽培条件下,开花期相对集中,为 5 月中旬至 9 月上旬,开放 4 次之后,零星开放终止于 9 月中旬。第一次开花:5 月中下旬,花蕾量占整个开花期花蕾总量的 40%。第二次开花:6 月下旬,花蕾量占整个花蕾期总量的 30%。第三次开花:7 月末至 8 月初,花蕾量占整个开花期花蕾总量的 20%。第四次开花:9 月上旬,花蕾量占整个开花期花蕾量的 10%。

5. 缓慢生长期

植株生长缓慢,叶片脱落,不再形成新枝,但枝条茎节处出现绿色芽体,主干茎或主枝分枝处形成大量的越冬芽,此期为贮藏营养回流期。

6. 越冬期

当日平均温度降到 3 ℃后,生长处于极缓慢状态,越冬芽变红褐色,但部分叶片凛冬不凋。

四、规范化栽培技术

(一)选地施肥、整地做畦

育苗地应选择疏松肥沃、灌排方便的沙质壤土,每亩撒施腐熟有机肥 2 000～3 000 kg、过磷酸钙 30～50 kg,深翻 25 cm 左右,拣净根茬,打碎土块,耙细整平,做成宽 1～1.3 m 的平畦或高畦。为节约耕地,减轻粮药争地矛盾,提高土地效益,栽植地可利用向阳的荒坡、地边、河岸、沟旁及房前屋后零星地块。先深翻土地、耙碎整平、熟化土壤。栽植前后按行距 1.3～1.5 m,株距 1～1.2 m,挖宽、深各 30～40 cm 的穴,薄地宜密,肥地宜稀,每穴施入土杂肥 4～5 kg,与底土拌匀即可待栽植。

(二)选用优良品种

金银花栽培类型及品种较多,各地都有适合当地栽培的优良类型与品种,如山东主产区重点栽培的有大毛花、小毛花、大麻叶、大鸡爪花、小鸡爪花等品种;河南主产区重点栽培的有大毛花、青毛花、长线花、小毛花等。其中鸡爪花发枝多、枝条短、叶较小、花蕾稠密,开花期早,但花蕾较小;大毛花花蕾肥大、枝条较长,容易相互缠绕,但开花期较晚。两品种均产量高、品质好。河北巨鹿金银花基地推广有巨花一号和巨花二号等新品种。各地应因地制宜地选用和引进优良品种,这是夺取高产优质的遗传基础。

(三)因地制宜地选用繁殖方法

金银花用扦插、种子、压条等均可繁殖,但生产上以枝条扦插繁殖为主。

1. 扦插繁殖

春、夏、秋季均可扦插,春季宜在新芽萌发前,夏、秋季宜在多雨之时。扦插之前,选择 1～2 年生健壮枝条,剪成长 30 cm 左右具 3 个以上节的插条,摘去下部叶片,然后将插条下端斜面浸蘸 500 mg/L 的吲哚丁酸 5～10 s,取出稍晾干后即可扦插。扦插方法又分直接扦插和扦插育苗两种。

(1)直接扦插　在已挖好的栽植穴内,每穴分散栽入插条 3～5 根,埋土 1/2～2/3,周围踩实,浇水保湿。

(2)扦插育苗　在已做好的苗床上按行距 30 cm 挖 18～20 cm 深的沟,将插条按株距 3～5 cm 斜插入沟内,地上露出 5 cm 左右,埋土压实随即浇水,插后经常保持土壤湿润。早春扦插育苗后苗床要搭设塑料薄膜弓形棚,以便保温保湿,促进插条及早生根发芽。经半个月左右,插条生根发芽后即可拆除薄膜棚,进行苗期常规管理。春插的于当年晚秋或翌年早春移栽定植;夏季或秋季扦插的于翌年春季移栽定植于已挖好的栽植穴内。

2. 种子繁殖

10—11 月采摘成熟果实,去净果皮、果肉及杂质,取成熟饱满种子晾干贮藏备用。翌年 3—4 月将种子置 35～40 ℃温水中浸泡 24 h,取出拌 3 倍的湿沙层积催芽,待种子有 30％～50％裂口时,于已做好的苗床上按行距 20～25 cm 开 3～5 cm 深的浅沟,将种子均匀撒入沟内,覆土 1 cm 左右,稍压实后畦面盖草,淋水保湿。每亩播种量 1～1.5 kg。

播种以后经常淋水保湿,10 d 左右即可出苗。出苗后去除盖草并及时松土除草、间苗和灌水追肥。苗高 15 cm 时摘去顶芽,促进分枝,当年秋冬或翌年早春即可出圃定植。

3. 压条繁殖

春、秋季节挑选生长健壮的一年生近地面枝条,将有节处理入土中,压实,留出枝梢。压后勤浇水施肥,第二年春季即可将已发根的压条截离母体,另行栽植。

（四）适时移栽

于秋、冬季落叶后或早春萌发前,将通过各种方法培育的金银花壮苗定植于已挖好的栽植穴内,每穴 1 株,随后填土压实,浇足定根水,经常保持湿润。

（五）加强田间管理

1. 适时中耕除草与培土

移栽成活后,最初 1～3 年每年中耕除草 3～4 次。第一次于春季萌芽出叶时,第二次在 6 月,第三次在 7—8 月,第四次在秋末冬初,并结合最后一次中耕除草进行培土,以利越冬。第三年以后,可适当减少中耕除草次数。

2. 适时追肥与灌排水

每年早春土地解冻后、萌芽后、每茬采摘花蕾后和越冬前,结合中耕除草都应进行 1 次追肥。春、夏季每次每亩追施腐熟人畜粪水 3 000 kg 或尿素与复合肥各 15 kg 左右,于植株周围 30～35 cm 处,开深 15～20 cm 环形沟,将肥料施入沟中,施后覆土盖肥。在植株现蕾后,可喷洒 1 次磷酸二氢钾和尿素混合液,浓度为 0.5%。封冻前施冬肥,每株开沟环施腐熟的有机肥 5～10 kg、过磷酸钙 200 g,施后培土盖肥。

每次施肥后和花期遇旱时应及时浇水,雨水多时应及时排水防涝。施冬肥时若土壤水分不足应结合浇冬水,以利翌春及早萌发和花芽形成。

3. 科学整形与修剪

科学整形与修剪是实现金银花优质高产的关键技术措施之一。栽后第一年当主干高度达 30～40 cm 时剪去顶梢,促进侧芽萌发成枝。第二年春季萌发后在主干上部选留粗壮枝条 4～5 个作为主枝,分两层着生。在冬季,从主枝上长出的一级分枝中保留 5～6 对芽,剪去上部。以后在二级分枝上再剪留 6～7 对芽。最后使金银花由原来缠绕性生长变为枝条疏朗、分布均匀、通风透光、主干粗壮直立的伞房形灌木状花墩。每年霜降后至封冻前还要进行冬剪,剪除枯老枝、病虫枝、细弱枝及交叉枝等,使养分集中于抽生新枝和形成花蕾。每茬采摘花蕾后要进行夏剪,夏剪以轻剪为宜,靠近根部发出的枝条全部剪除,上部过密的小枝及花枝枝梢也应适当剪去。每次摘去花及修剪后要进行追肥。

4. 越冬保护

在北方寒冷地区,应于土壤封冻前将老枝整理顺直,使其平卧于地面,上面覆盖 10～12 cm 厚的麦秸或蒿草等,草上再盖薄土,以便使植株防寒越冬。翌春萌发出叶前再及时将覆盖物去除。

五、病虫害防治

(一)病害

1. 金银花白粉病

金银花白粉病主要为害叶片、茎和花。叶上病斑初为白色小点,后扩展为白色粉状斑,严重时叶发黄、变形甚至脱落。温暖湿润或株间郁闭易发病,施氮肥过多,也易发病。

综合防治措施:①合理密植,避免密度过大;②合理施肥,氮、磷、钾合理搭配,避免氮肥施用过多;③雨季注意排水防涝;④发病初期,喷施 40%氟硅唑乳油 5 000 倍液,或 12.5%烯唑醇可湿性粉剂 1 500 倍液,25%三唑醇 4 000 倍液,或 15%三唑酮可湿性粉剂 2 000 倍液,10 d 左右 1 次,连喷 2~3 次。

2. 枯萎病

叶片不变色而萎蔫下垂,全株青干枯死,或一枝干、或半边萎蔫干枯,刨开病干,可见导管变成深褐色。

综合防治措施:①建立无病苗圃;②移栽时用农抗 120 的 500 倍液灌根;③发病初期用农抗 120 的 500 倍液,或用 50%多菌灵 1 000 倍液灌根。

3. 褐斑病

褐斑病主要为害叶片。

综合防治措施:①增施有机肥料,提高植株自身的抗病能力;②清除植株基部周围杂草,保证通风透光;③雨后及时排出田间积水;④冬季结合修剪整枝,将病枝落叶集中烧毁或深埋土中;⑤发病初期及时摘除病叶;⑥发病初期开始,每 10~15 d 喷洒 1 次 50%多菌灵 600 倍液,或 70%甲基硫菌灵 1 000 倍液,或 75%代森锰锌(全络合态)800 倍液,或 65%代森锌 500 倍液,连续喷治 2~3 次。

4. 叶斑病

叶斑病主要为害叶片。

综合防治措施:①增施有机肥料,合理配方施肥,增强植株自身抗病能力;②选用无病种苗;③及时排出田间积水,降低田间湿度;④清除病枝落叶;⑤发病初期用 50%多菌灵可湿性粉剂 600 倍液,或 70%甲基硫菌灵 1 000 倍液,或 75%代森锰锌络合物 800 倍液喷雾防治,每 7~10 d 喷 1 次,连续防治 2~3 次。

(二)虫害

1. 蚜虫

蚜虫幼虫刺吸叶片汁液,为害叶片,造成叶片卷曲发黄,花蕾畸形,产量降低。

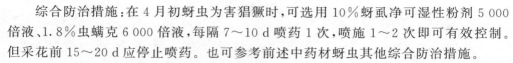

综合防治措施：在 4 月初蚜虫为害猖獗时，可选用 10％蚜虱净可湿性粉剂 5 000 倍液、1.8％虫螨克 6 000 倍液，每隔 7～10 d 喷药 1 次，喷施 1～2 次即可有效控制。但采花前 15～20 d 应停止喷药。也可参考前述中药材蚜虫其他综合防治措施。

2. 金银花尺蠖

金银花尺蠖幼虫啃食金银花叶片。

综合防治措施：①合理修剪，清除枯老枝，改善植株通风透光条件；②清墩整穴，消灭越冬蛹，减少虫源；③利用幼虫假死习性进行人工捕杀；④卵孵化盛期至幼虫低龄期用 100 亿/g 活芽孢 Bt 可湿性粉剂 200 倍液，或用 0.36％苦参碱水剂 800 倍液，或天然除虫菊（5％除虫菊素乳油）1 000～1 500 倍液，或用烟碱（1.1％绿浪）1 000 倍液，或用多杀霉素（2.5％菜喜悬浮剂）3 000 倍液，或虫酰肼（24％米满）1 000～1 500 倍液喷雾防治。7 d 喷 1 次，防治 2～3 次；⑤低龄幼虫发生盛期，用 1.8％阿维菌素乳油 1 000 倍液，或 1％甲氨基阿维菌素苯甲酸盐乳油 2 000 倍液，或 4.5％高效氯氰菊酯 1 000 倍液，或联苯菊酯（10％天王星乳油）1 000 倍液，或 20％氯虫苯甲酰胺 4 000 倍液，或 90％敌百虫 800～1 000 倍液，或 50％辛硫磷乳油 1 000 倍液喷雾防治。

3. 天牛

天牛主要钻蛀危害茎枝。

综合防治措施：①结合冬剪将枝干上的老皮剥除，造成不利成虫产卵的条件；②7—8 月，发现虫蛀造成的枯枝及时清除、烧毁，并注意捕捉幼虫；③在幼虫发生期释放赤腹姬蜂与天牛肿腿蜂等天敌；④在初孵幼虫尚未蛀入木质部之前，用 80％敌敌畏乳油 1 500 倍液，或 2％甲胺基阿维菌素苯甲酸盐 1 000 倍液，或 20％氯虫苯甲酰胺 3 000 倍液，或 25％噻虫嗪 2 000 倍液等喷雾防治。

4. 木蠹蛾

木蠹蛾为鳞翅目害虫，主要为害树势衰弱和濒临死亡的植株，以幼虫钻蛀为主。

综合防治措施：①清理花墩，及时烧毁残叶虫枝；②适时施肥、浇水，促使金银花植株生长健壮，提高抗虫力；③对生长年限过久的植株及时进行更新，伐除虫害严重、濒于枯死的老花墩；④加强修剪，冬季修剪要掌握旺枝轻剪、弱枝重剪、虫枝与徒长枝全剪的原则，做到花墩内堂清、透光好；⑤在幼虫孵化盛期用 50％杀螟松乳油 1 000 倍液加 0.5％煤油，或用 1.8％阿维菌素乳油或 1％及 2％甲氨基阿维菌素苯甲酸盐乳油 1 000 倍液，或 20％氯虫苯甲酰胺 3 000 倍液，或 25％噻虫嗪 1 500～2 000 倍液，或 90％敌百虫 800～1 000 倍液，或 50％辛硫磷乳油 1 000 倍液喷洒枝干，重点喷洒主干的中下部、老皮的裂缝处。或先在花墩周围挖一深 10～15 cm 的穴，每墩浇灌 50％杀螟松乳油按药：水为 1∶1 比例配备的药液 20 mL 左右，然后覆土压实。

5. 棉铃虫

棉铃虫主要取食金银花蕾,每头棉铃虫幼虫一生可为害十到上百个花蕾,不仅影响品质,而且容易脱落,严重影响产量。该虫每年 4 代,以蛹在 5～15 cm 土壤内越冬。

综合防治措施:重点是防治 1 代、2 代,在第 1 代幼虫盛发期前(5 月初),用 Bt 制剂、氰戊菊酯、千虫克、烟碱苦参碱等防治该虫。

6. 铜绿丽金龟

该虫的幼虫为蛴螬。主要咬食忍冬的根系,造成营养不良,植株衰退或枯萎而死。成虫则以花、叶为食。该虫一年 1 代,以幼虫越冬。

综合防治措施:用蛴螬专用型白僵菌 2～3 kg/亩,拌 50 kg 细土,于初春或 7 月中旬,开沟埋入根系周围;或用 90％敌百虫 1 000 倍液喷杀或人工捕杀。

六、采收与产地加工

(一)采收

金银花最适宜的采摘标准是:"花蕾由绿色变白色,上白下绿,上部膨胀,尚未开放。"采收过早,花蕾尚未充分发育,花蕾发育不完全,有效成分含量少,产量低,品质差;采收过迟,花朵开放,花粉及香气散失,外形不好。

金银花采摘的时间性很强,根据群众的实践经验,黎明至午前 9:00 左右,采摘花蕾最适,干燥后呈青绿色或绿白色,色泽鲜艳,折干率高。一天之内,以上午 9:00 左右采摘的花蕾质量最好。采蕾时期可由 5 月中下旬,一直延长到 9 月中旬。

采摘金银花使用的盛具,必须通风透气,一般使用竹篮或条筐,不能用书包、提包或塑料袋等,以防采摘下的花蕾蒸发的水分难以挥发再浸湿花蕾,或温度不易散失而发热导致发霉变黑等。采摘的花蕾均轻轻放入盛具内,要做到"轻摘、轻握、轻放"。采收时,应注意不伤花,不带梗,不损伤其他青蕾。

(二)产地加工

金银花的产地加工主要是干燥。科学干燥是保证质量的关键。要边采收边干燥,争取当天干燥完毕。干燥前先去掉枝叶和杂质。生产上常用的干燥方法有日晒法和烘干法两种。

1. 日晒法

日晒法为传统的自然晒干法。多在石板上或苇席上晾晒。这种方法如遇风沙阴雨,花蕾干不透就收拾,往往发黑变质。改用筐晒法可保证质量。即用高粱秸制成 1.7 m 长,1 m 宽,高 10 cm 的筐架,中间再用高粱秸或席片做底制成筐子。每筐可晒鲜花 2.5～3 kg,将盛花的晒盘南北向放到向阳通风处,摊晒的花蕾在未干前,不要翻动,否则会变黑,一般当天就可晒干。如当天晒不干,傍晚可将晒盘垛起来,晒盘与晒盘之间放两根横棍,利于通风。晒盘最上层盖席防露水,但不能用塑料布,第二天晴天时再继续晒,直到晒干为止。当花蕾用手抓,握之有声,一搓即碎,一折即断,含水率达 5％左右,可装入塑料袋中贮存。

2. 烘干法

烘干法即利用烘干房或大型现代烘干设备,将金银花烘干的方法。烘干的金银花颜色青白、鲜艳、香味浓,且较晒干的增加 20％左右的干商品。烘干房一般用 2～3 间平房即可。建造时在房间一头修两个炉口,房间修回龙灶式的火道,屋顶留烟囱和天窗,在离地面 30 cm 的前后墙上,每间屋留一对相对的通气孔,便于散发潮气。屋内搭木架,烘花前先加温烘干烤房,然后把天窗和气眼封死,把盛花的晒盘一层层放在架上(将鲜花蕾均匀撒在晒盘上,厚 1 cm,每平方米可撒 2.5 kg)。初烘时一般温度在 30～35 ℃,2 h 以后,把温度提高到 40 ℃左右,当鲜花开始排出水汽时,可打开一部分排气孔或天窗。如果温度不够,可再堵死一部分气孔,当屋内潮气又增大时,再打开排气孔排气。入烘房后 5～10 h,室温应保持 45～50 ℃,使金银花迅速干燥。由于烘房上下层温度不一样,离火道远近的温度也不一样,因此,要做好上、中、下层及前后层晒盘的调换,以便烘烤均匀。整个烘干过程需要 18～24 h,花蕾干燥到用手一捏即碎,一折即断,便可出房。出房后装入塑料袋,勿扎口,扎口易使袋壁处花蕾变黑。经 3～4 d,干品凉透后扎口。

无论是晒干的还是烘干的,1～2 d 后需再晒(烘)一遍,除去花心内的水分,使之干透。

金银花以身干、花蕾多、花蕾肥大、上粗下细呈棒状、略弯曲、外表黄色或淡绿色、无枝叶及开放花朵,无杂质、气味清香者为佳。同时,按干燥品计算,绿原酸($C_{16}H_{18}O_9$)不得少于 1.5％;木犀草苷($C_{21}H_{20}O_{11}$)不得少于 0.050％。

第十一节　蒲公英

一、概述

蒲公英(*Taraxacum mongolicum* Hand.-Mazz.)为菊科蒲公英属多年生草本植物,又名婆婆丁、黄花地丁等。食药兼用,有广阔的开发前景。其食用部分为嫩苗或嫩叶,经过洗净后可生食或炒食、做汤、凉拌均可。鲜蒲公英每百克含水分 84 g、蛋白质 4.8 g、脂肪 1.1 g、碳水化合物 5 g、灰分 3.1 g、胡萝卜素 7.35 mg、维生素 B_1 0.03 mg、维生素 B_2 0.039 mg、烟酸 1.9 mg、维生素 C 47 mg、钙 216 mg、铁 10.2 mg、磷 93 mg,具有很高的食用营养价值。蒲公英以干燥的带根全草入药,含有蒲公英甾醇、胆碱、菊糖、蒲公英醇、蒲公英赛醇、豆甾醇、皂苷等药效成分,具清热解毒、消痈散结之功效,被称为中药八大金刚之一。

中国东北、华北、西北、西南、华中等地区均有野生,因野生蒲公英资源逐年减少,加之新用途的开发,需求量在不断增加,所以发展人工栽培势在必行。目前,在东北,华北等省区已有人工栽培。蒲公英是一种资源丰富,分布广泛,生长旺盛,繁殖快速,营养全面,药用多效,得天独厚的绿色食品和营养保健品,并受到国内外人士的广泛青睐。

二、形态特征

多年生草本植物,高 10～25 cm,含白色乳汁。根深长,单一或分枝,外皮黄棕色。叶基生,排成莲座状,狭倒披针形,大头羽裂或羽裂,裂片三角形,全缘或有数齿,先端稍钝或尖,基部渐狭成柄。花茎比叶短或等长,结果时伸长,上部密被白色珠丝状毛。头状花序单一,顶生,长约 3.5 cm;总苞片草质,绿色,部分淡红色或紫红色,先端有或无小角,有白色珠丝状毛;舌状花鲜黄色,先端平截,5 齿裂,两性。瘦果倒披针形,土黄色或黄棕色,有纵棱及横瘤,中部以上的横瘤有刺状突起,先端有喙,顶生白色冠毛。花期 4—9 月,果期 5—10 月。生于路旁、田野、山坡。

三、生长习性

蒲公英适应性强,喜光、耐寒、耐热、耐瘠、抗病能力很强,很少发生病虫害,我国绝大部分地区可栽培。蒲公英属短日照植物,高温短日照条件下有利于抽薹开花;较耐阴,但光照条件好,则有利于茎叶生长。适应性较强,生长不择土壤,但以向阳、肥沃、湿润的沙质壤土生长较好。早春地温 1～2 ℃时即可萌发,种子在土壤温度 15～20 ℃时发芽最快,25 ℃以上时发芽受到抑制。在适宜温、湿度条件下,6～10 d 即可发芽。蒲公英为多年生植物,一定范围内,植株生长年限越长,根系越发达,地上部分也越繁茂,生长速度越快,产量越高。

四、规范化栽培技术

(一)露地栽培

1. 选地与整地

以选择肥沃、湿润、疏松、有机质含量高、向阳的沙质壤土为宜。前作收获后适时耕翻土壤,耕翻深度 20 cm 以上,结合耕翻每亩施入有机肥 4 000～5 000 kg,过磷酸钙 15～20 kg 做基肥,整细耙平,做成宽 120～150 cm 的平畦。

2. 种子处理

将种子置于 50 ℃水中浸种,水凉后,浸泡 8 h 左右,捞出,种子包于湿布内,放在 25 ℃左右的地方,上面用湿布覆盖,每天早晚用 50 ℃温水浇一次,3～4 d 种子萌动即可播种。

3. 适时播种

蒲公英种子无休眠期,露地从春季到秋季可随时播种,冬季还可在温室等保护地播种栽培。

条播或撒播均可。条播:于畦面上按行距 25～30 cm 开浅横沟,沟宽 10 cm,沟深 1 cm 左右,均匀满沟撒籽。种子播下后覆土 0.5 cm 左右,然后稍加镇压。播种量每亩为 0.5～0.75 kg。撒播:在平畦畦面上撒播,每亩用种 1.0～1.5 kg,播种后覆土 0.5 cm,并盖草保温保湿,7～10 d 即可出苗。出苗后揭去盖草。

4. 田间管理

蒲公英生长期间应经常进行中耕松土除草,以后每 10 d 左右中耕除草 1 次,直到封垄为止。封垄后可人工拔草,并进行间苗、定苗,间苗株距为 3～5 cm,定苗株距为 8～10 cm。温室内撒播株距为 6 cm。保持土壤湿润和地力是蒲公英生长的关键。每次收割后,结合浇水施 1 次速效氮肥。每次每亩施尿素 10～14 kg,磷酸二氢钾 5～6 kg。经常浇水保持土壤湿润。但收割后 3～4 d 内不浇水,以防烂根。秋播者应在入冬前浇封冻水,施越冬肥。每亩畦面上施有机肥 2 500 kg,过磷酸钙 20 kg。春季返青后,可结合浇水亩施尿素 10～15 kg,过磷酸钙 8 kg。

(二)保护地栽培

蒲公英在温度保持 10 ℃以上,就可以正常生长。因此,可以在塑料大棚,中、小拱棚或者日光温室进行栽培。一般多采用夏季播种,秋季定植。每平方米可收获 1.2 kg 鲜品,冬季供应市场,效益很好。

1. 整地施肥

深翻土壤 20～30 cm,每平方米施有机肥 10 kg,磷酸氢二铵 30 g 作基肥,把土和

6 cm,总花梗和花梗均被柔毛,花后脱落,花梗长 4～7 mm。苞片膜质,线状披针形。花直径约 1.5 cm。萼筒钟状,长 4～5 mm,外面密被灰白色柔毛。萼片三角卵形至披针形,先端渐尖,全缘,约与萼筒等长,内外两面均无毛,或在内面顶端有髯毛。花瓣倒卵形或近圆形,长 7～8 mm,宽 5～6 mm,白色。雄蕊 20,短于花瓣,花药粉红色。花柱 3～5,基部被柔毛,柱头头状。果实近球形或梨形,直径 1～1.5 cm,深红色,有浅色斑点。小核 3～5,外面稍具棱,内面两侧平滑。萼片脱落很迟,先端留一圆形深洼。花期 5—6 月,果期 9—10 月。

三、生长习性

山楂适应性强,喜凉爽、湿润的环境,既耐寒又耐高温,—36～43 ℃均能生长。喜光也能耐阴,一般分布于荒山秃岭、阳坡、半阳坡、山谷,坡度以 15°～25°为好。耐旱,水分过多时,枝叶容易徒长。对土壤要求不严格,但在土层深厚、质地肥沃、疏松、排水良好的微酸性沙壤土生长良好。山楂生于山坡林边或灌木丛中。海拔 100～1 500 m。

在山东、山西、陕西、河北、河南、江苏、浙江、辽宁、吉林、黑龙江、内蒙古等地均有分布。

四、规范化栽培技术

(一)选地整地

山楂对土壤质地、土层厚度、土壤肥力的要求不严,虽根系不深,但分布广远可以弥补根浅不足。要使山楂生长发育良好,以选择地势较为平坦、土层深厚、土质疏松肥沃、排水良好、光照充足、空气流通、坡度不超过 15°的中性或微酸性沙壤土最适宜。黏壤土,通气状况不良时,根系分布较浅,树势发育不良;山岭薄地,根系不发达,树体矮小,枝条纤细,结果少;涝洼地易积水,易发生涝害、病害,根系也浅;盐碱地易发生黄叶病等缺素症。选好的地块,于晚秋每亩施用 2 000～3 000 kg 腐熟有机肥,深翻 25 cm 左右,整平耙细做畦,以南北畦为好,畦宽 1 m。

(二)育苗

山楂多采用育苗移栽的种植方式。用山楂种子培育的苗木,称为实生砧木苗。实生砧木苗一般均需嫁接才能成为供栽培的山楂苗。山楂种子壳厚而坚硬,种子不易吸水膨胀或开裂。另外,种仁休眠期长,出苗困难。因此,山楂在播种前,种子一定要在秋季进行沙藏层积处理,才能保证其发芽。山楂播种主要采取条播和点播两种方法,每畦播四行,采用大小垅种植。带内行距 15 cm,带间距离 50 cm,边行距畦埂

10 cm。畦内开沟,沟深 1.5～2 cm;撒入少量复合肥和土壤混合。沟内坐水播种。条播将种沙均匀撒播于沟内,点播按株距 10 cm,每穴点播 3 粒发芽种子。覆土0.5～1 cm,地面再覆盖地膜。播种后一般 7～10 d 出苗。幼苗长出 2～3 片真叶时揭去地膜,3～4 片真叶时,按 10 cm 的株距定苗,保证每亩留苗 2 万株以上。

(三)嫁接

山楂实生苗必须经过嫁接才能成为供栽培的山楂苗。嫁接时间一般在 7 月中旬至 8 月中旬。主要采用芽接。先在山楂接穗上取芽片,在接芽上方 0.5 cm 处横切一刀,深达木质部,在芽的两侧呈三角形切开,掰下芽片;在砧木距地面 3～6 cm 处选光滑的一面横切一刀,长约 1 cm,在横口中间向下切 1 cm 的竖口,呈"丁"字形。用刀尖左右一拨。撬起两边皮层,随即插入芽片,使芽片上切口与砧木横切口密接,用塑料条绑好即可。

(四)定植

春、秋季及夏季栽植均可。秋栽在秋季落叶后到土壤封冻前进行。秋末、冬初栽植时期较长,此时苗木贮存营养多,伤根容易愈合,立春解冻后,就能吸收水分和营养供苗木生长之需,栽植成活率高。

山楂一般是按行距 4～5 m,株距 3～4 m 栽植,因土壤肥力状况而异。栽植时,先将栽植坑内挖出的部分表土与肥料拌均匀,将另一部分表土填入坑内,边填边踩实。填至近一半时,再把拌有肥料的表土填入。然后,将山楂苗放在中央,使其根系舒展,继续填入残留的表土,同时将苗木轻轻上提,使根系与土密切接触,并用脚踩实,表土用尽后,再填生土。苗木栽植深度以根茎部分比地面稍高为度。避免栽后灌水,苗木下沉造成栽植过深现象。栽好后,在苗木周围培土埂,浇水,水渗后封土保墒。在春季多风地区,避免苗木被风吹摇晃使根系透风,在根颈部可培高 30 cm 的土堆。

(五)田间管理

1. 施肥

每年追施 3 次肥。第一次在树液开始流动时,每株追施尿素 0.5～1 kg;第二次在谢花后,每株追施尿素 0.5 kg。第三次在花芽分化前每株施尿素 0.5 kg、过磷酸钙1.5 kg、草木灰 5 kg。施肥方法可条施、穴施或撒施。条施,即在行间横开沟施肥;穴施,即施液体肥料(人粪尿)时,在树冠下按不同方位,均匀挖 6～12 个、30～40 cm 深的穴倒入肥料,然后埋土;撒施,即当山楂根系已密布全园时,可将肥料撒在地表,然后翻地混肥,将肥混入 20 cm 深土中。

2. 灌水与排水

一般每年浇 4 次水。春季在追肥后浇第一次水，以促进肥料的吸收利用；花后结合追肥浇第二次水，以提高坐果率；在麦收后浇第三次水，以促进花芽分化及果实的快速生长；第四次浇封冻水，以利树体安全越冬。雨季田间积水时，要及时排出积水。

3. 整形修剪

山楂是喜光树种，树冠郁闭，光照通风不良，果实小，果面不光洁，上色差，并且病虫害严重，所以要科学地整形修剪。山楂整形要因树制宜，以纺锤形、疏层形和开心形为主。主枝分布要合理，同方向的主枝间距在 40 cm 以上，要去掉重叠、交叉、密集枝。山楂极性强，控制不好结果部位易外移，导致下部枝条细弱，甚至枯死。所以在修剪时，要抑前促后，外围少留枝，做到外稀内密，对结果枝和结果枝组要及时回缩，使之变紧凑。疏除过密枝、衰弱枝。主枝下部光秃的部位，可在发芽前每隔 15～20 cm 用刀环割至木质部，促使潜伏芽萌发，萌发后的新梢长到 30～40 cm 时，留 20～30 cm 摘心，促发分枝和花芽形成，培养成结果枝组。

山楂修剪按照时期可分为冬季修剪和夏季修剪。冬季修剪，应采用疏、缩、截相结合的原则，进行改造和更新复壮，疏去轮生骨干枝和外围密生大枝及竞争枝、徒长枝、病虫枝，缩剪衰弱的主侧枝，选留适当部位的小芽进行更新，培养健壮枝组。山楂修剪中应少用短截的方法，以保护花芽。要及时进行枝条更新，以恢复树势。夏季修剪，应及早疏除位置不当及过旺的发育枝。对花序下部侧芽萌发的枝一律去除，克服各级大枝的中下部裸秃，防止结果部位外移。

五、病虫害防治

山楂常见病虫害主要有山楂白粉病、桃小食心虫和山楂红蜘蛛等。麦收前后各喷一次 2 500 倍的灭扫利，或 20% 的扫螨净 3 000 倍液防治红蜘蛛；6 月中旬，树盘喷 100～150 倍的对硫磷乳油或撒辛硫磷颗粒，杀死越冬代幼虫，防治桃小食心虫；7 月初和 8 月上中旬，树上喷布 1 500 倍对硫磷乳油，消灭桃小虫卵及幼虫；从 6 月中旬至 8 月中旬，每半个月喷一次多菌灵或甲基托布津或喷克，防治果实表面的烟灰病。

1. 山楂白粉病

山楂白粉病主要为害叶片、新梢和果实。叶片发病，病部布白粉，呈绒毯状，即分生孢子梗和分生孢子，新梢受害，除出现白粉外，生长瘦弱，节间缩短，叶片细长，卷缩扭曲，严重时干枯死亡。

综合防治措施：①清扫果园，清除病枝、病叶、病果，集中烧毁；②发芽前喷 5 度石硫合剂；③发病初喷 1% 蛇床子素 500 倍液，或 75% 代森锰锌 800 倍液；④发病中喷三唑酮（15% 粉锈宁可湿性粉剂）1 000 倍液，或 40% 福星（氟硅唑）乳油 5 000 倍液，或 12.5%晴菌唑 1 500 倍液等治疗性防治。一般 7～10 d 喷 1 次,连喷 2～3 次。

2. 桃小食心虫

桃小食心虫为鳞翅目蛀果蛾科害虫。主要钻蛀为害果实。

综合防治措施:①在越冬幼虫出土前,用宽幅地膜覆盖在树盘地面上,防止越冬代成虫飞出产卵;②在第一代幼虫脱果前,及时摘除虫果,并带出果园集中处理;③在幼虫初孵期,喷施 Bt 乳剂生物制剂;④幼虫初孵期,树冠喷施 48%乐斯本乳油 1 000～1 500 倍液,或 20%杀灭菊酯乳油 2 000 倍液,或 10%氯氰菊酯乳油 1 500 倍液、或 2.5%溴氰菊酯乳油 2 000～3 000 倍液。7～10 d 1 次,连喷 2～3 次。

3. 山楂红蜘蛛

山楂红蜘蛛成若虫在叶片上吸吮汁液,为害山楂叶片正常光合作用和生长。

综合防治措施:①早春刮除树上老皮、翘皮烧毁,消灭越冬成虫;②点片发生初期,用 1.8%阿维菌素乳油 2 000 倍液,或 0.36%苦参碱水剂 800 倍液,或天然除虫菊素 2 000 倍液,或 73%克螨特乳油 1 000 倍液,或噻螨酮(5%尼索朗乳油)1 500～2 000 倍液喷雾防治。

六、采收与加工

1. 采收

9 月下旬至 10 月下旬山楂相继成熟,应注意适时采收。采收方法有剪摘、摇晃树干、竹竿敲打三种。剪摘,就是用剪子剪断果柄或用手摘下果实,这种方法能保证果品质量,有利贮藏,但费时费工。摇晃树干和竹竿敲打震落的方法,生产上较普遍采用。方法是在地下铺塑料薄膜或布帘,用手摇晃树或用竹竿敲打,将果实击落的采收方法。

2. 加工

鲜食:采收后装入聚乙烯薄膜袋中,每袋装 5～7.5 kg,放在阴凉处单层摆放,5～7 d 后扎口(山楂呼吸强度高,膜厚的袋口不要扎紧),前期注意夜间揭去覆盖物散热,白天覆盖,待最低温度降至-7 ℃时,上面盖覆盖物防冻,此法贮至春节后,果实腐烂率在 5%之内。

药用:采收后将山楂切片,放在干净的席箔上,在强日下暴晒。初起要摊薄些,晒至半干后,可稍摊厚些。另外,暴晒时经常翻动,要日晒夜收。晒到用手紧握,松开后立即散开为度。规模化生产,最好采用大型现代化烘干设备进行烘干,质量更有保证。制成品可用干净麻袋包装,置于干燥凉爽处保存。

第十三节 西洋参

一、概述

西洋参(*Panax quinquefolium* L.)为五加科植物西洋参的干燥根,又名花旗参、美国人参、广东人参。以根入药,性凉,味甘、微苦。具有滋补强壮、宁神益智、养血生津等功能。主治虚热烦倦、口渴少津、胃火牙痛、肺痨咳嗽等症。药理研究证实西洋参具有抗疲劳、抗缺氧、利尿等作用,对高血压、冠心病、心绞痛、惊厥等病症均有较好的疗效,可减轻由于放疗和化疗引起的各种不良反应。原产北美洲,自1975年以来,我国北京、吉林、辽宁、黑龙江、陕西等地已大面积引种成功。

二、形态特征

西洋参为多年生草本植物。根肉质,其形状椭圆形和纺锤形,外皮表面呈浅黄色,较细致光滑,生长茂盛,断面的纹理具有菊花状;茎直立圆柱形,光滑无毛,绿色或暗紫绿色,茎的高矮随参龄不同而异;叶一般由5片小叶组成的掌状复叶,小叶片为倒卵形或卵形,叶较薄,边缘有不规则的粗锯齿;花由许多小花组成伞形花序,从茎顶中心长出;浆果形状为扁圆形,呈对状分布,成熟后的颜色为鲜红;花期、果实成熟期分别为7月和9月。

三、生长习性

西洋参为半阴性植物,要求凉爽湿润环境,喜弱光,怕旱,怕强光。西洋参较人参喜湿润,但抗寒能力较人参弱。最适生长温度为20~25 ℃。

种子有休眠特性,需经过形态后熟和生理后熟两个阶段,在湿润状态下,经高温20 ℃ 50 d,15 ℃ 90 d,再放入低温4~6 ℃,经3个月左右才可打破休眠。发芽适温为15~20 ℃的变温,发芽率90%左右。种子寿命2~3年。

西洋参叶的生长比较特殊。出土后的幼苗生长较慢,第一年只生出1枚具3片小叶的复叶,第二年生出1片具有5片小叶的复叶,第三年长出2~3片复叶,第四年长出3~4片复叶,第五年以后叶片数不再增加。

四、规范化栽培技术

（一）选地整地做床

西洋参栽培有农田栽参和林下栽参两种方式。应选择土壤肥沃、土质疏松、透气性好、排灌方便的腐殖质土或通透性好、松软不积水的生荒地，pH 5.5～6.5。如农田种植，前茬以禾本科和豆科作物为好，忌涝洼积水的黏重土及重茬地。选好地后，在播种前 1 年耕翻 3～5 次，深 30 cm 左右，每亩施入绿肥或农家肥 3 000 kg 左右，配施饼肥 100 kg，复合肥 50 kg，同时可用 50％多菌灵 600 倍液 10 g/m^2 进行土壤消毒。用敌百虫处理土壤防治地下害虫。畦向多采用东南—西北走向，做成宽 1.3～1.5 m、高 25～30 cm、长 10～20 m 的高畦，畦面略呈弓形，作业道宽 40～50 cm。

（二）播种育苗

西洋参用种子繁殖，多采用种子育苗、移栽方式。

1. 种子育苗

（1）种子的采收与处理　于 7 月下旬至 8 月上旬采集 4～5 年生参田中呈鲜红色的果实。放入筛子中，搓去果肉，再用水冲洗，将干净的种子放入容器内漂洗，除去上面漂浮的病粒及瘪粒，将沉水的饱满种子捞出，用 50％多菌灵 500 倍液消毒 10～15 min，取出稍晾干，进行沙藏处理。在室外选阴凉干燥处挖深 50 cm 左右，长宽根据种子量而定的坑，将种子和湿沙按 1：3 的比例混匀，先在坑底铺 10 cm 湿沙，然后铺 30 cm 与沙混匀的种子，其上再盖 10 cm 细沙封口，最上面盖土踏实呈龟背形，盖1～2 层草帘。层积处理催芽。经常检查坑内的温湿度（15～20 ℃、沙子含水量达 10％左右），周围挖沟排水防鼠。翌年春季取出播种。

（2）播种育苗　播种期可分春播、伏播和秋播。春播是用上一年采种后层积处理的种子，在春季土壤解冻后，将沙藏处理 6 个月以上、已裂口的种子，用 50％多菌灵 500 倍液，或 65％代森锌 400 倍液浸种 15 min。于已整好的畦上按行株距 5 cm×5 cm，穴深 3～4 cm，每穴放 1 粒，覆土 3 cm，上覆稻草或麦秸 5～10 cm。伏播是用刚采的新鲜种子直播。秋播是用当年经层积处理已裂口的种子。每亩用种量为 8～10 kg。春播当年 5 月上中旬出苗，伏播和秋播，翌年春季出苗。西洋参在美国多采用直播法。

2. 移栽

我国多数地区采用一三制或二二制移栽。即育苗一年或二年，栽后再生长二年或三年，共计生长四年。多于播种出苗后第一年或第二年的秋季移栽。也可在春季土壤解冻后，芽苞尚未萌动时移栽。

（1）参栽的选择与处理　栽前选健壮、无病、完整的参苗，按大、中、小分级，并用 50％多菌灵 500 倍液浸泡 50 min，稍晾干后即可栽种。

（2）栽种方法　在整好的畦上，按行距 20 cm 开深 8～10 cm 的沟，将参侧根顺直，芽苞在上，根要舒展，不弯曲，按主根与地面成 30°角的坡度斜栽。株距 10 cm 左右，并可据参根大小适当调整株距，覆土深度为芽苞上 3～4 cm。再覆稻草或麦秆 10 cm，栽后畦面要平整，并做到边起苗边移栽，注意不要使芽苞和根皮部受到损伤。

（三）田间管理

1. 搭棚遮阴

搭棚要求能防止畦内参苗被每日上午 10：00 至下午 4：00 的强光照射，并使上午 10：00 前，下午 4：00 后的阳光射进荫棚，透光度以 15％～20％为宜。在出苗前将荫棚搭好，棚高前檐立柱 90～120 cm，后檐立柱 60～90 cm，上面覆盖苇帘，炎热夏天，可在参畦外阳光易进入参床的一边，挂上面帘或插上带叶的树枝遮光。

2. 松土除草

出苗后要结合松土，及时除草，并注意不要把参苗带出。每年要进行 2～3 次。

3. 追肥

二年生以上的参苗要注意追肥。生长期间可用复合肥或 0.5％磷酸二氢钾溶液于开花前进行叶面喷施，每半个月在叶面上喷洒一次。在夏季高温多雨期，为防热雨淋渍，可在畦面铺 3～5 cm 充分腐熟的厩肥，既防热雨又追肥。秋季封冻前，结合防寒可将腐熟好的豆饼或复合肥撒入畦面，并轻轻松土，使肥与土混合均匀，再覆草。

4. 灌水与排水

西洋参喜湿润，要求土壤含水量在 40％左右，干旱时应浇水润土，尤其是 5—6 月，水量以接上湿土层为准。7—8 月雨季应注意排水防涝。

5. 摘蕾补苗

二年生以上的参苗，每年开花结果，除留种地外，当花茎抽出 1～2 cm 时，选晴天及时将花蕾摘除，使养分集中供给根系的生长，可以显著提高产量和质量。春季出苗时，若发现缺苗应及时补齐。

6. 越冬管理

北方冬季寒冷，为防止冻害，封冻前将遮阴帘撤下，卷好捆在立柱旁。畦面上铺 5 cm 厚腐熟厩肥，上覆盖树叶、麦秸等 5～10 cm，其上压土 10 cm，以利抗寒。第二年 3 月下旬至 4 月上旬将畦面上的覆盖物沿草层去除。如畦面干旱，可喷水润湿，以利幼苗出土。

五、病虫害防治

(一)病害

西洋参常见病害有立枯病、猝倒病、黑斑病、疫病、灰霉病、锈腐病、菌核病、白粉病等。

1. 立枯病、猝倒病

多发生于一二年参苗,为害茎基部。用多抗霉素1 000倍液+恶霉灵2 000倍液进行防治。

2. 黑斑病

黑斑病为害叶片、茎、花梗、果实等部位。用12.5%的烯唑醇可湿性粉剂2 000倍液、43%好力克乳油5 000倍液、黑灰净1 500倍液加代森锰锌600倍、丙环唑1 500倍液、世高2 500~3 000倍液、30%苯甲·丙环唑乳油3 000~4 000倍液等进行防治。

3. 疫病

疫病为害茎叶及根部。发病前用75%百菌清1 000倍液、扑海因1 000倍液、多抗霉素800~1 000倍液预防。发病初期用50%安克1 500倍液加代森锰锌600倍液、甲霜灵1 000倍液加代森锰锌600倍液、64%杀毒矾600倍液、乙磷铝800~1 000倍液、72%霜脲锰锌800倍液、霜脲氰1 000倍液等交替使用进行防治。

4. 灰霉病

灰霉病为害西洋参的茎、叶。发病初期用异菌脲(秀安)800~1 000倍液、多霉清800~1 000倍液、嘧霉胺800~1 000倍液防治。

5. 锈腐病

锈腐病从幼苗到各年生西洋参均有发病,为害芦头和参根。建议每平方米用恶霉灵3.7 g和免深耕2.1 g撒施参床结合浇水进行防治。

6. 菌核病

菌核病主要侵染3年以上的参根,幼苗很少感病。早春出苗前浇灌1%的硫酸铜液或波尔多液120~160倍液,也可在移栽西洋参之前,结合整地施肥、松土,每平方米施入菌核利、多菌灵各10~15 g。也可参照人参菌核病综合防治措施防治。

7. 白粉病

白粉病多发生于初果期。发病时用50%粉锈宁可湿性粉剂600~800倍液,或64%杀毒矾可湿性粉剂800~1 000倍液,或代森胺800倍液进行防治,每隔7~10 d喷药1次,连续2~3次。

（二）虫害

西洋参常见虫害有蛴螬、蝼蛄、地老虎、金针虫、蚜虫、菜青虫、网目拟地甲等。

1. 蛴螬、蝼蛄、地老虎、金针虫

采用毒饵诱杀，将 90% 敌百虫拌入麦麸（麦麸炒香但不要炒煳），药、麸、水比例为 1∶100∶1，混合之后均匀撒于西洋参的畦面和作业道。

2. 蚜虫、菜青虫

于 6—7 月下旬采用吡虫啉 700 倍液叶面喷施，叶片的背面要重点喷施。

3. 网目拟地甲

1～2 年生西洋参苗茎部春季容易受到覆盖的麦草里的网目拟地甲的为害，发生期用 90% 敌百虫晶体 800 倍液或 50% 辛硫磷乳油 1 000 倍液喷杀，7～10 d 1 次，连喷 2～3 次。

六、采收与加工

1. 采收

西洋参一般生长 4 年后于 9—10 月地上部枯萎时采收。采收时拆除棚架，从畦的一端挖起，小心不要损伤参根。抖净泥土，装筐运回。

2. 加工

将运回的参根用水刷洗干净，于室外风干。置干燥室架上烘干，开始温度 21～22 ℃，以后每天逐渐加温，并适时翻动、通风，注意最高温度不宜超过 33 ℃。经 20～30 d 干透后，按大、中、小分等，贮藏或药用即可。每亩产干商品 100～200 kg，折干率 30%。

西洋参以身干、体轻、条匀、质坚、断面具菊花纹、香气浓郁者为佳。同时，含人参皂苷 Rg$_1$（$C_{42}H_{72}O_{14}$）、人参皂苷 Re（$C_{48}H_{82}O_{18}$）和人参皂苷 Rb$_1$（$C_{54}H_{92}O_{23}$）的总量不得少于 2.0%；水分不得超过 13.0%。

第十四节　玉　竹

一、概述

玉竹[*Polygonatum odoratum*（Mill.）Druce]为百合科黄精属多年生草本植

物,以干燥的根状茎入药。别名玉参、尾参、铃铛菜等。味甘、性平,具有养阴润燥、生津止渴的功效,主治口燥咽干、干咳少痰、风湿咳嗽、热病阴伤、小便频繁、腰膝疼痛及糖尿病等症。主要分布于华北、东北、山东、安徽、河南等地。玉竹可食用,是重要的药食兼用品种,具有良好的营养保健作用。

二、形态特征

玉竹根状茎圆柱形,直径 5～14 mm。茎高 20～50 cm,具 7～12 叶。叶互生,椭圆形至卵状矩圆形,长 5～12 cm,宽 3～16 cm,先端尖,下面带灰白色。花序具 1～4 花,以 2 朵为多,总花梗(单花时为花梗)长 1～1.5 cm,无苞片或有条状披针形苞片;花被呈黄绿色至白色,全长 13～20 mm,花被筒较直,裂片长 3～4 mm;花丝丝状,近平滑至具乳头状突起,花药长约 4 mm;子房长 3～4 mm,花柱长 10～14 mm。浆果为蓝黑色,直径 7～10 mm,具 9 颗种子。花期 5—6 月,果期 7—9 月。

三、生长习性

玉竹适应性强,喜凉爽、潮湿较荫蔽的环境,耐寒,能在田间自然越冬;生长适宜温度为 9～25 ℃,一般 3—4 月出苗,4—5 月开花,6—8 月地下茎迅速生长,8—10 月地上部分枯萎。喜疏松、肥沃、中性或近中性的壤土或沙质壤土,其他土壤也可生长,但过沙、过黏、排水不好的地方生长不良;忌连作。

四、规范化栽培技术

(一)选地整地与施肥

选择前茬为玉米、大豆、花生,且疏松肥沃、排水良好、中性或近中性的壤土或沙质壤土,平地或湿润半背阴的坡地均可,平地则应在玉竹生长期间间作遮阴作物。于前作收获后,每亩撒施优质农家肥 3 000 kg 左右,翻耕 20～25 cm,精细耙耱,整平地面,做成宽 1 m 的平畦或高畦,畦埂或畦沟宽 30～35 cm,畦面宽 65～70 cm。

(二)栽植

玉竹根茎和种子均可繁殖,但因种子繁殖出苗率低,生长慢,生产周期长。所以,生产上多采用根茎繁殖。根状茎繁殖,生长速度快,生产周期短,产量高;且遗传性较种子稳定。故生产上多采用此法。在收获时,从茎秆粗壮的植株中选取无虫害、无黑斑、无麻点、无损伤、颜色黄白、顶芽饱满、须根多、芽端整齐的肥大根状茎作种用。可随挖随选、随栽。

玉竹根茎春、秋季均可栽植。春栽一般于土壤解冻后，根茎萌动前，秋栽于10月中下旬地上植株枯萎后。栽植前，先将根茎挖出，选具有顶芽，且顶芽肥大饱满、无病伤的中、小根茎，折成带有2～3节、长约10 cm的根茎段做种栽，待伤口稍晾干或于伤口部位涂蘸草木灰后即可栽植。其余大根茎及剩余根茎段应及时加工入药。栽植时，将种栽按大小分开，于做好的畦内按行距33 cm，开宽10 cm、深6～8 cm的平底沟，按照株距10～15 cm，将种栽顶芽朝上、顺沟斜摆、平放于沟内，大根茎宜稍稀，小根茎可稍密。栽后覆土5～6 cm，稍镇压后再搂平。秋栽的，上冻前应浇一次冻水，上冻后盖一层粪肥，以便保暖防旱，防冻越冬。春栽的，栽植时若土壤水分不足，应坐水栽种，或栽后及时浇水，以确保发芽出苗。每亩种栽用量100～200 kg，因种栽大小不同而异。

（三）田间管理

1. 覆盖保湿

秋季栽种后至翌年3月，雨水较少，冬季气温低，最好用草、枯枝、落叶等加以覆盖，以便保湿保温，确保玉竹越冬。

2. 中耕除草

春季玉竹出苗后，应及时中耕除草，中耕宜浅，以免伤根。生长中后期，因不便中耕，有草应及时拔除。以后各年也是如此。

3. 及时间种玉米

平地栽植玉竹，应在玉竹每年出苗前后，于畦埂上或畦沟内及时点种玉米，以便为其遮阴。一般按穴距50 cm挖穴点播，每穴点种4～5粒，留苗2～3株，其他管理同一般大田玉米。

4. 追肥

秋栽玉竹应在施足基肥、上冻前施用盖肥的基础上，每年再追肥1～2次。第一次在开花期，每亩追施尿素和三料过磷酸钙各7.5 kg，或追施氮、磷、钾三元复合肥15～20 kg；第二次于地上枯萎后，每亩撒施厩肥或堆肥2 000～3 000 kg。收刨前的秋季不再追肥。

5. 灌水与排水

生长期间，遇旱应及时灌水；雨季应注意及时排水防涝，以免烂根死苗。

五、病虫害防治

玉竹常见病虫害有褐斑病、叶斑病、褐腐病、锈病、地老虎、蛴螬等。应适时加以防治。

1. 褐斑病

褐斑病主要为害叶部。一般 5 月初开始发病,7—8 月发病严重,直至收获均可感病。受害时叶面产生褐色病斑,圆形或不规则形,病斑中心部颜色变淡,中央灰色,后期出现霉状物。

综合防治措施:①及时拔除病株,集中烧毁;②发病初期用 77% 可杀得 800 倍液,或 50% 扑海因水剂 1 000 倍液,或 50% 多菌灵 600 倍液,或 70% 甲基硫菌灵 1 000 倍液,或 75% 代森锰锌(全络合态)800 倍液等喷雾,7~10 d 1 次,连喷 2~3 次。

2. 叶斑病

叶斑病主要为害叶部。可连同褐斑病一并防治。

3. 褐腐病

褐腐病是玉竹人工栽培区的主要病害。主要为害地下茎,引起根茎腐烂。初期症状不明显,染病后仅在地下根茎表面产生不规则的水渍状淡黄褐色病斑,气温升高以后,病斑也随之扩大,颜色呈深褐色,根茎腐烂变软,地上植株逐渐黄化,叶片脱落,植株枯死。

综合防治措施:①合理实行轮作;②栽种前每亩撒石灰 100~150 kg 进行土壤消毒;③发病初期用 70% 甲基托布津可湿性粉剂 600 倍液灌根 1~2 次。

4. 锈病

锈病为害叶部。一般 5 月发生,6—7 月发病严重。发病时,叶片上呈圆形黄色病斑,有时呈不规则病斑,背面有黄色环状小颗粒。

综合防治措施:发病初期用 25% 粉锈宁或 25% 敌锈钠 1 000 倍液喷雾。

5. 地老虎、蛴螬

可用乐斯本 1 000 倍液或者 50% 辛硫磷进行灌根防治。

六、采收加工

(一)采收

玉竹栽种 3 年后,春、秋两季均可收获。生长年限适当延长更有利提高产量和种植效益。秋季在茎叶枯萎变黄后,春季在顶芽萌动前。刨出根茎,去掉茎叶和须根,待干燥加工。

(二)干燥加工

玉竹的干燥加工方法通常分自然晒干或蒸煮晾晒两种。

1. 自然晒干

将挖出的玉竹根茎,先按根茎大小分级,放在阳光下晒 3～4 d,至外表变软、有黏液渗出时,用筐(篓)轻轻撞去根毛和泥沙。继续晾晒,由白变黄时用手揉搓根茎,前一、二、三遍时手劲要轻,避免破皮和折断,以后,一次比一次加重手劲,最好在中午揉搓,直至体内无硬心、质坚实、半透明为止,最后再晒干透,轻撞一次装袋。

2. 蒸煮晾晒

首先将收回的玉竹根茎洗净,然后用蒸笼蒸透或沸水煮 10～15 min,再边晒边揉,反复几次,揉至软而透明时,最后晒干即可。用蒸煮法加工的质量好而且省工。

玉竹的质量要求是:干燥、黄白色或淡黄色,质实饱满半透明,两端等粗,光泽柔润,无秕子和碎碴杂质。同时按干燥品计算,含玉竹多糖以葡萄糖($C_6H_{12}O_6$)计,不得少于 6.0%。

第十五节　薏　苡

一、概述

薏苡[*Coix lacryma-jobi* L. var. *mayuen*(Roman.) Stapf],别名薏米、薏苡仁、沟子米等,为禾本科薏苡属一年生(或多年生)草本植物,以种仁入药,药材名薏苡仁。薏苡性微寒,味甘、淡。有利水渗湿、清热排脓、健脾补肺、止泻消痔及抗癌美容等诸多作用,同时还是营养价值很高的保健食品。薏苡仁含蛋白质 14%～18%,且品质好,含粗脂肪 9.5%～11.5%、可溶性糖 6.38%～8.35%、总氨基酸 12.6%～12.8%。营养价值堪称禾本科之王,很早即被誉为滋补强壮的“明珠”。如我国历代宫廷御膳《八宝粥》主要成分就有薏米。薏米可做成粥、饭及各种面食,久食可促使皮肤润滑光泽,防止皮肤干燥和鱼鳞状皮疹发生。所以是一种较理想的美容保健食品,具有广阔的开发前景。薏苡产于辽宁、河北、山西、山东、河南、陕西、江苏、安徽、浙江、江西、湖北、湖南、福建等省区,全国各地多有栽培。

二、形态特征

薏苡为一年生粗壮草本,须根黄白色,海绵质,直径约 3 mm。秆直立丛生,高 1～2 m,具 10 多节,节多分枝。叶鞘短于其节间,无毛;叶舌干膜质,长约 1 mm;叶片扁平宽大,开展,长 10～40 cm,宽 1.5～3 cm,基部圆形或近心形,中脉粗厚,在下面隆起,边缘粗糙,通常无毛。总状花序腋生成束,长 4～10 cm,直立或下垂,具长梗。雌小穗位于花序之下部,外面包以骨质念珠状之总苞,总苞卵圆形,长 7～10 mm,直径 6～8 mm,坚硬,有光泽;第一颖卵圆形,顶端渐尖呈喙状,具 10 余脉,包围着第二颖及第一外稃;第二外稃短于颖,具 3 脉,第二内稃较小;雄蕊常退化;雌蕊具细长之柱头,从总苞之顶端伸出;颖果小,含淀粉少,常不饱满;雄小穗 2～3 对,着生于总状花序上部,长 1～2 cm;无柄雄小穗长 6～7 mm,第一颖革质,边缘内折成脊,具有不等宽之翼,顶端钝,具多数脉,第二颖舟形;外稃与内稃膜质;第一及第二小花常具雄蕊 3 枚,花药橘黄色,长 4～5 mm;有柄雄小穗与无柄者相似,或较小而呈不同程度的退化。

三、生物学特性

(一)生长习性

薏苡喜阳光充足、温暖湿润的环境,忌高温闷热,不耐寒,耐涝怕干旱,尤其在孕穗、抽穗、灌浆期受旱,会导致植株矮小、开花结实少、籽粒不饱满而严重减产。对土壤要求不严,一般土壤均可种植,但以向阳、疏松肥沃的壤土或黏质壤土为宜,干旱瘠薄无水源的地块不宜种植。忌连作,也不宜选其他禾本科作物为前茬,前作以豆类、薯类、十字花科等作物为宜。

(二)生长发育

薏苡按物候期可划分为如下 4 个时期:

1. 苗期

叶龄为 1～8,此期属营养生长期,是决定田间基本苗和有效分蘖数的阶段。

2. 拔节期

拔节期为营养生长和生殖生长交错时期。此期决定有效茎上分枝数的多少。薏苡是分枝性极强的作物,分枝多少直接影响结实数。

3. 孕穗期

孕穗期以生殖生长为主。各叶相继外露,形成喇叭口状,茎秆变粗。主茎顶花序进入性器官分化。此期是水肥需要的临界期,抓住良机,加强水肥管理是促使多分化花序、为增加结实粒数、争取高产打基础的关键时期。

4. 抽穗灌浆期

抽穗是指花序从主茎最上叶抽出时算起,一个茎上要经历一个月以上才能基本抽齐,每个有效茎平均可抽 100～120 个花序。此期在产量上主要决定结实粒数和千粒重,是决定高产稳产的第二个关键时期。

四、规范化栽培技术

(一)选地施肥与整地

种植薏苡宜选择向阳、疏松肥沃的壤土或黏质壤土地块。于前作收后每亩施入腐熟农家肥 3 000～4 000 kg、过磷酸钙 30～50 kg,深翻入土,晒地熟化土壤,翌春再浅翻一遍,然后耙细整平,做成宽 1～2 m 的平畦或高畦。

(二)做好播前种子处理

薏苡用种子繁殖。为促进种子吸水萌发和防止黑穗病发生,播种前应因地制宜地进行种子处理。常用处理方法有:

1. 药液浸种

用 5%的石灰水或 1∶1∶100 波尔多液浸种 24～48 h,取出用清水冲洗干净再播种,或用 50%的多菌灵 500 倍液浸种 15 min 后播种。

2. 温开水浸烫种

用 60 ℃的温水浸种 30 min,或将种子先用冷水浸泡 1 d,然后置于沸水中烫种 5～8 s,立即取出在冷水中降温,捞出稍晾干后播种。

3. 药剂拌种

用种子量 0.4%的 20%粉锈宁可湿性粉剂直接拌种。

(三)适时播种

薏苡主要采用直播,播种期因地区而异。华北地区多于 4 月中下旬播种,东北地区略迟,中南部各省可提前至 3 月至 4 月上旬,也可于"芒种"前后进行夏播。条播或穴播均可,条播时于做好的畦内按行距 40～50 cm 开深 6～7 cm 的沟,然后将种子均匀撒入沟内,覆土 3～4 cm 并稍压实。穴播时按行距 40～50 cm,株距 30 cm 挖深 5～6 cm 的穴,每穴播种 4～5 粒,播后覆土压实。每亩播种量 3～4 kg,穴播略少,条播稍多。

(四)加强田间管理

1. 及时间、定苗,补苗

苗高 5～10 cm 时进行一次性的间、定苗,条播每 15 cm 左右留苗 1 株,穴播每穴留壮苗 2 株。结合间、定苗对缺苗部位进行补苗。

2. 中耕除草

中耕除草一般要进行 3 次,第一次在定苗后浅锄,草要锄净;第二次于苗高 20～

30 cm 时;第三次于封垄前可适当深锄并进行培土,以促进根系生长,防止中后期倒伏。

3. 适时适量追肥

薏苡是喜肥耐肥作物,一般要追 3 次肥。第一次于定苗后,结合中耕每亩追施人畜粪水 1 000 kg 或硫酸铵 10~15 kg,并于叶面喷施 2%的过磷酸钙浸出液;第二次于苗高 30 cm 或孕穗期,每亩追施硫酸铵 10~15 kg 和过磷酸钙 20 kg,氮、磷、钾三元复合肥 15~20 kg;第三次于开花前,每亩追施硫酸铵 10 kg 或叶面喷施 2%的过磷酸钙浸出液,以促进结实和籽粒饱满。

4. 灌排水

幼苗、孕穗、抽穗、开花和灌浆期,均要有足够水分,遇旱应及时浇水,尤其是抽穗前后缺水会导致穗小、粒少、严重减产。分蘖结束前至拔节初期应控制水分,以防茎叶徒长和后期倒伏。雨季水分过多时应注意排水,以免引起倒伏和加重病害发生。

5. 摘脚叶

植株基部叶片通常称为脚叶。拔节停止后,摘除第一分枝以下的脚叶及无效分蘖,以利田间通风透光,促进茎秆粗壮,防止倒伏。

6. 人工辅助授粉

薏苡为单性花,靠风媒传播花粉,开花期如遇无风或微风天气,应人工振动植株使花粉飞扬来辅助授粉,也可在行间顺行拉绳晃动植株上部来进行人工授粉,以利提高结实率,增加产量。

五、病虫害防治

薏苡常见病虫害有黑穗病、叶枯病、玉米螟和黏虫等。

1. 黑穗病

穗部被害后肿大呈球形的褐色瘤,内部充满黑褐色粉末。

综合防治措施:①合理实行轮作;②种子用 60 ℃温水浸种 10~20 min,再用布袋包好置于 3%~5%生石灰水中浸 2~3 d,或用种子量 0.4%的 20%粉锈宁可湿性粉剂直接拌种;③生长期经常检查,发现病株应立即拔除烧毁。

2. 叶枯病

叶枯病主要为害叶和叶鞘。初期先出现黄色小斑,不断扩大使叶片枯黄。雨季易发病。

综合防治措施:①合理密植,增加田间通风透光;②增施有机肥料,增强抗病能力;③加强田间管理,控制氮肥施用量;④发病初期用 50%多菌灵 600 倍液,或 70%甲基硫菌灵 800 倍液,或 80%代森锰锌络合物 1 000 倍液,或 25%嘧菌酯 1 500 倍液,或 25%

吡唑醚菌酯 2 500 倍液等喷雾防治。一般 7～10 d 喷 1 次,连续喷治 2 次左右。

3. 玉米螟

玉米螟又名"钻心虫"。一二龄幼虫钻入幼苗心叶咬食叶肉或中脉,被害心叶展开后可见一排整齐小孔洞,或造成枯心苗。穗期幼虫钻入茎内,形成白穗并易被风折断。以老熟幼虫在薏苡、玉米秆内越冬。

综合防治措施:①4 月下旬前处理薏苡、玉米等秸秆,消灭越冬幼虫;②5—8 月田间安装黑光灯诱杀成蛾;③心叶期用 90% 敌百虫 1 000 倍液灌心叶,或用生物制剂复方 Bt 乳剂 300 倍液灌心叶。

4. 黏虫

黏虫是一种杂食性和暴食性害虫,幼虫在生长期或穗期咬食叶片、嫩茎和幼穗,以咬食叶片为主。幼虫咬食叶片成不规则的缺刻,严重时将叶片食光,造成严重减产。

综合防治措施:①田间安装黑光灯诱杀成蛾;②用糖 3 份、醋 4 份、白酒 1 份和水 2 份搅拌均匀,做成毒饵诱杀成虫;③在幼虫低龄期喷 90% 敌百虫 800～1 000 倍液杀灭。

六、采收与加工

1. 采收

薏苡的分枝性极强,籽实成熟期不尽一致。可在田间籽粒 80% 左右成熟变色时收割。收割过早,成熟籽粒少,空壳多,产量低;收割过迟造成籽粒脱落而减产。薏苡收获,可人工收割,也可机械收割。

2. 干燥加工

割下的植株集中立放 3～4 d 后再脱粒,这样可以使尚未完全成熟的种子仍继续灌浆,提高产量。脱粒后种子经 2～3 个晴天晒干,干燥的籽实含水量为 12% 左右,则可入仓贮存。干燥后的薏苡籽实,其外有较坚硬的总苞,其内又有红色种皮。可用脱壳机械脱去总苞和种皮,则得薏苡仁,出米率为 50% 左右。加工时应注意种子是否干透,如已干透,加工机械选择得比较适宜,加工的薏苡仁比较完整,否则易出碎米。完整的薏苡仁,白色如珍珠,即可出售,用作药材和食品原料。

第十六节　紫　苏

一、概述

紫苏[*Perilla frutescens*（L.）Britt.]为唇形科紫苏属一年生草本药用与保健兼用植物。别名赤苏、白苏、香苏、红紫苏等。地上全草和各器官可整体入药或单独入药。茎叶中主要含挥发油，含量为 0.1％～0.2％，主要成分为左旋紫苏醛，具有特殊香气，含量为挥发油的 40％～55％，其次是左旋柠檬烯，约占 20％，和紫苏红色素等。种子称苏子，茎秆称苏梗，叶片称苏叶、地上全草称全苏。鲜紫苏全草可蒸馏紫苏油，是医药工业的原料。种子含油率达 34％～45％，可食用或药用。有散寒解表，理气宽胸的功能。紫苏主治感冒发热怕冷、无汗、胸闷、咳嗽等，长期食用苏子油对治疗冠心病及高血脂有明显的疗效。紫苏原产于中国，如今广泛分布于印度、缅甸、中国、日本、朝鲜、韩国、印度尼西亚和俄罗斯等国家。我国华北、华中、华南、西南及台湾地区均有野生种和栽培种。

二、形态特征

紫苏为一年生草本植物，具有特异芳香。茎直立断面四棱，株高 50～200 cm，多分枝，密生细柔毛，绿色或紫色。叶对生，卵形或阔卵形，边缘具锯齿，顶端锐尖，叶两面全绿或全紫，或叶面绿色，叶背紫色。叶两面全绿者又称白苏。叶柄长 3～5 cm，密被长柔毛；轮伞花序 2 花，白色、粉色至紫色，组成顶生及腋生偏向一侧的假总状花序。苞片卵形，全缘。花萼钟状，上唇 3 裂，宽大，下唇 2 裂。花冠管状，先端 2 唇形，上唇 2 裂微缺，下唇 3 裂。雄蕊 4 枚，子房 4 裂，花柱着生于子房基部，小坚果卵球形或球形，灰白色、灰褐色至深褐色，千粒重 0.8～1.8 g。

三、生长习性

紫苏属长日照植物，喜充足阳光，开花期要求日照充足和干燥天气；对气候的适应性较强，但是在温暖湿润的环境生长旺盛，产量高；不耐寒，耐高温，气温 30 ℃以上也能正常生长；对土壤要求不严格，以疏松、肥沃、排水良好的沙质壤土为好；紫苏是喜肥植物，要多施基肥和追肥。前茬作物以蔬菜为好。果树幼苗林下均能栽种。种子寿命为一年。种子容易萌发,发芽的适宜温度为 25 ℃。

四、规范化栽培技术

(一)选地施肥、整地做畦

以选择阳光充足、排灌方便、疏松肥沃的沙质壤土为宜。3月上旬或4月上旬整地。每亩施有机肥 2 000～3 000 kg 作基肥,把肥料翻入地里,耕翻 25 cm,耙细整平,做成宽 80～100 cm 的平畦。

(二)适时播种

紫苏用种子繁殖,可采用直播或者育苗移栽。直播生长快,收获早,产量高;在干旱地区没有灌溉条件或者缺乏种子的地区,或者前作物尚未收获时,可采用育苗移栽法。

1. 直播

北方在4月中下旬,南方在3月下旬播种。条播,按行距 50 cm,开深 2 cm 浅沟,把种子均匀撒于沟内,随后盖土并稍加镇压,每亩用种子 0.75 kg;穴播,按行距 50 cm、株距 30 cm 挖浅穴点种,播后盖土镇压,25 ℃下 5 d 左右可出苗,播后如天气干旱应注意浇水。

2. 育苗移栽

育苗期北方在4月,南方在3月,苗床整地时也要施足基肥,每 10 m² 施粗肥 70 kg、过磷酸钙 1.4 kg、磷酸氢二铵 0.7 kg,耕后耙细整平做畦。播种前若土壤水分不足要先灌足水,撒播者水渗后即可播种,条播者待 2～3 d 后床面稍干时再行播种。撒播时,先将种子均匀撒于床面,随后盖细土 0.5 cm,稍压即可。条播时,按行距 10 cm 开深 2 cm 浅沟播种,播后覆土。最后畦面盖草,或者覆盖农膜,保持畦面湿润。育苗播种量 10 g/m²,每亩大田育苗的种子量为 0.4 kg 左右。育苗 1 亩可栽大田 15 亩。

播后 7～8 d 出苗,出苗后再揭去农膜或盖草。要注意保持土壤湿润和除草。出苗一个月左右,苗高 15 cm 时即可移栽。宜选阴雨天或者晴天下午移栽。栽前 1～2 d,将苗床浇透,以保证挖苗时不伤根。苗子要随挖随栽。栽植时,先在整好的地上,按行距 50 cm 开沟,沟深 15 cm,将苗按 30 cm 的株距摆放在沟内一侧,然后覆土、浇水。2～3 d 后地表稍干时应松土保墒,土壤干旱时再浇 2～3 次水,以确保幼苗成活。

（三）田间管理

1. 间、定苗

直播田苗高 5 cm 时要间去过密的弱苗和小苗；苗高 15 cm 时，条播的按 30 cm 株距定苗，穴播的每穴留壮苗 1～2 株；如有缺苗的应将间出的大苗带土补栽并浇水。

2. 中耕除草

下雨或者浇水以后，土壤容易板结，应及时松土和除草，植株封行前结合施肥进行培土，以防植株倒伏。

3. 追肥

紫苏需肥量大，一般直播的在苗高 5 cm 时，移栽的在定植成活后每亩追施尿素 5 kg 或者稀人畜粪尿 800 kg，以后每隔 20 d 左右再施肥一次，共追肥 3～4 次；第二次以后每亩施尿素 8 kg，过磷酸钙 20 kg，或追施氮、磷、钾三元复合肥 15～20 kg，开沟施入，施后盖土并浇水，最后一次施肥后还要进行培土。

4. 灌水与排水

干旱时应及时浇水，雨季应注意排涝，以免引起烂根。

（四）留种采种

留种株宜稀植，以行株距 80 cm×50 cm 为宜，留种株宜选健壮、产量高、叶片两面都是紫色的植株，待种子充分成熟呈灰棕色时收割脱粒，晒干，去杂，置阴凉干燥处保存。

五、病虫害防治

紫苏的常见病虫害有斑枯病、锈病、红蜘蛛以及银纹夜蛾等。

1. 斑枯病

6 月以后发生，初期叶面出现褐色或者黑褐色小斑点，后期逐渐扩大成近圆形大病斑，病斑干枯后穿孔。在高温多湿的气候条件下加上种植过密，透光和通风不良易感此病。

综合防治措施：①合理密植；②雨季注意排水；③发病初期使用 1∶1∶200 倍波尔多液喷雾防治，也可以使用代森锰锌 70％干粉喷粉防治，每隔 7 d 喷 1 次，连喷 2～3 次。

2. 锈病

锈病在植株基部叶片背面发生黄色斑点，湿度越大，传播越快，严重时病叶枯黄反卷脱落。

综合防治措施：发病初期用 25％粉锈宁 1 000 倍液喷雾防治，每 7～10 d 一次，连喷 2～3 次。其他同斑枯病防治。

3．红蜘蛛

红蜘蛛为害紫苏叶。6—8 月天气干旱,高温低湿时发生最盛。红蜘蛛多聚集在叶背面刺吸汁液,被害处最初出现黄白色小斑点,后来在叶面可见较大的黄褐色焦斑,严重时全叶黄化失绿,导致叶片脱落。

综合防治措施:①秋季收获时收集田间落叶,集中烧掉;②早春清除田埂、沟边和路边杂草;③发生期用 40％乐果乳剂 2 000 倍液喷杀。收获前半个月须停止用药。

4．银纹夜蛾

7—9 月发生,幼虫咬食叶片,可用 90％晶体敌百虫 1 000 倍液喷雾防治。

六、采收与加工

1．采收

紫苏的采收期因用途、药用部位及各地气候不同而异。以提炼挥发油为主的,在植株生长最旺、花穗刚抽出 1.5～3 cm 时收获为宜,含油率最高;药用苏叶、苏梗也多在枝叶茂盛时采收。具体时间是,南方 7—8 月,北方 8—9 月。苏叶、苏梗、苏子兼用的全苏一般在 9—10 月,当种子部分成熟后,选晴天全株收割运回加工。

2．干燥加工

收回的紫苏摊放在地上或者悬挂于通风处阴干,干后连叶捆好称全苏;摘下叶子,拣去碎枝,则为苏叶;种子为苏子;其余茎秆枝条为苏梗;作提油用的全草收割后,去掉无叶粗梗,将枝叶摊晒 1 d 即入锅蒸馏。

第四章

药用与保健兼用中药材规范化栽培技术

第一节　白　术

一、概述

白术（*Atractylodes macrocephala* Koidz.），别名于术、浙术、祁术、冬术等，为菊科苍术属多年生草本植物白术的干燥根状茎。白术为常用中药，有"北参南术"之誉。白术味甘、苦，性温，有补脾健胃、燥湿行水、安胎止汗等作用。主产于浙江、湖南、安徽、江苏等地，现河北、山东、江西等南北方各地也多有栽培。

二、形态特征

白术为多年生草本，高 30～80 cm。根茎肥厚，略呈拳状。茎直立，上部分枝，基部木质化，具不明显纵槽。单叶互生；茎下部叶有长柄，叶片 3 深裂，偶为 5 深裂，中间裂片较大，椭圆形或卵状披针形，两侧裂片较小，通常为卵状披针形，基部不对称；茎上部叶的叶柄较短，叶片不分裂，椭圆形至卵状披针形，长 4～10 cm，宽 1.5～4 cm，先端渐尖，基部渐狭下延成柄状，叶缘均有刺状齿，上面绿色，下面淡绿色，叶脉凸起显著。头状花序单生枝顶。总苞钟状，总苞片 7～8 层，基部被一轮羽状深裂的叶状苞片包围。全为管状花，花冠紫色，先端 5 裂；雄蕊 5；子房下位，表面密被柔毛，冠毛羽状分裂。花期 9—10 月，果期 10—11 月。

三、生物学特性

（一）生长习性

白术喜凉爽、温和气候，怕高温多湿或过于干旱。在气温30 ℃则生长受到抑制。地下部生长以26～28 ℃为最适。较耐寒，幼苗能耐短期霜冻，成株能耐－10 ℃的低温。对土壤要求不严，酸性的轻黏土或微酸性的沙壤土均能生长，但以疏松肥沃，排水良好的沙壤土为优。粗沙地、涝洼地、重盐碱地不宜种植。忌连作，也不宜与白菜、马铃薯、烟草、花生等轮作，前作以禾本科为宜。

（二）生长发育

白术种子在15 ℃以上即能萌发，3—4月植株生长较快，6—7月植株生长较慢，当年植株可开花，但果实不饱满，11月以后进入休眠期。翌年春季再次萌动发芽，3—5月植株生长较快，茎叶茂盛，分枝较多。二年生白术开花多，种子饱满。茎叶枯萎后，即可收获。

白术根茎生长可分为如下三个阶段。

1. 根茎增长始期

自5月中旬孕蕾初期至8月中旬，根茎发育较慢，营养物质的运输中心为有性器官，所以生产上多摘除花蕾以提高地下部根茎的产量。

2. 根茎生长盛期

8月中下旬花蕾采摘以后到10月中旬，根茎生长逐渐加快，据试验观察，平均每天增重达6.4%，8月下旬至9月下旬为膨大最快时期。

3. 根茎生长末期

10月中旬以后，根茎生长速度下降，并逐渐进入休眠期。

四、规范化栽培技术

（一）选地、整地与施肥

宜选用土层较厚、疏松较肥沃、排水良好的沙质壤土。平地及缓坡地均可。选好地后，育苗地一般每亩撒施堆肥或腐熟厩肥2 000～2 500 kg，移栽地每亩撒施3 000～4 000 kg。秋翻30 cm左右；翌年早春再浅翻一次，耙细整平，做成宽1.2～1.3 m的高畦，畦长根据地形而定，畦沟宽30 cm左右，畦面呈龟背形，便于排水。山区坡地的畦向要与坡向垂直，以免水土流失。

（二）播种育苗

白术用种子繁殖，两年收获。第一年播种培育术栽（也称种苗），贮藏越冬。第二

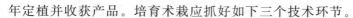

年定植并收获产品。培育术栽应抓好如下三个技术环节。

1. 播种

播种适期,南方在 3 月下旬至 4 月上旬,北方在 4 月中下旬。播前,选择饱满、无病虫害的新鲜种子,放入 25～30 ℃ 的温水中浸泡 12～24 h,然后捞出置于 25～30 ℃ 的条件下保温保湿催芽,待种皮裂口、胚根露白时即可播种。播种时,按行距 15～20 cm,开深 4～6 cm、宽 8～10 cm 的沟,将处理好的种子均匀撒入沟内,覆土 3 cm,稍镇压,最后畦面盖草保湿;或者于畦面上满畦撒播,播后覆土 3 cm,稍压实,再盖草保温保湿。每亩播种量条播 4～5 kg,撒播 6～8 kg。育苗 1 亩可栽植大田 10 亩左右。

2. 苗期管理

白术播种之后,北方经 15～20 d 出苗,南方经 7～10 d 出苗。因此,播种后要经常保持土壤湿润,以利出苗。出苗后,去除盖草,及时拔草和疏苗,苗高 5～7 cm 时,按株距 5 cm 左右定苗。幼苗 2～3 片真叶时,结合中耕除草,每亩浇人畜粪水 1 500～2 000 kg;7 月下旬根茎膨大期,每亩追施粪肥 2 000～2 500 kg,或尿素 10 kg。遇旱及时浇水,雨季及时排水,非留种株现蕾后应将花蕾及时剪除,使养分集中,促进根茎的生长。

3. 术栽的收获与贮藏

10 月中旬至 11 月下旬,于茎叶枯黄时,将地下根茎挖出,除去须根,离根茎 2～3 cm 处剪去茎叶。剔除病伤根茎后,置室内通风干燥处摊晒 2～3 d,待表皮水分干后,选室内干燥阴凉处进行层积沙藏。先按术栽的多少,用砖砌一长方形小池,池底铺 5 cm 厚清洁河沙,上铺 10～15 cm 厚术栽,再盖沙、铺术栽,至堆高 35～40 cm 时,于堆中央插一把秸秆,术栽上盖 6～7 cm 河沙即可。随气温下降,逐渐加厚盖土,让其自然越冬。层积期间每隔 15～30 d 要检查 1 次,发现病株应及时挑出,以免引起腐烂。如果白术芽萌动,要进行翻堆,以防芽继续增长,影响种栽质量。

(三)适时栽植

一般北方于 4 月上中旬,南方于 12 月下旬到翌年 2 月下旬,将沙藏的术栽取出,选芽头饱满、根群发达、表皮细嫩、顶端细长、尾部圆大的术栽作种,并按大小分级分别栽植。栽植时,于畦内按行距 25～27 cm、株距 20 cm,挖深 6～7 cm 的穴,每穴放大术栽 1 个或小术栽 2 个,芽头向上,栽入穴内,覆土与地面平,稍镇压即可。

北方地区根据冬季降水量小、土壤干燥的特点,也可采用秋季移栽、露地越冬方法。此种方法避免了种栽贮藏期间,因管理不当造成腐烂或病菌感染。冬季气温较高地区,当年白术种栽可不收获,在露地越冬,但在越冬前稍加培土,第二年春季栽种时,边收边移栽,效果较好。白术种栽大小以 200～240 棵/kg 为宜。

（四）田间管理

1. 中耕除草

出苗以后要勤中耕除草，一般要进行 3～4 次，第一次可稍深，以后几次宜浅，封行以后，不再中耕。但遇大雨后，应及时疏松表土。但雨后或露水未干时不能锄草，否则容易感染病害。

2. 追肥

一般追施 2～3 次。苗高 15 cm 左右时追第一遍肥，每亩施腐熟人粪尿 1 000 kg，或硫酸铵 10 kg；第二次追肥于现蕾期，每亩施腐熟粪肥 2 000 kg，加复合肥 10 kg。南方地区可再增追 1～2 次，做到施足基肥，早施苗肥，重施蕾肥。

3. 灌水与排水

栽植后若土壤水分不足或遇干旱，应及时浇水，以确保及时出苗。生长期间遇天气干旱，也要适时适量灌水。白术忌涝，雨季应注意及时排水防涝。

4. 摘蕾

7 月上中旬白术现蕾时，除留种株外，应及时将蕾剪除，以减少养分消耗，促进根茎生长。摘蕾要选晴天，雨天或露水未干摘蕾，伤口浸水容易引起病害。一般摘除花蕾的白术比不摘除花蕾的增产 30%～80% 或以上。

五、病虫害防治

（一）病害

白术常见病害有立枯病、铁叶病、锈病、根腐病和白绢病等。

1. 立枯病

立枯病是白术苗期主要病害。主要由土壤带菌侵染，发生普遍，药农称其为"烂茎病"。立枯病是低温、高湿病害。早春术苗出土生长缓慢，组织尚未木栓化，抗病力弱，极易感染。

综合防治措施：①合理轮作 2～3 年；②土壤消毒，避免病土育苗；③加强苗期管理，及时松土和防止土壤湿度过大；④发现病株及时拔除，清除田外处理；⑤发病初期用 5% 的石灰水淋灌，7 d 淋灌 1 次，连续 3～4 次；也可喷洒 50% 甲基托布津 800～1 000 倍液，或甲基硫菌灵 1 000 倍液，或 75% 代森锰锌络合物 800 倍液喷灌、喷雾防治。每 7～10 d 喷 1 次，连续防治 3 次左右。

2. 铁叶病

铁叶病是白术产区普遍发生的一种重要叶部病害。初期叶上生黄绿色小斑点，多自叶尖及叶缘向内扩展，常数个病斑连接成一阔斑，呈多角形或不规则形，很快布满全叶,使叶呈铁黑色,药农称为铁叶病。雨水多、气温大升大降时发病重。

综合防治措施:①与禾本科作物轮作 3 年以上;②选择地势高燥、排水良好的地块;③合理密植,降低田间湿度;④在雨水或露水未干前不宜进行中耕除草等农事操作,以防病菌传播;⑤白术收获后清洁田园,集中处理残株落叶,减少翌年侵染菌源;⑥选用健壮无病种子栽培,并用 50％甲基托布津 1 000 倍液浸渍 3～5 min 消毒;⑦发病初期喷 1：1：100 波尔多液,或 50％退菌特 1 000 倍液,或 70％甲基硫菌灵 1 000 倍液,或 75％代森锰锌络合物 800 倍液,或 30％醚菌酯 1 500 倍液等喷雾防治,7～10 d 喷 1 次,连续 3～4 次。

3. 锈病

锈病为害叶片。多雨高湿病害易流行。

综合防治措施:①雨季及时排水,防止田间积水,避免湿度过大;②收获后集中处理残株落叶,减少翌年侵染菌源;③发病期喷 97％敌锈钠 300 倍液或 65％可湿性代森锌 500 倍液,7～10 d 喷 1 次,连续 2～3 次。

4. 根腐病

根腐病又称干腐病,是白术的重要病害之一。发病后,首先是细根变褐、干腐,然后逐渐蔓延至根状茎,最后根茎干腐,并迅速蔓延到主茎,地上部萎蔫。常在植株生长中后期,气温升高或连续阴雨转晴后,病害突然发生。

综合防治措施:参考铁叶病。

5. 白绢病

白绢病俗称白糖烂,主要为害根状茎。病原菌的菌丝体密布根状茎及周围的土表,并形成先为乳白色,后成茶褐色的油菜籽状菌核。高温多雨易造成流行。

综合防治措施:参考铁叶病。

此外,还有根结线虫病偶尔发生为害,可用 1.8％阿维菌素 3 000 倍液灌根。

(二)虫害

白术常见虫害有长管蚜、术籽虫、地老虎、蛴螬等。

1. 长管蚜

长管蚜又名腻虫、蜜虫。喜密集于嫩叶、新梢上吸取汁液,使白术叶片发黄,植株萎缩,生长不良。

综合防治措施:①铲除杂草,减少越冬虫害;②发生期可用 50％敌敌畏 1 000～1 500 倍液,或 40％乐果 1 500～2 000 倍液,或 2.5％鱼藤精 600～800 倍液喷雾。也可参考前述中药材蚜虫综合防治措施防治。

2. 术籽虫

术籽虫以幼虫为害白术种子,将种子蛀空,影响白术留种。

综合防治措施:①冬季深翻地,消灭越冬虫源;②有条件的地方可水旱轮作;③白术初花期喷施 50％敌敌畏 800 倍液,或 40％乐果 1 500～2 000 倍液等,7～10 d 喷 1 次,连续 3～4 次。

此外,还有地老虎、蛴螬等为害白术。可根据发生情况,参考前述其他综合防治措施,及时开展防治。

六、采收加工

(一)采收

白术一般在 10—11 月,下部叶变黄,上部叶变脆易折断时收获。过早收获,干物质未充分积累,质嫩,折干率低;过晚易受霜冻,或新芽萌生,消耗养分。收获时选晴天,土壤干燥时,挖出全株,剪掉茎叶,去掉泥土运回。

(二)产地加工

白术干燥加工方法有晒干和烘干两种。晒干的白术称生晒术,烘干的白术称烘术。

1. 生晒术

生晒术的加工方法比较简单。将收获运回的鲜白术,抖净泥土,剪去须根、茎叶,必要时用水洗去泥土,置日光下晒干,需 15～20 d,直至干透为止。干燥过程中,如遇阴雨天,要将白术摊放在阴凉干燥处。切勿堆积或袋装,以防霉烂。

2. 烘术

烘干的品质好。方法是:将白术按大小分开,置烘房或火炕上。炕干时开始火力可猛些,掌握在 75 ℃以上,待有水汽上升,白术表面开始发热,可将温度下降到 60～70 ℃,经 2～3 h 后,将白术上下翻动一次,再继续烘 5～6 h 至八成干,在室内堆放 7～10 d,使内部水分慢慢向外渗透、表皮变软时,再行烘干,直至翻动后发出清脆的“喀喀”声。也可采用现代化大型烘干设备烘干,效果更好。每亩可收鲜药材 800～1 000 kg,加工干药材 250～300 kg。折干率 30％左右。

白术以个大、质坚硬、体重、断面色黄白、干燥、无须根、不油熟、无虫蛀、香气浓者为佳。同时,用 60％乙醇作溶剂,浸出物不得少于 35％。

第二节 北沙参

一、概述

北沙参为伞形科植物珊瑚菜（*Glehnia littoralis* F. Schmidt ex Miq.）。根是著名的中药材，与人参、玄参、丹参、党参并称为五参，其嫩茎叶、根茎均可入菜，是一种很有发展前途的保健蔬菜。别名珊瑚菜、莱阳沙参、海沙参、辽沙参、羊乳根等。具有养阴清肺、祛痰止咳之功能，主治肺热燥咳、热病伤津等症。分布于亚洲东部和美洲，我国以东南沿海和部分内陆省（区）栽培较多。主产于山东省莱阳、文登、海阳、日照，辽宁省辽阳、阜新，河北省安国、任丘，内蒙古自治区的赤峰市等。

二、形态特征

北沙参为多年生草本。全株有毛，主根和侧根区分明显，主根圆柱形，细长，长30～40 cm，直径0.5～1.5 cm，肉质致密，外皮黄白色，须根细小，着生在主根上，少有侧生根。基生叶卵形或宽三角状卵形，三出式羽状分裂或2～3回羽状深裂，具长柄；茎上部叶卵形，边缘具有三角形圆锯齿。复伞形花序顶生，密被灰褐色绒毛；伞幅10～14，不等长；小总苞片8～12，线状披针形；花序梗长2～6 cm；花小，白色。双悬果近球形，密被软毛，棱翅状。花期5—7月，果期6—8月。

三、生物学特性

1. 生长习性

北沙参喜温暖湿润气候及光照充足的环境，但怕高温酷暑，能耐寒，耐干旱，忌水涝，耐盐碱，忌连作和花生茬等。在光照充足时，叶片厚，色浓绿，有利提高产量和质量；荫蔽条件下，叶片失绿变黄，发育不良，甚至死亡，病害也严重。北沙参对气温适应范围较广，但不同生长发育阶段需求不同，如种子萌发需要经历低温，营养生长期需要气温温和，开花结果需要温度较高，根部能在严寒条件下越冬。但干旱条件下植株生长发育不良，根皮厚且褶皱多，产量和品质下降，而生长后期因根系深而抗旱力强，排水不良或土壤过湿时，容易烂根。以土层深厚、疏松肥沃、排水良好的沙质壤土种植为佳，黏土和低洼地不宜种植。

2. 生长发育

北沙参从种子萌发至开花结果需要近两年。一般可分为幼苗期、生长期、越冬休眠期、返青期、植株旺盛生长期、种子成熟期等 6 个时期。种子具有种胚后熟的低温休眠特性，不经低温处理的种子，播后不能萌发。一般在 5 ℃以下土温，约需 4 个月才能完成种胚后熟过程，打破休眠，方能发芽。北沙参种子寿命短，隔年种子发芽率显著下降，第 3 年完全丧失生命力。种子萌发适宜条件为气温 18～25 ℃，土壤湿润，含水量 60%左右。

四、规范化栽培技术

（一）选地、整地与施肥

1. 选地

选择向阳、地势平坦、土层深厚，土质疏松，排灌方便，富含腐殖质的壤土或沙壤土为宜。低洼积水、土层薄、质地黏重、板结的土壤不宜种植。北沙参对土壤的适应性较强，能耐盐碱，中性或微酸性土壤均能正常生长发育。前茬以禾本科、马铃薯为好，忌花生、豆类、甜菜、各种蔬菜茬。

2. 整地与施肥

北沙参为深根性、喜肥的药用植物，播种前，要求精细整地，深翻土地 30～40 cm，清除根茬和石块，耙碎坷垃，充分晒土熟化。并结合整地，亩施腐熟堆肥或厩肥 3 000～5 000 kg，或施入袋装有机肥 500 kg 和氮磷钾复合肥 50 kg，撒匀后翻入土内；耙平整细后做成 1.5 m 宽的平畦或高畦，多雨地区和低洼地块，以做高畦为宜，且四周应开好深 50 cm 的排水沟。

（二）播种

1. 选种与种子处理

种植北沙参以选择成熟度好、发芽能力强、无菌无霉变的种子为宜。并根据北沙参种子具有种胚后熟的低温休眠特性，在播种前对种子进行低温沙藏处理。秋、冬季播种的，可在播种前 20 d 左右湿润种子，至种仁发软即可播种。润种过程中要常翻动检查，防止发热霉烂。春播，需对当年新收获的种子在上冻前进行沙藏催芽处理。方法是在半阴半阳处挖 30 cm 深的坑，长宽视种子多少而定。然后将种子与清洁湿沙按 1∶3 的比例拌匀，埋入坑内，表面再覆盖一层湿沙和席片及柴草，保持湿润低温。到第二年春季播种时挖出，筛去沙土进行播种。为防止病害，播前可用多菌灵等拌种。

2. 播种期

北沙参用种子繁殖。播种时间因产区不同而异,可采用秋播或春播,以秋播为好,河北一般在处暑以后播种。春播是在清明后,地温稳定在 10～12 ℃时播种(4 月上中旬)为宜。冬季较温暖地区也可初冬播种。冬播一般在上冻前,如山东产区在立冬至小雪前播种。

3. 播种方法

不论采用秋播、冬播或春播,均可采用宽幅条播与窄幅条播两种方式。

(1)宽幅条播　播前在畦上以行距 25 cm,播幅宽 15 cm 左右,沿畦横向开 4 cm 深的沟,沟底要平,将种子均匀撒入,春播用种量 4～5 kg/亩,秋播可增加 1 kg 种子。覆土方法是开第二条沟时用土覆盖前沟,覆土深度 3 cm 左右,并及时镇压。秋播的要在封冻前浇封冻水 1 次,翌年春出苗前轻搂地表,破除板结层,以利出苗。春季播种后 15～25 d 出苗。

(2)窄幅条播　行距 15 cm 左右,播幅宽 6 cm,其他同宽幅条播。播种量依土质而定,沙壤土每亩用种 4～5 kg。纯沙地用种 6 kg,且播种后需用黄泥土覆盖,以免大风吹走种子,出现缺苗断垄,造成损失。

(三)田间管理

1. 间苗

由于北沙参是密植作物,过稀根部易生杈,过密生长发育不良。一般不需间苗,但对于过密的,当长出 2～3 片真叶时疏苗,苗高 4～5 cm 时进行定苗,按株距 4～5 cm 呈三角形定苗,亩定苗 4 万～6 万株。

2. 中耕锄草

早春解冻后,用铁耙松土保墒。刚出苗后不宜中耕,有草及时拔除;苗齐后,要及时中耕除草。6 月以后,中耕松土困难,可用手及时拔除杂草。也可选用除草剂除草,如播前 10 d 可以用氟乐灵普杀;出苗前用农达水剂除掉发芽的杂草;生长期用拿捕净喷雾防除禾本科杂草等。化学除草要慎重,切要事先做好试验。

3. 追肥

北沙参较喜肥,一般生育期至少追肥 3 次,当植株高达 4～6 cm 时,追施尿素 10 kg/亩。6—7 月生长旺盛期,以氮、磷、钾复合肥、农家肥为主,施肥 2 次。每次每亩施农家肥 1 000～2 500 kg,复合肥 30 kg,或直接追施复合肥 50 kg。8—9 月生长后期,可叶面施肥 2～3 次,每亩施尿素 500 g 加磷酸二氢钾 100 g,兑水喷施,有助于补充营养,延缓衰老,提高产量和品质。

4. 灌排水

北沙参抗旱性强,不遇严重干旱,不需浇水,过于干旱,必须适当浇水,否则,根系生长不良,易分杈,根皮皱而厚。根部怕水浸泡,故高温多雨季节注意清沟排水,降低土壤湿度,以免烂根。收获前半个月,要浇一次透水,利于后期生长和采挖收根。

5. 摘蕾

因种子混杂或个别植株提早渡过春化阶段而引起的植株现蕾开花,要及时摘除。对二年生植株,除留种株外,现蕾后均应及早摘除,以免消耗养分。

五、病虫害防治

(一)病害

北沙参主要病害有根腐病、锈病、根结线虫病、病毒病、立枯病、白粉病、黑斑病等。

1. 根腐病

根腐病5月开始发病,6—7月为发病盛期。重茬、高温、高湿、多雨、土壤积水或地下害虫多时发病严重。受害初期,植株根尖和幼根呈现水渍状,随后变黄脱落,主根呈锈黄色腐烂。地上部植株矮小黄化,严重时死亡。

综合防治措施:①实行合理轮作;②清沟排水,降低土壤湿度;③及时防治地下害虫,以减轻发病;④发病初期拔除病株销毁,用50%甲基托布津1 000倍液,或70%甲基硫菌灵1 000倍液,或75%代森锰锌络合物800倍液,或30%醚菌酯1 500倍液等灌根防治,7～10 d灌1次,连续2～3次。

2. 锈病

锈病5月开始发病,立秋前后为害严重。为害叶片、叶柄、茎和花穗等部位。风和雨水传播。高湿、多雨、土壤积水时发病严重;过多施用氮肥也易感病。

综合防治措施:①清洁田园,合理施肥,提高抗病力;②雨季注意排水,降低田间湿度,减轻病害发生;③发病初期,用25%粉锈宁500倍液,或97%敌锈钠300倍液,或65%可湿性代森锌500倍液喷治,7～10 d喷1次,连续2～3次。

3. 病毒病

病毒病5月以后发病,为害叶片和全株。由蚜虫带毒传染。发病后植株矮小畸形、叶片皱缩、扭曲、褪色,地下根萎缩畸形。

综合防治措施:①合理轮作;②选无病株留种;③适时防治蚜虫,切断毒源;④发现病株,及时清除烧毁;⑤发病初期用5%氨基寡糖素(5%海岛素)1 000倍液,或甘氨酸类(25%菌毒清)400～500倍液喷雾或灌根,能有效控制蔓延。

4. 根结线虫病

根结线虫病5月开始发生,为害根部。

综合防治措施：①选用无线虫地种植；②选择肥沃的土壤，避免在沙性过重的地块种植；③实行水旱轮作，以减轻为害；④每亩用5％克线磷10 kg沟施后翻入土中进行土壤消毒；⑤发生期用1.8％阿维菌素3 000倍液灌根。

立枯病、白粉病、黑斑病等，可参照前述其他中药材相关病害综合防治措施科学加以防治。

（二）虫害

北沙参常见虫害有钻心虫、蚜虫、象鼻虫及蝼蛄、蛴螬、金针虫等地下害虫。

1. 钻心虫

钻心虫以幼虫钻入植株各个器官内部为害，导致中空，不能正常开花结果。危害轻者，叶片枯萎、产量低、品质差、参根加工后发红；危害重者，全株枯萎，以致死亡。

综合防治措施：①7—8月选无风天晚上用灯光诱杀成虫；②卵期及幼虫初孵未钻入植株时用90％敌百虫400倍液，或40％乐果1 000倍液喷杀；③收获后，清除残枝病叶，集中烧毁，杀死越冬虫蛹。

2. 蚜虫

蚜虫于5月上旬开始，5月下旬为高峰期。

综合防治措施：①田间悬挂黄板诱杀；②无翅蚜发生初期，用0.3％苦参碱乳剂800～1 000倍，或天然除虫菊素2 000倍液，或15％茚虫威悬浮剂2 500倍液等植物源农药喷雾防治；③发生期用10％吡虫啉可湿性粉剂1 000倍液，或3％啶虫脒乳油1 500倍液，或2.5％联苯菊酯乳油3 000倍液，或50％吡蚜酮2 000倍液，或25％噻虫嗪5 000倍液，或50％烯啶虫胺4 000倍液，或4.5％高效氯氰菊酯乳油1 500倍，或50％辟蚜雾2 000～3 000倍液等，交替喷雾防治。7～10 d喷1次，连续2～3次。

3. 象鼻虫

象鼻虫于4月下旬发生，为害延续到秋末。成虫咬食刚出土幼苗的嫩芽、叶片，造成严重缺苗，咬断根头，导致植株死亡。

综合防治措施：①地边种白芥子、大麦等诱杀；②每亩用15 kg鲜萝卜条，加90％晶体敌百虫10 g，加水拌匀做成诱饵，傍晚撒于地面诱杀；③发生期用氯氟氰菊酯、溴氰菊酯、甲氰菊酯、联苯菊酯、百树菊酯或者氯氰菊酯等高效低毒的菊酯类农药喷雾防治。

4. 蛴螬、蝼蛄、金针虫等地下害虫

综合防治措施：①发生期用90％晶体敌百虫粉剂5 g兑水1～1.5 kg，拌入炒香的麦麸或饼糁2.5～3 kg，或拌入切碎的鲜草10 kg配备毒饵，或用80％敌百虫可湿性粉剂10 g，加水1.5～2 kg和拌炒过的麸皮5 kg，于傍晚时撒于田间诱杀幼虫。②在幼虫发生期用50％辛硫磷或用90％敌百虫晶体乳油800～1 000倍液浇灌或灌根。

六、采收加工

1. 采收

冬前播种的北沙参到第二年 9 月(秋分)前后,叶子枯黄时刨收,春播的北沙参,如生长良好,可当年采挖。生长较差的可第二年采收。生长 1～2 年的根质量好。收挖时,先在畦一端第一行外侧挖一深 40 cm 的沟,露出根部时用手拔出,除去参叶,抖掉泥土。将参按粗细长短分级摆放,利于加工。刨出的参根不能在阳光下晒,以免干后难以去皮。最好选择晴天,当天采挖当天加工并及时晒干、色泽好。来不及加工的,可埋在沙土中 2～3 d 后加工。

2. 加工

参根按长短粗细分开,选晴天洗去泥沙,用细绳按级扎成 1～1.5 kg 小捆。放入开水中烫,先烫上中部 7～8 s,再全捆放入锅内烫煮,并不时翻动,煮至能用手剥下参皮时,捞出,放入冷水中,趁湿剥去外皮,在草席上晒干。如遇阴雨天,最好烘干,以免变色霉烂。春播当年采收每亩能收干品 150 kg,秋、冬季播每亩能收干品 200～250 kg,高产者达 300 kg 以上。

第三节　丹　参

一、概述

丹参(*Salvia miltiorrhiza* Bge.)为唇形科鼠尾草属植物,以干燥根和根茎入药。别名紫丹参、红根、血参、赤参、大红袍等。具有活血祛瘀,调经止痛,养血安神,凉血消痈之功能。主治妇女月经不调、痛经、经闭、产后瘀滞腹痛、心腹疼痛、热痹肿痛、跌打损伤、烦躁不安、心烦失眠、痈疮肿毒等症。由于疗效显著,所以用量不断增大。主产于安徽、江苏、山东、河北、陕西、四川、山西等省,全国大部分省区均有栽培。

二、形态特征

丹参为多年生直立草本;根肥厚,肉质,外面朱红色,内白色,长 5～15 cm,直径 4～14 mm,疏生支根。茎直立,高 40～80 cm,四棱形,具槽,密被长柔毛,多分枝。叶常为奇数羽状复叶,叶柄长 1.3～7.5 cm,密被向下长柔毛,小叶 3～5(7),长

1.5～8 cm,宽 1～4 cm,卵圆形或椭圆状卵圆形或宽披针形,先端锐尖或渐尖,基部圆形或偏斜,边缘具圆齿,草质,两面被疏柔毛,下面较密,小叶柄长 2～14 mm;轮伞花序 6 花或多花,下部者疏离,上部者密集,组成长 4.5～17 cm 具长梗的顶生或腋生总状花序;苞片披针形,先端渐尖,基部楔形,全缘,上面无毛,下面略被疏柔毛,比花梗长或短;花梗长 3～4 mm;花萼钟形,带紫色,长约 1.1 cm;花冠紫蓝色,长 2～2.7 cm,外被具腺短柔毛,尤以上唇为密,上唇长 12～15 mm,镰刀状,向上竖立,先端微缺,下唇短于上唇,3 裂;能育雄蕊 2,伸至上唇片,花丝长 3.5～4 mm,药隔长 17～20 mm,药室不育,顶端联合;退化雄蕊线形,长约 4 mm。花柱远外伸,长达 40 mm,先端不相等 2 裂,后裂片极短,前裂片线形。花盘前方稍膨大。小坚果呈黑色,椭圆形,长约 3.2 cm,直径 1.5 mm。花期 4—8 月,花后见果。

三、生物学特性

(一)生长习性

丹参分布广,适应性强。喜气候温暖、湿润、阳光充足的环境。在气温－5 ℃时,茎叶受冻害;但地下根部能耐寒,可露天越冬。丹参既怕旱又忌涝,幼苗期遇到高温干旱天气,生长停滞或死亡。在排水不良的低洼地种植,会引起烂根。丹参为深根植物,在土壤深厚肥沃,排水良好,中等肥力的沙质壤土中生长发育良好。对土壤要求不严,一般土壤均能生长,但以地势向阳、土层深厚、中等肥沃、排水良好的沙质壤土栽培为好。对土壤酸碱度要求不严,从微酸性到微碱性都可栽培,但以近中性为好。

(二)生长发育

丹参在 18～22 ℃,15 d 左右出苗,出苗率 70％～80％。陈种子发芽率极低。无性繁殖时,根在地温 15～17 ℃时开始萌生不定芽,根条上段比下段发芽生根早。当 5 cm 土层地温达到 10 ℃时,丹参开始返青。陕西主栽区 4—6 月枝叶茂盛,陆续开花结果,7 月之后根生长迅速,7—8 月茎秆中部以下叶部分或全部脱落,果后花序梗自行枯萎,花序基部及其下面一节的腋芽萌动并长出侧枝和新叶,同时又长出新的基生叶,8 月中下旬根系加速分枝、膨大,此时应增加根系营养,排除积水,防止烂根。10 月底至 11 月初平均气温 10 ℃以下时,地上部分开始枯萎,进入休眠。

四、规范化栽培技术

(一)选地、整地与施肥

1. 选地

以选择光照充足、排水良好、浇灌方便、土层深厚疏松,土质肥沃,向阳的近中性沙质壤土为宜。土质黏重、低洼积水、光照不足的地块不宜种植。忌连作,可与小麦、玉米、葱头、大蒜、薏苡、蓖麻等作物或非根类中药材轮作,或在果园中套种。不适于与豆科或其他根类药材轮作。

2. 整地与施肥

丹参为深根多年生植物,前茬作物收割后,亩施腐熟的农家肥 2 000~3 000 kg,过磷酸钙 50 kg 或磷酸氢二铵 20 kg,深翻 30~40 cm。耙细整平后,做成宽 0.8~1.3 m 的高畦。北方雨水较少的地区可做成宽 1.5~2 m 的平畦。雨水多的地区和低洼地做高床为宜,且周围应挖排水沟,以便雨季排水。

(二)繁 殖 方 法

丹参的繁殖方法有种子繁殖、根段繁殖、芦头繁殖和扦插繁殖。一般以根段、芦头繁殖为主,也可种子播种和扦插繁殖。

1. 种子繁殖

利用种子繁殖时,可以采用直播或育苗移栽两种方法。因丹参种子细小,发芽率 70% 左右,直播法往往出苗不齐,故多选用育苗移栽法。

(1)育苗移栽　丹参种子于 6~7 月成熟,采摘后即可播种。在做好的畦上按行距 25~30 cm 开沟,沟深 1~2 cm,将种子均匀地播入沟内,覆土,以盖住种子为度,播后浇水盖草保湿。用种 0.5~0.75 kg/亩。采用床面撒播的,播种量可增加至 1.5 kg/亩。15 d 左右出苗。当苗高 6~10 cm 时间苗。采种后未能及时播种的,可在 3 月下旬至 4 月上中旬,按行距 30~40 cm 开沟条播育苗,播后浇水覆盖保温湿。苗高 6~10 cm 时间苗,播种后经 2 个月生长,即可定植于大田。1 亩育苗地种苗可移植 10~15 亩大田。

(2)直播　4 月中旬前后播种,条播或穴播。条播按行距 30~40 cm,开沟 3~4 cm 深,均匀撒种,覆土 1 cm 左右,播种量 0.5 kg/亩;穴播按行距 30~40 cm、穴距 20~30 cm,挖穴 3~4 cm 深,每穴播种 5~10 粒,覆土 1~2 cm 并镇压。如遇干旱,播前浇透水再播种,半个月左右即可出苗,苗高 7 cm 时间苗。

2. 根段繁殖

根段繁殖宜在早春土壤化冻后进行。于晚秋选择直径 1 cm 左右粗、颜色紫红、无病虫害、发育充实的当年生丹参根作种。淘汰老根与细种,因老根作种易空心,须根多;细根作种生长不良,根条小,产量低。收获后用湿沙藏至翌春。早春 3—4 月,将选好的种根切成 6~8 cm 根段,按行距 30~40 cm,株距 20~30 cm,穴深 3~5 cm 的规格开穴,穴内施入农家肥,每亩 1 500~2 000 kg。将切好的种根平放入穴中,一穴一段,覆土 1.5~2 cm 压实。每亩用种根 50~60 kg。栽后 60 d 出苗。用根段种植,开花晚,当年难收到种子,但根部生长较快,药材产量高。

3. 芦头繁殖

在晚秋或早春,丹参收获时,选取健壮、无病害的植株剪下粗根药用,将细根连同芦头带心叶用作种苗。大棵的苗,可按芽与根的自然生长状况分割成 2～4 株,然后再栽植。还可以挖取野生丹参,粗根剪下入药,细根连同芦头一起栽种。栽时按行距 30～40 cm,株距 25～30 cm,挖穴栽植,每穴 1～2 株,芦头向上,覆土以盖住芦头 2～3 cm 为度,栽后浇水。栽后 40～45 d,芦头即可生根发芽。用芦头繁殖,当年即可收获,生产周期短,经济效益好,但繁殖系数低。

4. 扦插繁殖

北方 6—7 月,选取生长健壮、无病的丹参枝条整齐地剪下,切成 13～16 cm 长的茎段,下部切口要靠近茎节部位,呈马蹄形。剪除下部叶片,上部留 2～3 片叶。在整好的畦内浇水灌透,按行距 20 cm、株距 10 cm 开沟,将插条斜插入土 1/2～2/3,顺沟覆土压紧,地上留 1～2 个叶片。搭矮棚遮阳,保持土壤湿润。一般 20 d 左右便可生根,成苗率 90％以上。待根长 3 cm 时,便可定植于大田。

以上 4 种繁殖方法,芦头繁殖产量最高,但繁殖系数低。根段繁殖较实用,产量也较高。

(三)田间管理

1. 及时查苗

采用根段繁殖的,常因盖土太厚,妨碍出苗,一般在幼苗出土时进行查苗。发现盖土太厚或表土板结,应及时挖开盖土,促进出苗。

2. 中耕除草

丹参生育期内需进行 3 次中耕除草,第一次在苗高 10～15 cm 时进行(应浅耕);第二次在 6 月进行;第三次在 7～8 月进行。封垄后停止中耕。

3. 追肥

丹参喜肥,除施足基肥外,生长期间,还应结合中耕除草进行 2～3 次追肥。结合第 1 次中耕除草进行第一次追肥,施用腐熟粪肥 1 500 kg、加腐熟饼肥 50 kg。第 2 次于 5 月上旬至 6 月上旬,每亩施用腐熟粪肥 2 000 kg、加饼肥 50 kg。第 3 次于收获前 2 个月,重施磷、钾肥,促进根系生长,每亩施腐熟粪肥 3 000 kg、过磷酸钙 40 kg、饼肥 50～75 kg。施肥方法可采用沟施或开穴施入,施后覆土盖肥。

4. 灌排水

出苗期和幼苗期要经常保持土壤湿润,遇干旱天气要及时灌水。丹参最忌田间积水,雨季要及时清沟排水,严防积水成涝,造成烂根。

5. 摘花薹

丹参抽薹现蕾后,除了留种株外,应尽早分期分批将花薹或花蕾一律摘除,以减少养分消耗,使养分集中于根部,促进根部的生长发育。

五、病虫害防治

(一)病害

丹参常见的病害有根腐病、叶斑病、根结线虫病、菌核病等。

1. 根腐病

根腐病多在高温多雨季节发生。受害植株,细根首先发生褐色干腐,并逐渐蔓延至粗根。后期根部发黑腐烂,植株地上部个别茎枝萎蔫枯死,最后整个植株死亡。

综合防治措施:①实行合理轮作;②选择地势高燥的山坡地种植;③选用健壮无病种苗;④增施磷、钾肥,疏松土壤,提高抗病力;⑤发现病株及时拔除,病穴用5%石灰水消毒病穴;⑥发病初期,用50%甲基托布津800~1 000倍液,或75%代森锰锌(全络合态)800倍液,或3%广枯灵(恶霉灵+甲霜灵)600~800倍液等喷洒或浇灌病株根部。10 d左右1次,连续进行2~3次。

2. 叶斑病

叶斑病是一种细菌性病害。为害叶片,5月初发生,一直延续到秋末,6—7月最重。发病初期下部叶片开始发病,逐渐向上蔓延,叶面产生褐色、圆形或不规则的小斑,病斑不断扩大,中心呈灰褐色,最后叶片焦枯,植株死亡。

综合防治措施:①实行合理轮作;②冬季清园,烧毁病残株;③选用无病健壮的种栽,栽植前用波尔多液(1∶1∶100)浸种10 min消毒;④增施磷、钾肥,及时开沟排水,降低湿度,增强抗病力;⑤发病前喷1∶1∶120波尔多液,每周1次,连喷2~3次;⑥发病初期,喷洒60%代森锌600倍液,或50%多菌灵800倍液。10 d左右1次,连续进行2~3次。

3. 根结线虫病

根结线虫病为害根部,影响养分吸收,降低产量和质量。

综合防治措施:①与禾本科作物轮作,或水旱轮作;②选地势高燥,较肥沃、无积水的地块种植;③建立无病留种田;④栽种前15 d,用辛硫磷粉剂2~3 kg/亩,开沟施入土壤杀死线虫;⑤用1.8%的阿维菌素1 000倍液灌根,或加入常规用量1/3的0.3%的苦参碱灌根。

4. 菌核病

菌核病病菌先侵害植株茎基部、芽头及根茎部等部位,浸染部位逐渐腐烂,变成褐色,并在发病部位及附近土面以及茎秆基部的内部,生有黑色鼠粪状的菌核和白色菌丝体。病茎上部及叶片渐趋发黄,最后植株枯萎死亡。

综合防治措施:①进行水旱轮作;②加强田间管理,及时排除积水,保持土壤干燥;③发病初期及时拔除病株,并用50%氯硝胺0.5 kg加石灰10 kg,拌成灭菌药,撒在病株茎基及周围土面,以防止病害蔓延,或用50%速克灵1 000倍液灌根。

(二)虫害

丹参主要的虫害有蚜虫、银纹夜蛾、棉铃虫、蛴螬、地老虎等。

1.银纹夜蛾

银纹夜蛾以幼虫咬食叶片,一般在夏、秋季发生,咬食叶片成缺刻,严重时可把叶片全部吃光。

综合防治措施:①冬季清园,枯枝落叶集中烧毁,以杀灭越冬虫卵;②田间用黑光灯诱杀成蛾;③幼虫出现时,用10%杀灭菊酯2 000~3 000倍液,或90%敌百虫800~1 000倍液,每周喷1次,连续2~3次。

2.棉铃虫

棉铃虫属鳞翅目夜蛾科。幼虫为害蕾、花、果,影响种子产量。

综合防治措施:在现蕾期,可以喷洒50%辛硫磷乳油1 500倍液,或50%西维因600倍液,或25%杀虫脒水剂500倍液,每隔7~10 d喷1次,连续进行2~3次。

3.蛴螬

蛴螬于4—6月发生为害,咬食幼苗根部。

综合防治措施:发生时,在上午10:00人工捕杀;或傍晚撒敌百虫毒饵诱杀;或用90%的晶体敌百虫1 000~1 500倍液,浇灌根部。

4.地老虎

地老虎于4—6月发生为害,咬食幼苗根部。

综合防治措施:发生时可清晨捕捉;或每亩用90%的晶体敌百虫100 g与炒香的菜籽饼5 kg做成毒饵撒在田间诱杀。

六、采收与加工

1.采收

无性繁殖丹参,晚秋地上部枯萎后或第2年春天萌发前采挖。种子繁殖的第2年秋后或第3年早春萌发前收刨。丹参根入土较深,根系分布广,质脆易断,应在晴天土壤半干时采挖。先将地上茎叶除去,在垄的一端挖深沟,深度由根长而定,当根全部露出后,顺垄向前逐株挖出完整的根条。挖出后,剪去残茎。在田间暴晒使根软化,抖去泥土,运回加工。

2.加工

丹参可以加工成条丹参和统丹参两种。加工条丹参,是将直径0.8 cm以上的根条在母根处切下,顺条理齐,暴晒,经常翻动,七八成干时,扎成小把,再暴晒至干,装箱即成"条丹参"。加工统丹参,是不分粗细,晒干去杂后装入麻袋者称"统丹参"。一般亩产干货 200～250 kg,高产田可达 300～400 kg,折干率 30%。

第四节　红　花

一、概述

红花(*Carthamus tinctorius* L.)为菊科红花属一年生或二年生草本植物,又名草红花、红花草等。以干燥的花冠入药,药材名红花。种子(实为果实)也可入药,称白平子。红花性温、味辛。具有活血通经、散瘀止痛等功效,是重要的活血化瘀中药之一,主治经闭、痛经、恶露不行、癥瘕痞块、跌打损伤、疮疡肿痛等症。现代临床上经常用于治疗冠心病、脑血栓、心肌梗死、高血压等疾病。红花的主要药效成分有红花苷、红花醌苷、红花黄色素、红花素、亚油酸、红花多糖等。红花除供药用外,还是一种天然色素和染料,可提取天然食用的黄色素和红色素等。红花果实含有 20%～44% 的油分,红花油中含有 70%～85% 的人体所必需且又不能自身合成的不饱和脂肪酸——亚油酸,长期食用能降低血糖中的胆固醇含量、防止动脉硬化,有良好的保健功能,为世界十大保健植物油之一,具有良好的开发前景。红花饼粕中含有大量可供食用的蛋白质,既可作为食品,又是养殖业良好的精饲料。因此红花是一种用途广泛的特种经济植物。红花原产于埃及,汉代引入我国。红花主产河南、四川、浙江、河北、新疆等地,全国各地多有栽培。

二、形态特征

红花是一年生草本。高(20)50～100(150)cm。茎直立,上部分枝,全部茎枝白色或淡白色,光滑,无毛。中下部茎叶披针形、披状披针形或长椭圆形,长 7～15 cm,宽 2.5～6 cm,边缘大锯齿、重锯齿、小锯齿以至无锯齿而全缘,极少有羽状深裂的,齿顶有针刺,针刺长 1～1.5 mm,向上的叶渐小,披针形,边缘有锯齿,齿顶针刺较长,长达 3 mm。全部叶质地坚硬,革质,两面无毛无腺点,有光泽,基部无柄,半抱茎。头状花序多数,在茎枝顶端排成伞房花序,为苞叶所围绕,苞片椭圆形或卵状披针形,包括顶端针刺长 2.5～3 cm,边缘有针刺,针刺长 1～3 mm,或无针刺,顶端渐长,有篦齿状针刺,针刺长 2 mm。总苞卵形,直径 2.5 cm。总苞片 4 层,外层竖琴状、中部或下部有收缢,收缢以上叶质,绿色,边缘无针刺或有篦齿状针刺,针刺长达 3 mm,顶端渐尖;中内层硬膜质,倒披针状椭圆形至长倒披针形,长达 2.3 cm,顶端渐尖。全部苞片无毛无腺点。小花红色、橘红色,全部为两性,花冠长 2.8 cm,细管部长 2 cm,花冠裂片几达檐部基部。瘦果倒卵形,长 5.5 mm,宽 5 mm,乳白色,有 4 棱,棱在果顶伸出,侧生着生面。无冠毛。花果期 5—8 月。

三、生长习性

红花适应性较强,喜温暖较干燥和阳光充足的环境,有一定的抗旱、耐寒、耐盐碱能力,怕高温、高湿和雨涝,对水分反应敏感,空气湿度过大或土壤水分过多会导致多种病害的发生。所以栽培红花应特别注意其怕涝、怕阴湿的生态习性。红花为长日照植物,适期早播有利促进其营养生长,延长生育期,提高开花结实率和产量。红花对土壤要求不严,但以地势较高燥、排水良好、肥力中等的沙壤土为最适。不宜在黏土地及低洼积水和过于肥沃的土地上种植。忌连作,前茬以禾本科和豆科作物为好。在开花期遇雨对开花授粉和采花不利,植株也容易感病枯萎,故红花多种于较干燥地区和生长于较干燥季节。

四、规范化栽培技术

(一)选用适宜品种类型

红花分有刺和无刺两种类型;按生产目的又可分为药用、油用和药油兼用三种类型。可因地制宜地选用。生产上为便于管理和采收,可选用无刺型。但是在炭疽病和实蝇严重的地区,应选用有刺型作种,有刺型抗病力较强。

(二)选好地块

按照红花习性选择前茬为禾本科或豆科、高燥向阳、土层深厚、肥力中等、排水良好,中性或近中性的沙壤土及壤土种植。忌连作。

(三)施足基肥、精细整地

于前作物收获后,每亩撒施腐熟厩肥 2 000～3 000 kg、过磷酸钙 20～30 kg,耕翻 20～25 cm,耙细整平,做成宽 1～1.5 m 的平畦或高畦,或做成宽 60 cm 的高垄。

(四)做好播前种子处理

红花炭疽病危害重,播前应做好种子处理。处理方法:一是用 54 ℃温水浸泡 10 min,转入冷水中冷却后捞出晾干播种;二是用种子量 0.4%的多菌灵拌种,方法简便效果好,拌后即可播种。

(五)适时播种

红花种子在 5 ℃左右就能发芽,而且幼苗耐寒力较强。所以南方宜秋播、北方宜春播。秋播以秋分至霜降前后播种为宜,春播以早春顶凌播种为适,约在 3 月上旬至 4 月上旬。条播或穴播均可,条播时于做好的畦内按行距 30～50 cm、未做畦的地块可按 40 cm＋60 cm 的宽窄行,开深 4～5 cm 的沟,将种子均匀撒入沟内,覆土 2～3 cm,稍加镇压。穴播时行距同条播,穴距 20～30 cm,挖深 5～6 cm 的穴,每穴播种 5～6 粒,播后覆土略加镇压。每亩播种量条播为 2.5～3 kg,穴播为 1.5～2 kg。

(六)加强田间管理

1. 间、定苗

苗高 7～10 cm 时进行间苗,条播的株距 7～10 cm,穴播的每穴留壮苗 3～4 株;苗高 15 cm 左右时进行定苗,条播的株距 15～20 cm,穴播的每穴留苗 2 株。结合间、定苗对严重缺苗部位进行移栽补苗。

2. 中耕除草

结合间苗进行第一次中耕除草;定苗后进行第二次中耕除草;封垄前视情况再进行 1～2 次中耕除草;并结合最后一次中耕进行培土;封垄后有大草及时拔除。

3. 追肥

定苗后每亩追施腐熟人畜粪水 1 500～2 000 kg,或氮、磷、钾复合肥 15～20 kg。封行前每亩追施人畜粪水 2 500～3 000 kg 和过磷酸钙 20 kg,或氮、磷、钾复合肥 20 kg。

4. 灌排水

红花现蕾期和开花期需水较多,应保持土壤湿润,遇旱选择早晨或傍晚及时浇水;雨季应注意及时排水防涝。

5. 打顶摘心

分枝形成期进行打顶摘心,但土地瘠薄、生长发育差或密植红花,一般不宜打顶。

(七)留种

在开花期选生长健壮、植株高矮一致、抗病力强、分枝多、花球大、花冠长、开花早而整齐的丰产形单株,做好标记,待 15～20 d 后种子成熟时,采主茎上花球,单打单收,留作种用。

五、病虫害防治

红花病虫害较多,主要有炭疽病、锈病、枯萎病、菌核病、黑斑病和轮纹病、红花实蝇、红蜘蛛、蚜虫等,应依据发生情况及时加以防治。

1. 炭疽病

炭疽病为害叶、茎和花蕾,5—6月发生,发病初期,叶部出现圆形褐色病斑,后期破裂,茎部病斑为纺锤形,红褐色或者橘黄色,并使茎部腐烂,折断枯死。

综合防治措施:①选用抗病的有刺红花品种;②选排水良好的高燥地块种植,合理轮作,不重茬;③建立无病留种田,为生产提供无病良种;④做好播前种子处理;⑤发病初期用65%代森锰锌500～600倍液,或95%恶霉灵(土菌消)可湿性粉剂4 000～5 000倍液,或50%多菌灵600倍液,或70%甲基硫菌灵1 000倍液喷雾防治。每7～10 d喷1次,连续防治2～3次。

2. 锈病

锈病于4—5月始发,常与炭疽病同时发生,主要为害叶部,高湿有利于锈病的发生和发展。锈菌孢子随风传播,侵染红花的叶片及其他部位形成栗褐色小疱疹样病斑,严重时会成斑块,影响光合作用,增加水分散失,影响红花生长。

综合防治措施:①实行合理轮作;②采用高垄种植;③用种子量0.4%的15%粉锈宁拌种;④增施磷钾肥,促进植株健壮,提高抗病力;⑤发病初期喷洒500倍的15%粉锈宁液1～2次。

3. 枯萎病

枯萎病又名根腐病,是红花的主要病害之一。3—6月发生,花期多雨时严重,为害全株。发病后病株茎基和主根成黑褐色,维管束变褐,严重时茎基部皮层腐烂,枝叶变黄枯死。

综合防治措施:①与禾本科作物实行3～5年轮作;②清除田间枯枝落叶及杂草,减少越冬菌源;③适时中耕松土,雨后及时排水;④发现病株,及时拔除并烧毁,病穴用石灰粉消毒;⑤用1:1:120倍波尔多液,或50%多菌灵500～600倍液,或50%甲基托布津可湿性粉剂800倍液,或30%恶霉灵1 000倍液,或25%咪鲜胺1 000倍液,或3%广枯灵(恶霉灵+甲霜灵)600～800倍液灌根,7～10 d灌1次,连续防治2～3次。

4. 菌核病

南方常发生此病,春季和初夏多阴雨,可导致此病大发生,患病植株叶色变黄,枝枯,根部或茎髓部出现黑色鼠粪状菌核。防治方法参考枯萎病。

5. 黑斑病和轮纹病

黑斑病和轮纹病为害叶片,黑斑病病斑椭圆形,褐色,具同心轮纹,上生黑色或铁灰色霉状物,病斑中央坏死;发病重时,病斑合并,使叶片枯死。轮纹病病斑圆形或椭圆形,具有同心轮纹。

综合防治措施:两种病可结合防治。发病初期用1:1:100的波尔多液,或

65％代森锌可湿性粉剂 500 倍液,或 50％速克灵 1 000 倍液喷雾防治,每 10 d 喷 1 次,连续喷 2～3 次。

6. 红花实蝇

红花实蝇 5 月始发,6—7 月花蕾期为害严重,幼虫孵化后蛀食花头和嫩种子,使花头内发黑腐烂。

综合防治措施:①忌与白术及菊科植物等间套作;②秋季清洁田园,清除枯枝落叶;③花蕾现白期用 90％敌百虫 800 倍液喷治,7～10 d 喷 1 次,连喷 2～3 次。

7. 红蜘蛛

红蜘蛛在现蕾开花盛期,常大量发生,聚集叶背,吸食汁液。被害叶片显出黄色斑点,继后叶绿素被破坏,叶片变黄脱落。受害轻的生长期推迟,重者死亡。

综合防治措施:于田间点片发生初期用 0.3 波美度石硫合剂,或 1.8％阿维菌素乳油 2 000 倍液,或 0.36％苦参碱水剂 800 倍液,或天然除虫菊素 2 000 倍液,或73％克螨特乳油 1 000 倍液,或噻螨酮(5％尼索朗乳油)1 500～2 000 倍液喷杀。7～10 d 喷 1 次,连喷 2～3 次。

8. 蚜虫

蚜虫为害嫩叶和嫩茎。发生期可用吡虫啉、啶虫脒等药剂进行喷雾防治。或参考前面中药材综合防治措施防治。

六、采收与加工

(一)采收

掌握好红花适宜采花期,是获得优质高产的关键技术之一。红花的采收期北方在 6—7 月,南方在 5—6 月。花初开时花冠顶端为黄色,后渐成橘红色,最后变成暗红色。当花冠顶端由黄色变橘红色时,在早晨分批采摘质量最好。采摘时选晴天,防止雨淋。以早晨露水干后采摘为宜。

采花后 20 d 左右,茎叶枯萎,瘦果成熟,可选晴天割下全株,晒干脱粒,去除杂质,每亩可产种子 100 kg 左右,高产者可达 150 kg 以上。种子可榨油供食用,或者用作保健品。

(二)产地加工

摘下的鲜花及时摊在席上,放通风透光处或阴凉通风处晾干或阴干,或在 40～60 ℃及以下烘干。红花不宜暴晒,暴晒会使气味挥发,如在阳光下晒干时,可覆盖一层白纸。晾晒时不可翻动,以免霉变发黑。每亩产干花 20～30 kg,高产者可达 50～60 kg。

红花商品以色红、鲜艳、无枝叶、质柔润、手握软如茸毛者为佳。按干燥品计算，含山奈素（$C_{15}H_{10}O_6$）不得少于 0.050％，水分不宜超过 13.0％。

第五节　人　参

一、概述

人参为五加科植物人参（*Panax ginseng* C. A. Mey）的干燥根，别名棒槌。栽培者习称园参，野生者习称山参。人参以根入药，叶、花、果实也可入药。性温、味甘。有补气固脱，生津安神作用，可调节人体生理功能的平衡。用于体虚欲脱，气短喘促，自汗肢冷，精神倦怠，久咳，津亏口渴，失眠多梦，惊悸健忘，一切气血津液不足等症。主产东北三省，北京、河北、山东、山西、湖北、陕西、江西、四川、贵州、甘肃及新疆等省、自治区、市也有少量栽培，在低纬度高海拔地区也已经引种成功。

二、形态特征

多年生草本；根状茎（芦头）短，直立或斜上，不增厚成块状。主根肥大，纺锤形或圆柱形。地上茎单生，高 30～60 cm，有纵纹，无毛，基部有宿存鳞片。叶为掌状复叶，3～6 枚轮生茎顶，幼株的叶数较少；叶柄长 3～8 cm，有纵纹，无毛，基部无托叶；小叶片 3～5，幼株常为 3，薄膜质，中央小叶片椭圆形至长圆状椭圆形，长 8～12 cm，宽 3～5 cm，最外一对侧生小叶片卵形或菱状卵形，长 2～4 cm，宽 1.5～3 cm，先端长渐尖，基部阔楔形，下延，边缘有锯齿，齿有刺尖，上面散生少数刚毛，刚毛长约 1 mm，下面无毛，侧脉 5～6 对，两面明显，网脉不明显；小叶柄长 0.5～2.5 cm，侧生者较短。伞形花序单个顶生，直径约 1.5 cm，有花 30～50 朵，稀 5～6 朵；总花梗通常较叶长，长 15～30 cm，有纵纹；花梗丝状，长 0.8～1.5 cm；花淡黄绿色；萼无毛，边缘有 5 个三角形小齿；花瓣 5，卵状三角形；雄蕊 5，花丝短；子房 2 室；花柱 2，离生。果实扁球形，鲜红色，长 4～5 mm，宽 6～7 mm。种子肾形，乳白色。

三、生物学特性

（一）生长习性

人参为多年生、长日照、阴生草本植物。喜凉爽温和的气候，耐严寒。适应生长的温度范围是10～34℃,最适温度20～25℃,最低可耐受－40℃的低温;喜湿润、怕干旱,适宜的空气相对湿度为80％左右,土壤湿度35％～40％;喜弱光、散射光和斜射光,怕强光和直射光。因此栽培人参时,选择荫棚高檐的朝向(阳口)以东北阳、北阳为好。

(二)生长发育

人参的生长发育每年大体可分为五个阶段。

1. 营养生长阶段

从出苗到地上茎叶停止生长,5月中旬至6月中下旬。由于根内营养供给出苗用,加上地温和气温较低,光合作用弱,此阶段根重不增,反而减轻1/3。

2. 生殖器官发育阶段

从开花到果熟,6月中旬至8月上旬。生殖器官和营养器官同时生长,所以对水分和营养的需求量大。若不采收种子,则要去蕾。确保养分供给营养器官生长,以提高参根产量。

3. 贮藏器官增长阶段

由果实成熟到地上茎叶枯萎,从8月上旬至9月中下旬,是参根体积、重量增长阶段。

4. 淀粉转化阶段

地上茎叶枯萎,根部停止生长,从10月上旬至11月初。随着温度的降低,根部的淀粉开始转化为糖类,以增加抗寒能力,为越冬做准备。

5. 越冬休眠期阶段

地上茎叶枯萎后至翌年越冬芽萌动出苗。较漫长的整个冬季加早春。

人参种子有休眠特性,湿度为10％～25％及条件下,需经一个由高温到低温的自然过程,才能完成生理后熟,一般先经高温20℃左右1个月,然后转入低温3～5℃2个月,才能打破休眠。发芽适宜温度为12～15℃,发芽率为80％左右。种子寿命为2～3年。

四、规范化栽培技术

(一)选地、整地

人参对土壤要求严格,以选择背风向阳、日照时间长、富含腐殖质、土层深厚、土质疏松肥沃、排灌方便、微酸性(pH 5.5～6.5)的沙壤土或壤土为好,忌重茬。一般利用林地栽参。如用农田栽参,前茬以禾本科作物为好,而且收获后最好休闲一年再种植人参更为适宜。选地后,于封冻前翻耕1～2次,深20 cm。翌春化冻后结合耕翻。每亩施入腐熟的农家肥 4 000 kg,与土拌匀,以后每 1~2 个月翻耕 1 次。播种或栽植前 1 个月左右,打碎土块,清除杂物,整地做畦,畦面宽 1~1.5 m,略呈弓形,畦高 25~30 cm,畦间作业道宽 50~100 cm。畦向依地势、坡向、棚式等而异,应以采光合理、土地利用率高、有利于防旱排水及田间作业方便为原则。平地栽参多采用正南或南偏东 30°的畦向,即东阳或东北阳;山地栽参,依山势、坡度而异,采取横山和顺山或成一定角度做畦。畦向调整的原则是,既能避开 6~8 月每日 10:30—15:00 的强光直射,又能尽量增加每日和全年散射光的光照时间。

人参林下仿野生栽培,可选择坡度小于 25°的阴坡、半阴坡,以红松为主的针阔混交林和阔叶林。林下伴生有灌木和杂草,郁闭度在 0.6~0.8,林内土壤底土为黄黏土,中层为活黄土,表层为腐殖土,最上是枯枝落叶层,并且土壤常年保持湿润、排水良好的林地。人参林下仿野生栽培不需要整地,保持林地原生态。

(二)选择品种类型

目前,生产上使用的人参品种有'大马牙''二马牙''长脖''圆膀圆芦'等。马牙类型生长快、产量高;尤其是'大马牙',具有生长快、产量高、单支重、根中皂苷含量高、种子大、植株健壮等优点。可生产出加工优质红参、生晒参、冻干参的好原料,是人参常规栽培优选的品种类型。林下仿野生栽培,可选择'长脖'和'圆膀圆芦'。

(三)播种育苗

人参用种子繁殖,常采用育苗、移栽方式。

1. 育苗

7—8 月,采种后可趁鲜播种,种子在土中经过后熟过程,第二年春可出苗。或将种子进行沙藏催芽。方法是:选向阳高燥的地方,挖 15~20 cm 深的坑,其长和宽视种子量而定,坑底铺上一层小石子,其上铺上一层过筛细沙。将鲜参籽搓去果皮,或将干参籽用清水浸泡 2 h 后捞出,用 2~3 倍体积湿沙混合拌匀,放入坑内,覆盖细沙 5~6 cm,再覆一层土,其上覆盖一层杂草,以利保持湿润,雨天盖严,防止雨水流入烂种。每隔半个月检查翻动 1 次,若水分不足,适当喷水;若湿度过大,筛出参种,晾晒沙子。经自然变温,种子即可完成胚的后熟过程。经 60~80 d 种子裂口时,即可进行秋播。春播时间在春分前后种子尚未萌动时进行。播种方法是,在整好的畦面上,按行距 5 cm、株距 5 cm 点播,覆土 2 cm,再覆 3~5 cm 厚的秸秆,以利保湿。

经沙藏处理已裂口的人参种子,如用 0.1 mg/L 的 ABT 生根粉溶液浸种,可显著增加人参根重。

2. 移栽

育苗 2~3 年后移栽,一般在 10 月底至 11 月中上旬进行。如春栽应在参苗芽苞尚未萌动时进行。移栽时选用根部乳白色,无病虫害、芽苞肥大、浆足、根条长的壮苗,按大、中、小三级分别移栽。栽前可适当整形,除去多余的须根,注意不要扯破根皮,并用 100～200 倍液的代森锌或用 1∶1∶140 倍波尔多液浸根 10 min,注意勿浸芽苞。移栽时,以畦横向成行,行距 25～30 cm、株距 8～13 cm。平栽或斜栽。平栽参根与畦面平行;斜栽芦头朝上,参根与畦面成 30°～45°角。斜栽参根覆土较深,有利于防旱。开好沟后,将参根摆好,先用土将参根盖严,然后把畦面整平。覆土深度视苗大小而定,一般 4～6 cm,随即以秸秆覆盖畦面,以利保墒。

(四)田间管理

1. 冬季管理

10 月中下旬,生长 1 年以上的人参茎叶枯萎时,应将地上部分割掉,及时清除地面,深埋或烧毁,以便消灭越冬病原。11 月上旬,应将帘子拆下卷起,捆立在后檐架上,以防冬季风雪损坏。下帘时要在畦面上盖防寒土,先在畦面上盖一层秸秆,上面覆土 8～10 cm 以防寒。封冻前视畦面情况,浇好越冬水,第二年春季撤防寒土时,应从秸秆处撤土,以免伤根。

2. 搭棚遮阴

参苗出土以后要立即搭棚遮阴。参棚按高矮分矮棚和高棚两种。按棚顶形状可分为一面坡斜棚和拱形棚两种,也可分为单畦单棚和多畦联棚。视具体情况灵活选用。矮棚前檐立柱高 0.9～1.2 m,后檐立柱高 0.7～0.9 m,可用木柱和水泥柱,分立参畦两边。立柱上顺畦向固定好横杆,横杆多用竹竿,也可用拉紧的铁丝。上面覆盖 1.8 m 宽的苇帘,使雨水不能直接落到畦面上。参床上下两头,也要用帘子挡住,以免边行人参被强光晒死。夏季阳光强烈,高温多雨,是人参最易发病的季节。为防止盛夏参床温度过高和帘子漏雨烂参,要加盖一层帘子,即上双层帘。8 月后,雨水减少,可将帘撤去。否则秋后参床地温低,土壤干燥,影响人参生长。高棚是将整个参地全部覆盖,棚高 1.0～1.2 m,以水泥杆作立柱,以竹竿搭成纵横交错的棚架,其上用苇帘覆盖,透光率为 25%～30%。此外,目前主产区多用薄膜和遮阳网配合进行棚顶遮阴隔雨。移栽地遮阳网透光率 50%～60%,育苗地透光率 40%～50%。

3. 松土除草

4 月上中旬,芽苞开始向上生长时,及时撤除覆盖物,并疏松表土,搂平畦面。参苗出土后,5 月中下旬进行第一次松土除草,以提高地温,促进幼苗生长。第二次在6 月中下旬。以后每隔 20 d 进行 1 次。全年共进行 4～5 次松土除草。松土除草时切勿碰伤根部和芽苞,以防缺苗。育苗地因无一定的株行距,松土除草一般可在出苗前松松表土,待小苗长出后,见草就拔,做到畦面无杂草。

4. 灌排水

不同参龄和不同发育阶段的人参,对水分的要求和反应是不同的。一般四年生以下人参因根浅,多喜湿润土壤,而高龄人参对水分要求减少,水分过多时,易发生烂根。因此,人参出苗后,5—6月正是生长发育的重要时期,如果参畦表土干旱应及时喷灌或滴灌,水量以渗到根系土层为度。入夏雨水多时应及时排出积水。8月以后雨水渐少,气温逐渐下降,应及时撤掉二层帘,使雨水适当进入畦内,以调节土壤水分。

5. 追肥

人参追肥应以腐熟的有机肥为主,适当配合施用复合肥、生物肥及配方肥。播种或移栽当年一般不用追肥,第二年春季苗出土前,将覆盖畦面的秸秆去除,撒一层腐熟的农家肥,配施少量过磷酸钙,通过松土,与土拌匀,土壤干旱时随即浇水。在生长期可于6—8月用2%的过磷酸钙溶液或1%磷酸二氢钾溶液进行根外追肥。

6. 摘蕾

人参生长第三年以后,每年都能开花结籽,对不收种的地块,应及时摘除花蕾,使养分更多集中输送于根部,从而提高人参的产量和品质。

五、病虫害防治

人参常见病虫害有立枯病、疫病、锈腐病、黑斑病、菌核病及蛴螬、蝼蛄、金针虫、地老虎等,为害严重,应注意及时加以防治。

1. 立枯病

立枯病5月始发,6—7月严重为害幼苗,受害参苗在土表下干湿土交界的茎部呈褐色环状缢缩,幼苗折倒死亡。

综合防治措施:①播种前用50%多菌灵3 kg/亩处理参床土壤;②疏松土壤,避免土壤湿度过大,保持苗床通风良好;③发现病株及时拔除,并用5%的石灰水消毒病穴;④发病初期用50%多菌灵500倍液,或58%甲霜灵锰锌1 000倍液喷施或浇灌。

2. 疫病

疫病6月始发,在夏季连续降雨,湿度大时容易发病。为害全株。叶上病斑呈水渍状,暗绿色。病情发展很快,植株一旦染病,全株叶片凋萎下垂,似热水烫状。根部染病,呈黄褐色软腐,根皮易剥离,外皮常有白色菌丝,黏着土粒成团。

综合防治措施:①保持参畦良好的通风排水条件,降低田间湿度;②发病初期用1∶1∶120倍波多液,或乙磷铝400倍液,或72%杜邦克露可湿性粉剂600～700倍液,或70%代森锰锌可湿性粉剂500～700倍液喷施。7～10 d喷1次,连喷2～3次。

3. 锈腐病

锈腐病5月开始,6—7月为发病盛期。主要为害根部,病部呈黄褐色干腐状。土壤黏重,含水量大,通气不良时发病严重。

综合防治措施:①参地要充分耕翻、松土、上帘,防止土壤湿度过大;②移栽时减少伤口,并用药剂浸根消毒;③发病时可用50%多菌灵500倍液浇灌病区;④发病严重时,秋季挖起参株,用1:1:100倍波尔多液或65%可湿性代森锌100倍液浸根(勿浸芽苞)10 min,另栽于无病地。

4. 黑斑病

黑斑病5月下旬初至6月上旬始发,为害全株。

综合防治措施:①选无病种子用多抗霉素200 IU,浸泡24 h后取出阴干,或按种子重量的0.2%~0.5%拌种;②秋季清除病残株及枯枝落叶;③发病初期用多抗霉素100~200 IU喷施,进入雨季改用多菌灵500倍液,或代森锌800~1 000倍液交替喷施。

5. 菌核病

菌核病5—6月发生,温度低、湿度大、土壤通气不良时易发生蔓延。

综合防治措施:①适时中耕松土,雨后及时排水,防止土壤过湿;②发现病株,及时拔除处理,病穴用石灰粉或5%石灰水消毒;③发生初期用50%多菌灵500~600倍液,或50%甲基托布津可湿性粉剂800倍液,或30%恶霉灵1 000倍液,或30%甲霜恶霉灵2 000倍液,或3%广枯灵(恶霉灵＋甲霜灵)600~800倍液灌根,7~10 d灌1次,连续防治2~3次。

6. 蛴螬、蝼蛄、金针虫、地老虎等地下害虫

蛴螬、蝼蛄、金针虫、地老虎等地下害虫主要为害根部。

综合防治措施:以上四种地下害虫的防治措施基本相同。①施用的粪肥要充分腐熟,最好用高温堆肥;②灯光诱杀成虫,即在田间用黑光灯、马灯或电灯进行诱杀,灯下放置盛水的容器,内装适量的水,水中滴少许煤油即可;③用75%辛硫磷乳油拌种,为种子量的0.1%;④田间发生期用90%敌百虫1 000倍液,或75%辛硫磷乳油700倍液浇灌;⑤毒饵诱杀,用50%辛硫磷乳油50 g,拌炒香的麦麸5 kg加适量水配成毒饵,在傍晚于田间或畦面诱杀。

六、采收与加工

(一)采收

人参生长5~6年,即移栽3~4年后,于9—10月茎叶枯萎时即可采收。采收

时,先拆除参棚,从畦的一端开始,用二齿镐将参根逐行挖出,抖去泥土,去净茎叶,并按大小等分,装筐运回。做到边起、边选、边加工。

（二）加工

1. 生晒参

生晒参分下须生晒和全须生晒两种。下须生晒选体短,有病斑的参,除留主根和大的支根外,其余的全部下掉;全须生晒应选体形好而大,须全的参,不下须,为防止参根晒干后须根折断,可用线绳捆住须根。然后洗净泥土,病疤用竹刀刮净。晒干或烘干即可。折干率为50%。

2. 红参

选择体形好、浆足、完整无损的大参根放在清水中冲洗干净,刮去疤痕上的污物,掐去须根和不定根,沸水后蒸3～4 h,取出晒干或在60 ℃的烘房内烘干,干燥过程中要回潮,同时剪掉侧根的下段。剪下的侧根捆把晒干成为红参须,主根即成红参。

第六节 升 麻

一、概述

升麻为毛茛科植物大三叶升麻（*Cimicifuga heracleifolia* Kom.）、兴安升麻［*Cimicifuga dahurica*（Turcz.）Maxim.］或升麻（*Cimicifuga foetida* L.）的干燥根茎。味辛、微甘、微寒。归肺、脾、胃、大肠经。具有发表透疹,清热解毒,升举阳气等功效。用于风热头痛,齿痛,口疮,咽喉肿痛,麻疹不透,阳毒发斑;脱肛,子宫脱垂等症。阴虚阳浮,喘满气逆及麻疹已透之证忌服。服用过量可产生头晕、震颤、四肢拘挛等证。

二、形态特征

升麻为多年生草本,高1～2 m。根茎粗壮,坚实,表面黑色,有许多内陷的圆洞门面老茎残迹。茎直立,上部有分枝,被短柔毛。叶为二至三回三出羽状复叶;叶柄长达15 cm;茎下部叶的顶生小叶具长柄,菱形,长7～10 cm,宽4～7 cm,常3浅裂,边缘有锯齿,侧生小叶具短柄或无柄,斜卵形,比顶生小叶略小,边缘有锯齿,上面无毛,下面沿脉被疏白色柔毛。复总状花序具分枝3～20,长达45 cm,下部的分枝长达

15 cm;花序轴密被灰色或锈色腺毛及短柔毛;苞片钻形,比花梗短;花两性;萼片5,花瓣状,倒卵状圆形,白色或绿白色,长3～4 mm,早落;无花瓣;退化雄蕊宽椭圆形,长约3 mm,先端微凹或2浅裂;雄蕊多数,长4～7 mm;心皮2～5,密被灰色柔毛,无柄或柄极短。蓇葖果,长圆球形,长8～14 mm,宽2.5～5 mm,密被贴伏柔毛,果柄长2～3 mm,喙短。种子呈椭圆形,褐色,长2.5～3 mm,四周有膜质鳞翅。花期7—9月,果期8—10月。

三、生长习性

升麻喜温暖湿润气候。耐寒,当年幼苗在－25 ℃低温下能安全越冬。幼苗期怕强光直射,开花结果期需要充足光照,怕涝,忌土壤干旱,喜微酸性或中性的腐殖质土,在碱性或重黏土中栽培生长不良。

升麻种子寿命较短,种子采收后室内干燥贮存2个月,发芽率降到10%以下,贮存一年后基本不能发芽。

升麻主产于辽宁、吉林、黑龙江、河北、山西、陕西、四川、青海等省。

四、规范化栽培技术

(一)选地整地

选择海拔1 000 m左右,土层深厚,富含腐殖质的半阴半阳山坡地或排水良好的沙质壤土平地。选好地后,应除去田间杂物,深翻30～40 cm。施腐熟有机肥每亩2 000～3 000 kg,打碎土块,耙细整平,做成高20 cm,宽100～130 cm的高畦。移栽地也可做成60～70 cm宽的大垄。

(二)繁殖方法

升麻为种子繁殖。因升麻花期较长,种子成熟时间长短不等,果实成熟时果瓣自然开裂,种子随风飘落。因此,要随熟随采。一般当果实由绿开始变黄,果皮开始枯干,果瓣快开裂时将果穗剪下,晒干后果皮全部裂开,除去果皮及杂质,种子再晒干后即可秋季播种。若翌年春季播种,需将种子按1∶3的比例与细湿沙混合,放在室外低温沙藏。

播种:春、秋两季均可,春季在3月下旬至4月中旬。播种时先在畦面上按行距20～25 cm顺畦开沟,沟深4～5 cm,把种子均匀地条播在沟内,盖细土1.5～2 cm,稍镇压。土壤干旱时用喷壶喷1次透水,畦面盖一层稻草保湿。秋播在10月中旬至11月上旬,播种方法与春播相同。

春季播种,当气温15～20 ℃时,18～20 d就可出苗,出苗后除去畦面稻草,保持苗床土壤湿润。干旱时，早、晚用喷壶浇水。幼苗因怕强光，在畦面上部用简易苇帘遮阴。当幼苗生长 1 年后进行移栽，移栽时间在秋季地上部分枯萎后或春季返青之前。在整好的大田按行距 45 cm、株距 30 cm 开穴，穴深 15 cm，每穴栽苗 1 株，覆土以盖上顶芽 4~5 cm 为度，栽后浇 1 次透水。

（三）田间管理

1. 中耕除草

在苗期要经常中耕除草，中耕深度要浅，以防损伤根茎。以后各年，每年封垄前要中耕除草 1~2 次。并结合最后一次中耕，进行培土，以防雨季田间积水，导致烂根死苗。

2. 追肥

结合松土除草，每年封垄之前可追肥 1~2 次，每次每亩追施腐熟有机肥 2 000 kg，或氮、磷、钾复合肥 15~20 kg。

3. 灌水与排水

遇旱要及时浇水，保持土壤湿润，促进植株生长。雨季降雨多时，要注意及时排水防涝。

4. 剪花序

二年生升麻结果较少，种子质量差，在花蕾初期可剪去花序，以利根茎生长。以后各年，不留种的地块或植株，现蕾后也要及时剪去花序。

五、病虫害防治

目前发现的升麻病虫害较少，有灰斑病和蛴螬。

1. 灰斑病

灰斑病为害叶片，8—9 月发生。可在发病前喷波尔多液 1∶1∶120 倍液预防，或发病初期用 65％代森锌 500 倍液喷雾防治。每隔 7~10 d 1 次，连喷 2~3 次。

2. 蛴螬

蛴螬主要为害根茎，5—6 月偶有发生。发生初期可用 800 倍 40％乐果乳油浇灌根防治。

六、采收与加工

栽培的升麻生长 4 年可采收，采收季节主要在秋季。采收时应选择晴天，先割去地上部分枯枝茎叶，将根茎挖出，去掉泥土，洗净，晒至八成干时用火燎去须根，再晒至全干，撞去表皮及残存须根。可用麻袋包装，每件 20 kg 左右，贮于干燥通风处。

春季升麻幼嫩的茎叶,是北方很多地方的特色野菜,又名苦嫩芽。可择情适当采收。

<h1 style="text-align:center">第七节 五味子</h1>

一、概述

五味子,别名北五味子、辽五味子等,为木兰科多年生木质藤本植物五味子[*Schisandra chinensis* (Turcz.) Baill.]的干燥成熟果实。味酸、性温,有敛肺、滋肾、止汗、止泻、涩精等功效,临床常用于治疗咳喘痰少、自汗、盗汗、遗精、久泻、小便频数、心气不足、心神不安、失眠健忘、精神衰弱等症。五味子能调节中枢神经系统,提高智力和工作效率;能促进新陈代谢,增强免疫能力;还能调节胃液分泌,促进胆汁分泌;能降低血清转氨酶,对肝脏有一定的保护作用。五味子有多种食疗方法,如五味子鸡蛋、五味子酒、五味子冰糖饮、五味子蜜饮、核桃五味子蜜糊等;还有凉拌、制馅、做汤等吃法。主产于东北、河北、山西、陕西、宁夏、山东、湖北、内蒙古等省区。同属植物华中五味子[*S. sphenanthera* Rehd et Wils.]的干燥成熟果实为中药南五味子。主产于湖北、陕西、河南等地。

二、形态特征

五味子为落叶木质藤本,除幼叶背面被柔毛及芽鳞具缘毛外余无毛;幼枝红褐色,老枝灰褐色,常起皱纹,片状剥落。叶膜质,宽椭圆形、卵形、倒卵形、宽倒卵形或近圆形,先端急尖,基部楔形,上部边缘具疏浅锯齿,近基部全缘;侧脉每边 3～7 条;叶柄长 1～4 cm,两侧具极狭的翅。雄花:花梗长 5～25 mm,中部以下具狭卵形,长 4～8 mm 的苞片,花被片粉白色或粉红色,6～9 片,长圆形或椭圆状长圆形,长 6～11 mm,宽 2～5.5 mm;雄蕊长约 2 mm,花药长约 1.5 mm,无花丝或外 3 枚雄蕊具极短花丝,药隔凹入或稍凸出钝尖头;雄蕊仅 5(6) 枚,互相靠贴,直立排列于长约 0.5 mm 的柱状花托顶端,形成近倒卵圆形的雄蕊群;雌花:花梗长 17～38 mm,花被片和雄花相似;雌蕊群近卵圆形,长 2～4 mm,心皮 17～40,子房卵圆形或卵状椭圆体形,柱头鸡冠状。聚合果长 1.5～8.5 cm,聚合果柄长 1.5～6.5 cm;小浆果红色,近球形或倒卵圆形,直径 6～8 mm,果皮具不明显腺点;种子 1～2 粒,肾形,长 4～

5 mm,宽 2.5～3 mm,淡褐色,种皮光滑,种脐明显凹入呈"U"形。花期 5—7 月,果期 7—10 月。

华中五味子常被误认为本种作为中药五味子代用品。除花特征外,本种的叶通常中部以上最宽,叶背侧脉及中脉被柔毛;外果皮具不明显的腺点,种子较大等可以识别。

三、生物学特性

(一)生长习性

五味子喜凉爽湿润和较荫蔽环境,野生于林间,缠绕于其他林木之上,幼苗怕强光直射,耐寒、怕高温、怕旱、怕积水;成苗后要求充足的光照。抗寒性强,忌水涝,忌干旱,能自然越冬。土壤以疏松肥沃,排水良好,较湿润无积水,微酸性至酸性的腐殖质壤土或沙壤土为优。过黏、干燥、低洼易涝地不宜栽培。

(二)生长发育

五味子是多年生落叶木质藤本植物。处理后的种子春播当年出苗,种子萌发时先伸出胚根,逐渐发育成主根。随后,侧根开始发育,当年秋季,主根与侧根根粗相近,并在小苗根颈部开始形成根茎。一年生小苗的根系入土较浅,伸展幅度较窄,所以其地上部生长缓慢,当年只形成 10 片叶左右。二年生小苗生长较快,地上茎开始分枝,根茎渐渐伸长,其上疏生较短的须根。三年以后开始开花结实。五年以后进入盛果期。产区五味子一般每年 5 月上中旬开始放叶,放叶后随即现蕾开花,6 月上旬为盛花期,花后枝叶繁茂。新梢年生长量因枝条不同而异,短结果枝发出的新梢生长缓慢,一般年生长量在 15 cm 以下,着生 5～6 片叶;长结果枝发出的新梢年生长量在 50～100 cm;中结果枝发出的新梢年生长量介于上二者之间。9 月底果实成熟。随着气温降低。叶片开始枯黄脱落。全生育期为 100～120 d。

四、栽培关键技术

(一)选地、整地

育苗地选择疏松肥沃、灌排方便的腐殖质壤土或沙壤土,于前作收后及时耕翻 20～25 cm。翌春土壤解冻后每亩撒施腐熟农家肥 3 000～4 000 kg。浅翻一遍混肥埋肥,然后耙细整平,做成 1～1.3 m 宽的平畦。

定植地对土壤要求不严,但以土层深厚、排水良好的沙壤土向阳地块为佳,可选择沟旁、山坡及林边等通风透光好的地方栽植。栽植前不必进行普通翻地整地,可按行距 1 m、株距 0.3～0.5 m 挖深宽各 30 cm 的穴,表土与心土分开,然后将每穴表土拌腐熟农家肥 3～4 kg,堆于穴旁待定植用。

(二)播种与繁殖

五味子主要用种子繁殖,也可用扦插繁殖和压条繁殖,但成活率低,生产上较少应用。三种方法均采用育苗移栽方法。

1. 种子繁殖

(1)种子处理　秋播应于果实成熟后及时采摘,搓净果肉,洗出种子后立即播种。来不及秋播者应将种子拌 3 倍湿河沙,埋藏于较冷凉的地方,保持湿度,进行湿沙低温堆积处理,于翌春种子裂口后播种。春播干种子一般不出苗。若秋、冬季未能进行低温堆积处理,春季又想播种时,可于播前 1～2 个月将种子用 250 mg/L 的赤霉素或 1% 的硫酸铜溶液浸种 24 h,捞出后拌 3 倍湿沙进行较短时间的低温堆积处理,也可达到同样效果。

(2)播种育苗　于秋季或春季播种。秋播在果实成熟后及时采摘,搓净果肉,洗出种子立即播种。春播北方于 5—6 月进行,南方于 2—3 月进行。播前结合整地施肥,做宽 1.5 m 的高床,然后按行距 15 cm 开深 2～3 cm 的沟,将种子均匀撒入沟内,覆土搂平压实,畦面盖草进行保湿。若土壤墒情不好,应先浇水,水渗后再播种。每亩播种量 4～5 kg。

(3)苗期管理　春播一般于播后 30 d 左右出苗,出苗后去除盖草,同时搭 1 m 左右高的简易棚,上盖草帘或苇帘等遮阴,或用遮阳网以及带叶的树枝遮阴。苗高 5 cm 左右时去除遮阴物并及时进行间苗和松土除草,遇旱及时浇水。3～4 片真叶时按株距 5 cm 定苗,随后每亩追施硫酸铵和过磷酸钙各 10 kg,培育 1～2 年后即可定植。

2. 扦插繁殖

于早春幼芽未萌发前或 7—8 月高温多雨季节,剪取坚实健壮的枝条,截成长 5～10 cm,带 2～3 个芽的插穗,上切口平剪,下切口剪成 45° 斜面。用 150 mg/L 的 ABT1 号生根粉浸泡 6 h,捞出后于做好的畦内按行距 15 cm、株距 6～10 cm 斜插于苗床内,插入深度为插穗长度的 1/2～2/3。插后搭棚遮阴,棚内温度控制在 20～25 ℃,并经常浇水保持湿润,使相对湿度在 90% 以上,土壤含水率 20% 左右。插后 45 d 左右即可大部分生根,翌年春季即可定植。

3. 压条繁殖

早春枝条萌动前,将植株部分枝条埋入土中,经常浇水,保持土壤湿润,待枝条长出新根后,剪断枝条与母株分离,使其成为独立的植株,第二年春天即可移栽定植。

4. 定植

将通过上述三种方法育成的种苗,首先于秋季落叶后或早春萌动前先浇水,其次完整地将种苗挖出,按行株距 120 cm×50 cm 挖定植穴,穴深宽各约 30 cm。再次每穴栽植 1 株,接着填拌肥料的表土,最后填新土。要栽稳栽直。根系舒展,埋土踩实,周围做好树盘,最后浇水保湿。

(三)田间管理

1. 中耕除草

定植当年生长缓慢,应勤中耕除草;第二年以后每年松土除草 2～3 次。在春季幼苗出土后,当苗高 5 cm 以上时,进行第一次中耕除草,宜浅松土,除净草;7—8 月开花后,进行第二次中耕除草,松土比前次较深,但勿伤根;秋末冬初,进行第三次中耕除草,应除净杂草。

2. 追肥

第一年成活以后每亩追施腐熟人畜粪水 2 000～3 000 kg,或硫酸铵与过磷酸钙各 20 kg。第二年以后每年追肥 2 次。第一次于春季展叶前,第二次于 6—7 月,每亩追施腐熟人畜粪水 2 500～3 000 kg 或厩肥 2 000 kg 左右,或硫酸铵与过磷酸钙各15～20 kg。第二次追肥,适当增加磷、钾肥,促使果实成熟。

3. 灌水

五味子喜湿润环境,定植后要经常浇水,保持土壤湿润,追肥后和遇旱时也应及时浇水。冬季结冻前,灌 1 次封冻水,以利植株越冬。孕蕾、开花、结果期需大量水分,应及时灌水。

4. 搭支架

五味子是木质藤本攀缘植物。一般定植后的第二年开始搭设支架,材料用水泥柱或角钢做立柱,用木杆或竹竿或 8 号铁丝在立柱上部拉一横线,每个主蔓处立一竹竿或木杆,高 250～300 cm,直径 1.5～2 cm,用绳固定在横线上,按右旋方向引五味子茎蔓上架,用绳绑好,以后即可自然上架。或在株旁栽 1 株小灌木,利用灌木的茎秆作天然支架,茎蔓自然攀缘上树,又能起到遮阴的作用。

5. 修剪

修剪的目的在于调节植株体内营养,减少不必要的营养消耗。五味子的枝条分为基生枝、短果枝、中果枝和长果枝四种。修剪时,对基生枝,即每年春、夏季从五味子地下茎和根茎处抽生的大量枝条,可选留 3～4 个粗壮枝条供结果和作更新枝,其余全部剪掉。短果枝,着生在前一年的结果枝上,长度在 9 cm 以下,不开花或多开雄花,一般不结果,应全部剪掉。中、长果枝,分别着生于老蔓中部和顶部,长 9～45 cm,为主要结果枝,修剪时保持 8～10 cm 枝间距,多余的疏除。此外对病虫枝、瘦弱枝、过密枝和老枝应全部剪除。以利通风透光,增加结果数量。

6. 培土

入冬前,结合第三次中耕除草和追肥,于根基进行培土,保护植株安全越冬。

五、病虫害防治

五味子常见病虫害有根腐病、叶枯病、白粉病、黑斑病和卷叶虫等。

1. 根腐病

根腐病一般在5月下旬至8月上旬发病,开始叶片萎蔫,根部和地表面交接处变黑腐烂,根皮脱落,几天后植株死亡。

综合防治措施:①杜绝移栽带病的苗木;②发现死亡植株除掉深埋,病穴换新土,土壤进行消毒;③发病期用50%多菌灵可湿性粉剂500～1 000倍液,50%甲基托布津800倍液,或50%退菌特可湿性粉剂1 500倍液,或75%代森锰锌(全络合态)800倍液灌根,7～10 d 1次,连续用药2～3次。

2. 叶枯病

叶枯病一般在5—7月发生,开始时叶缘和叶尖枯黄,逐渐发展到整个叶面,严重时果穗脱落,造成减产甚至绝收。

综合防治措施:①保持园内通风透光,发现病叶及时摘除烧毁;②发病期用50%甲基托布津可湿性粉剂1 000倍液,或50%代森锰锌可湿性粉剂500～1 000倍液喷施。每隔7 d喷施1次,两种药交替使用。

3. 白粉病

白粉病在6—7月发病,主要为害叶片,果实受害少。发病初在叶面上出现褪绿色小点,扩大后呈不规则粉斑,上面生有白色絮状物。

综合防治措施:①喷施78%科博可湿性粉剂500倍液;②喷施粉锈宁或甲基托布津可湿性粉剂800～1 000倍液。

4. 黑斑病

黑斑病在5—8月均可发病,主要为害叶片。先从植株中下部叶片开始发病,逐渐向上扩展。发病初在叶片上生有黑色小斑,逐渐病斑扩展,融合成大斑,使叶组织枯死,整叶干枯或脱落。

综合防治措施:①喷施75%百菌清可湿性粉剂600倍液,或80%代森锰锌可湿性粉剂1 000倍液;②喷施78%科博可湿性粉剂500～600倍液。

5. 卷叶虫

卷叶虫幼虫为害,7—8月发生,造成卷叶,影响果实生长,甚至脱落。

综合防治措施:①在幼虫卷叶前,可用80%的敌百虫1 000～1 500倍液喷雾防治;②卷叶后喷施 40％的乐果乳油 1 000～1 500 倍液防治;③用 50％辛硫磷 1 500 倍液喷治。

六、采收加工

五味子直播 3 年后开始结果,以后每年都有收获。秋季 8—9 月,当果实变成红色和紫红色时剪收。应随熟随剪收,轻拿轻放,剪后将果穗放在筐内,以免挤压伤果。应避免过早或过晚采收。

采回后晒干或烘干。晒干时将果穗摆放在凉席上,晒至表面发皱定浆时再翻晒,经一个月左右,可晒至十成干,搓去果柄,簸去杂质,即为成品。烘干时,开始温度在 60 ℃,当五味子达半干时降至 40～50 ℃,到八成干时,移到室外日晒至全干。用手握能成团,有弹性,撒开能够恢复原状,即为晒好。

五味子以身干、粒大、果皮紫红色、肉厚、柔润、有光泽、无杂质者为佳。同时,干燥品含五味子醇甲($C_{24}H_{32}O_7$)不得少于 0.40％;水分不得超过 16.0％。

第八节　远　志

一、概述

远志,别名细叶远志、小草、细草、小草根等,为远志科植物远志(*Polygala tenuifolia* Willd.)或卵叶远志(*Polygala sibirica* L.)的干燥根。以根入药,性寒、味苦。有毒。有益智安神、祛痰开窍、清散臃肿等作用,主产于东北、山西、陕西、河南、河北、内蒙古、山东、安徽等地。

二、形态特征

远志为多年生草本,高 20～40 cm。根圆柱形,长达 40 cm,肥厚,淡黄白色,具少数侧根。茎直立或斜上,丛生,上部多分枝。叶互生,狭线形或线状披针形,长 1～4 cm,宽 1～3 mm,先端渐尖,基部渐窄,全缘,无柄或近无柄。总状花序长 2～14 cm,偏侧生于小枝顶端,细弱,通常稍弯曲;花淡蓝紫色,长 6 mm;花梗细弱,长 3～6 mm;苞片 3,极小,易脱落;萼片的外轮 3 片比较小,线状披针形,长约 2 mm,内轮 2 片呈花瓣状,呈稍弯些的长圆状倒卵形,长 5～6 mm,宽 2～3 mm;花瓣的 2 侧瓣倒卵形,长约 4 mm,中央花瓣较大,呈龙骨瓣状,背面顶端有撕裂成条的鸡冠状附属物;雄蕊 8,花丝连合成鞘状;子房倒卵形,扁平,花柱线形,弯垂,柱头二裂。蒴果扁平,卵圆形,边有狭翅,长宽均 4～5 mm,绿色,光滑无毛。种子卵形,微扁,长约 2 mm,棕黑色,密被白色细绒毛,上端有发达的种阜。花期 5—7 月,果期 7—9 月。

三、生物学特性

(一)生长习性

远志喜凉爽气候,怕高温,耐旱、耐寒,多野生于较干燥的田野、路旁和山坡等地。于土层深厚、向阳、肥沃、排水良好的腐殖质壤土或沙质壤土中生长良好,黏土及低洼地生长不良,忌连作。

(二)生长发育

远志一般于 3 月底开始返青,4 月中下旬展叶,5 月初现蕾,5 月中旬开花,花期较长,至 8 月中旬仍有开花,但后期开花的果实不能成熟,6 月中旬主枝上的果实成熟开裂,9 月底地上部停止生长,进入冬眠期。当年播种的远志秋季根长可达 25 cm 以上。

四、规范化栽培技术

(一)深翻整地、施足基肥

选向阳、土层深厚、地势高燥,排水良好的沙质壤土,每亩撒施腐熟厩肥 2 000～3 000 kg、草木灰 500 kg、磷酸氢二铵 15 kg,深翻 25 cm,耙细整平,做成宽 1～1.2 m 的平畦。

(二)适时播种

远志用种子繁殖,以露地直播为主,育苗移栽因定植费工,生产上较少采用。

露地直播者,春、秋季均可播种。春播于 4 月中下旬,选上年新收获的种子,用 0.3% 的磷酸二氢钾水溶液浸泡 24 h,捞出稍晾干,拌 5 倍细湿沙。然后在整好的畦内,按行距 20～25 cm,开深 1～1.5 cm 的浅沟,将拌沙的种子均匀撒入沟内,覆土搂平压实。畦内水分不足时要随后用喷壶喷水或先浇水后播种。最后畦面盖草或盖薄膜,保温保湿,15 d 左右即可出苗。秋播可于 8 月下旬播种,播后当年出苗;也可于 10 月中下旬播种,翌春出苗。播种方法与春播相同。秋播要选当年新产的种子。每亩用种 0.8～1.0 kg。

（三）加强田间管理

1. 间、定苗与补苗

齐苗后，对幼苗过密处适当间苗疏苗；苗高 4～5 cm 时按株距 6～7 cm 定苗，并对缺苗部位进行移栽补苗。

2. 松土除草

第一年，苗高 5～6 cm 时进行第一次松土除草，松土宜浅，除草宜勤，以防止土壤板结和杂草为害。以后视情况再进行 2 次左右的松土除草。第二年以后，每年于出苗后至封垄前进行 2 次的松土除草。生长中后期有大草及时拔除。

3. 追肥

在施足基肥的情况下，第一年一般不必追肥。从第二年开始，每年于春季发芽之前，每亩追施腐熟厩肥 1 000 kg、草木灰 500 kg、过磷酸钙 15～20 kg；或者于返青后每亩追施腐熟饼肥 20～25 kg 加过磷酸钙 15～20 kg。此外，每年的 6 月中下旬和 7 月上旬，每亩喷施 1% 硫酸钾溶液 50～60 kg，或 0.3% 的磷酸二氢钾溶液 80～100 kg，10～12 d 1 次，连喷 2～3 次。

4. 灌排水

出苗前后保持土壤湿润，幼苗期遇旱适时浇水；第二年以后，每年结合返青前追肥浇一次水；生长后期，不遇严重干旱，一般不宜常浇水。雨季应注意及时排水防涝。

5. 覆盖柴草

生长第一年在松土除草以后，或生长 2～3 年的春季追肥之后，在行间每亩覆盖麦秸、麦糠及树叶等 800～1 000 kg，中间不翻动，连续覆盖直至收获。具有明显的增产作用。

五、病虫害防治

远志常见病虫害有根腐病、叶枯病、蚜虫和豆芫菁等。

1. 根腐病

根腐病在多雨季节低洼地易发生，为害根部。

综合防治措施：①发现病株及时拔掉并烧毁，病穴用 10% 的石灰水消毒；②发病初期用 50% 的多菌灵可湿性粉剂 1 000 倍液，或 50% 退菌特可湿性粉剂 1 500 倍液，或 75% 代森锰锌（全络合态）800 倍液灌根进行灌根，7～10 d 喷 1 次，连续 2～3 次。

2. 叶枯病

叶枯病在高温季节易发生，为害叶片。

综合防治措施：用瑞霉素 800 倍液，或甲基硫菌灵（70% 甲基托布津可湿性粉剂）

1 000 倍液,或 3% 广枯灵(恶霉灵＋甲霜灵)600～800 倍液,或 75% 代森锰锌络合物 800 倍液叶面喷施,7～10 d 喷 1 次,连喷 2 次即可控制危害。

3. 蚜虫

蚜虫发生初期用 0.3% 苦参碱乳剂 800～1 000 倍液,或天然除虫菊素 2 000 倍液防治;发生期用 10% 吡虫啉可湿性粉剂 1 000 倍液,或 3% 啶虫脒乳油 1 500 倍液,或 4.5% 高效氯氰菊酯乳油 1 500 倍液,或 40% 乐果乳剂 1 500～2 000 倍液交替喷雾防治,7～10 d 1 次,连喷 2～3 次。

4. 豆芫菁

豆芫菁发生初期用 90% 晶体敌百虫 1 000 倍液,或多杀霉素(2.5% 菜喜悬浮剂)3 000 倍液,或虫酰肼(24% 米满)1 000～1 500 倍液喷雾防治。7 d 喷 1 次,连续防治 2～3 次。

六、采收加工

1. 收获

远志于栽种后 2～4 年收获,春、秋两季皆可,在秋季地上茎叶枯萎时或春季萌芽前采挖。将鲜根刨出,洗净泥土,除去茎叶和须根后运回。

2. 加工

将远志除去泥土与杂质后晾晒,晒软后放在木板上,选取较粗的根用机械或用木棒来回赶轧其根,使木质心与根皮分离,把木质心抽出,将皮晾干。抽出木质心、根皮呈片状的称为远志肉;不经赶轧、直接抽出木质心、根皮呈筒状的称为远志筒;过于细小、不抽木质心直接晒干的称为远志棍。三年生远志,每亩可收干远志筒 90 kg 左右,高产时可达 100 kg。折干率为 30% 左右。

远志商品以干燥、肉厚、整齐、无木质心者为佳。

第九节 知 母

一、概述

知母(*Anemarrhena asphodeloides* Bge.)为百合科多年生草本植物,以干燥根茎入药。又名羊胡子根、地参、蒜瓣子草等。味苦、性寒,具清热泻火,生津润燥等功效,是中药中清热泻火药的重要代表。主治烦躁口渴、肺热燥咳、消渴、午后潮热等症。临床常用药,不仅清肺火,又能清胃火,特别是清虚热、胃阴热等虚热症。民间有知母冰糖饮、知母蒸雪梨、知母炖鹌鹑等保健食疗方法。知母还是重要的草原植被和固沙植物,在西北干旱半干旱地区还具有重要的生态功能。主产河北、山西、内蒙古,东北三省、陕西、甘肃、宁夏、山东、江苏、安徽等省地也有分布和栽培。

二、形态特征

多年生草本,根状茎粗 0.5～1.5 cm,为残存的叶鞘所覆盖。叶长 15～60 cm,宽 1.5～11 mm,向先端渐尖而成近丝状,基部渐宽而成鞘状,具多条平行脉,没有明显的中脉。总状花序通常较长,可达 20～50 cm;苞片小,卵形或卵圆形,先端长渐尖;花粉红色、淡紫色至白色;花被片条形,长 5～10 mm,中央具 3 脉,宿存。蒴果狭椭圆形,长 8～13 mm,宽 5～6 mm,顶端有短喙。种子长 7～10 mm。花果期 6—9 月。

三、生物学特性

1. 生长习性

知母喜温暖气候,适应性很强,耐寒冷、耐干旱,喜阳光,忌涝。北方可在田间越冬,除幼苗期需适当浇水外,生长期间不宜过多浇水,特别在高温期间,如土壤水分过多,生长不良,且根状茎容易腐烂。对土壤要求不严,一般土壤均可栽培,但以土质疏松、肥沃、排水良好的腐殖质壤土和沙质壤土栽培为宜。在阴湿地、黏土及低洼地生长不良,且根茎易腐烂,因此低洼积水和过黏的土壤均不宜栽种。

2. 生长发育

知母以根及根茎在土壤中越冬,每年春季 3 月下旬至 4 月上旬,平均气温 8～10 ℃时开始发芽,7—8 月生长旺盛,9 月中旬以后地上部生长停止,10 月中旬前后茎叶枯萎进入休眠。生长二年开始抽花苔,一般于 5—6 月开花,二年生植株只抽 1 支花茎,三年生植株可抽多花茎,每支茎穗上的花数 150～180 朵,8 月中旬至 9 月中旬蒴果成熟。种子容易萌发,种子寿命为 1～2 年。故播种宜选用贮藏期在二年以内,尤其是新产的种子。种子发芽适温为 20～30 ℃。在平均气温 13 ℃全部发芽需 1 个月,18～20 ℃则需 2 周,在恒温箱(20 ℃)里 6 d 即可萌发。气温 15 ℃以上时即可播种。

四、规范化栽培技术

(一)选地、整地与施肥做畦

1. 选地

以选向阳、排水良好、疏松的腐殖质壤土和沙质壤土为宜。也可选用山坡、丘陵、地边、路旁等零散土地栽培。

2. 整地与施肥做畦

前作收获后,每亩施腐熟的厩肥 3 000 kg,加过磷酸钙 50 kg,草木灰适量;酸性土壤,可酌施石灰粉,均匀撒施,施后深耕 25 cm 左右,耙细整平后,做 1.3 m 宽的平畦。

(二)繁殖方法

知母多用种子繁殖,但分根繁殖也可采用。

1. 种子繁殖

(1)选种采种　选择三年生以上的、无病虫害的健康植株作采种母株。8 月中旬至 9 月中旬采集成熟的果实,将其脱粒,清选,晒干贮藏备用。

(2)种子催芽处理　播种前,将种子用 60 ℃温水浸泡 8～12 h,捞出晾干外皮,与 2 倍的湿细沙混拌均匀,在向阳温暖处挖土穴,穴的大小按种子量而定。将混沙种子堆于穴内,上盖 5～6 cm 细沙,再用农膜覆盖,周围用土压好,知母种子适合发芽的温度较高,平均气温在 13～15 ℃,25～30 d 开始萌动;若气温在 18～20 ℃,14～16 d 萌发,待多数种子的胚芽刚刚突破种皮时,即可取出播种。

(3)播种　种子繁殖分直播法和育苗移栽法两种。根据播种时间,播种可分春播和秋播。春播在 4 月初进行,秋播在封冻前进行,翌年 4 月出苗,出苗整齐,以秋播为好。直播时,应在整好的畦面上,按行距 25～30 cm,横向开 1.5～2 cm 深浅沟,然后,将催芽种子均匀撒入沟内,覆土 1.5 cm 左右,稍加镇压后浇水。出苗前畦内保持湿润,10～20 d 出苗,亩播种量 1.5～2 kg。育苗移栽的播种方法与直播法基本一致,但播种密度和播种量相对较大,行距为 10 cm,亩播种量 5～7 kg。

(4)移栽定植　移栽定植时间通常在育苗当年秋季或翌年春季。移栽前,将挖出的知母苗,剪除干枯的叶片,保留好根头和越冬芽。按行距 25～30 cm,开 5～6 cm 深的沟,按照株距 15 cm 栽入沟内,覆土压紧,浇透水即可。如天气干旱,应先浇水,待水渗土壤干湿适中时栽植。

2. 分根繁殖

秋季植株枯萎时或次春解冻后返青前,刨出两年生根状茎,选生长健壮、粗长、分枝少者。将根茎切成 6～8 cm 长小段作种栽,每段带有 2 个芽,尽量不损伤须根,切后稍晾即可栽植。先在整好的畦面上,按行距 30 cm,开 6 cm 深的沟,随后将切好的种茎按株距 10 cm 平放在沟内,覆盖 5 cm 厚的细肥土,压紧,栽后浇 1 次定根水。当土壤干湿适宜时浅松土一次,以利保墒。每亩用种栽 100～200 kg。为节约繁殖材料,也可结合秋季收获的同时,将刨出的根茎的芽头切下来当繁殖材料,进行分株繁殖,其余根茎再加工入药。

(三)田间管理

1. 定苗

直播田,苗高 5～6 cm 时,按株距 8～10 cm 定苗。

2. 除草与培土

待苗高 7～8 cm 时,进行一次中耕除草,中耕宜浅,以搂松表土,除尽杂草即可。每年中耕除草 2～3 次,生长期间应保持地内疏松无杂草。因知母根茎多横向生长在表土层,故雨季过后和秋末要培土。

3. 追肥

知母喜肥,科学追肥是增产的关键。直播田第一年定苗后,栽植田出苗后,每亩追施人畜粪水 1 500～2 000 kg,或追施尿素 7.5 kg、磷酸氢二铵 10～15 kg。以后各年,每年春季苗高 15 cm 左右时,每亩追施厩肥 1 500～2 000 kg 和磷、钾化肥各 20 kg 左右,或追施尿素 10～15 kg,氮、磷、钾三元复合肥 20～30 kg,行间开沟条施,施后覆土盖肥。每年 7—8 月生育旺期,每隔 10～15 d 叶面喷施 1 次 0.3％的磷酸二氢钾溶液 100 kg 左右,连喷 2 次。此外,每年秋末结合培土,每亩可施入粪肥 1 500～2 000 kg。

4. 灌排水

播种后,要经常保持畦面湿润,苗期若气候干旱,应适当浇水。越冬前视天气和墒情,适时浇好越冬水,以防冬季干旱。春季发芽以后,若土壤干旱,也应适量浇水,以促进根部和地上部分生长。雨季注意排水防涝。

5. 覆盖柴草

1～3 年生的知母幼苗,在春季中耕除草和追肥后,每亩顺沟覆盖 800～1 200 kg 麦糠、麦秸、稻草之类的杂草。每年 1 次,连续覆盖 2～3 年,中间不需翻动,可增加土壤有机质、改良土壤、保持水分、抑制杂草滋生。

6. 剪花苔

知母播种后翌年或分株繁殖当年夏季开始抽花薹,除留种者外,在开花之前将其全部剪掉,可显著提高产量。

五、病虫害防治

(一)病害

知母常见病害有根腐病、立枯病、锈病、菌核病等。

1. 根腐病

根腐病主要为害根部。因土壤潮湿积水,高温高湿所致。可参照党参根腐病综合防治措施防治。

2. 立枯病

立枯病主要发生在出苗展叶期。受害苗在地表下干湿土交界处的茎部呈现褐色环状缢缩,幼苗折倒死亡。可参照人参立枯病综合防治措施防治。

3. 锈病

锈病主要为害根部和芽苞。可参照党参锈病综合防治措施防治。

4. 菌核病

菌核病可参照人参菌核病综合防治措施防治。

(二)虫害

知母常见虫害有蛴螬、蝼蛄等。

1. 蛴螬

蛴螬幼虫咬断苗或嚼食根茎,造成缺苗或根部空洞。

综合防治措施:①施用充分腐熟的农家肥;②灯光诱杀成虫;③毒饵诱杀,将90%敌百虫或40%甲基异柳磷拌入麦麸(麦麸炒香但不要炒煳),药、麸、水比例为1∶100∶1,混合之后均匀撒于发生虫害的畦面;④用75%敌百虫1 000倍液,或50%马拉松乳剂800~1 000倍液浇灌根部。

2. 蝼蛄

蝼蛄为害根部。参照或结合蛴螬综合防治措施防治。

六、采收与加工

1. 采收

知母用种子繁殖的需生长3年收获,用根茎分根繁殖的需生长2年收获。秋、春季收获皆可。秋季宜在10月下旬或11月上旬生长停止后采收,春季宜在土壤解冻之后、越冬芽萌动之前进行。刨出根状茎,抖掉泥土,去掉芦头,运回加工。

2. 加工

知母有两种商品规格,西南和中南地区习用的带皮知母即"毛知母";东北、西北、华北、华东地区习用的去皮知母即"知母肉",又称"光知母"。将根状茎洗净泥土,晒干或烘干,干后去掉须根,即为"毛知母"。其以根条粗,肥大,质坚硬,断面黄白色者为佳。将刨出的根状茎趁鲜剥去外皮,再晒干或烘干,为"光知母",或叫"知母肉"。其以肥大,坚实,黄白色,嚼之发黏者为佳。

知母按干燥品计算,含芒果苷($C_{19}H_{18}O_{11}$)不得少于 0.70%,含知母皂苷 BⅡ($C_{45}H_{76}O_{19}$)不得少于 3.0%。含水量不得超过 12.0%。

第五章

菌类中药材规范化栽培技术

第一节 灵 芝

一、概述

灵芝为多孔菌科灵芝属一年或多年生真菌灵芝[*Ganoderma lucidum*（Leyss. ex Fr.）Karst.]或紫芝[*Ganoderma japonicum*（Fr.）Lloyd]的干燥子实体及孢子。别名灵芝草、菌灵芝、赤芝等。有滋补强壮、消炎祛痰、止咳平喘、健脑健胃、解毒保肝、消皱除斑、降压、镇静及抗癌等功效。为扶正固本、增强体质、延缓衰老的保健名贵中药材之一，古代称为"仙草"。也是国家卫生健康委员会等2023年11月9日发布新增加的9种按照传统既是食品又是中药材——药食兼用药材品种之一。野生分布以南方各省为多，现全国各地均有栽培。

二、形态特征

灵芝的大小及形态变化很大，大型个体的菌盖可达20 cm×10 cm，厚约2 cm，一般个体为4 cm×3 cm，厚0.5～1 cm，下面有无数小孔，管口呈白色或淡褐色、圆形，内壁为子实层，孢子产生于担子顶端。菌柄多侧生，长于菌盖直径，紫褐色至黑色，有漆样光泽，坚硬。孢子卵圆形，壁两层，外壁透明、平滑，内壁褐色或淡褐色，表面有小疣，中央具一油滴。

三、生长习性

野生灵芝喜生长于具有散射光的阔叶林中，尤以稀疏林地上的阔叶树桩、腐朽立木上较多。灵芝属高温型腐生真菌,菌丝体在 24～30 ℃生长迅速,子实体在 24～28 ℃分化发育较快。孢子发芽及菌丝生长不需要光照,子实体分化和发育需要散射光,有向光性,具好气性,在通气良好的条件下有利于菌盖分化生长和抑制菌柄伸长。对空气湿度要求较高,子实体生长发育要求空气相对湿度在 85％～90％。灵芝喜偏酸性,培养基 pH 以 4～6 为宜。

四、规范化栽培技术

灵芝栽培主要是通过无性繁殖方法,首先分离和培养优良母种,其次通过扩大繁殖生产出原种和栽培种,最后用栽培种接种于瓶(或袋)内的培养料或段木上,经过培养即可获得子实体——商品灵芝。灵芝栽培方式有瓶栽、袋栽、段木栽及露地栽培等多种,其中瓶栽与袋栽取材方便,简便易行,应用较为普遍。重点掌握以下技术环节:

(一)母种的分离与培养

1. 母种培养基的配制

母种培养基多用马铃薯—琼脂(PDA)培养基,其配制方法是:取马铃薯 200 g 去皮洗净切成小块,加水 1 000 mL,煮熟过滤取其汁液,加入琼脂 20 g,煮沸溶解后,再加入蔗糖 20 g,硫酸镁 1.5 g,磷酸二氢钾 3 g,维生素 B_1 10 mg(1～2 片),再补加水至 1 000 mL,煮沸溶解后,调节 pH 4～6,分装到试管或三角瓶内。然后以 1.1 kg/cm² 高压灭菌 30 min,稍冷却后试管摆成斜面,凝固后即成斜面培养基,三角瓶平放即成平板培养基。

2. 母种的分离与培养

选取采自野生或人工栽培,正在生长发育的新鲜灵芝子实体的一部分,用 75％的酒精进行表面消毒后,在无菌条件下把它切成 3～5 mm 的小块,取 5 块左右置于平板培养基上,或取 1 块放在试管斜面培养基上。在 25～28 ℃条件下培养 3～4 d,当组织周围长出白色菌丝,立即将纯白无杂的菌丝移至新的斜面培养基上继续培养 5 d 左右,即得灵芝母种。每支母种再转接新斜面 20 支,继续培养所得的菌种即为原种。

(二)栽培种培养

1. 培养料组成及其配制

各地因材而异,可选用以下任意一种配方:

(1)杂木屑 78％,麦麸或米糠 20％,蔗糖 1％,石膏粉 1％,培养料含水量 55％～60％;

(2)棉籽皮 90％,麦麸或米糠 9％,石膏粉 1％,培养料含水量 65％;

（3）玉米轴渣（玉米粒大小）和杂木屑约各半，石膏粉 1％，培养料含水量 60％；

（4）甘蔗渣 40％，杂木屑 59％，石膏粉 1％，培养料含水量 60％；

（5）杂木屑 75％，麦麸 25％，硫酸铵 0.2％，培养料含水量 55％～58％。

其中杂木屑通常采用阔叶硬木（栎、椴、柞、槐等）为好，后劲足；杨、柳等木屑较松散，不易压紧，后劲差。松、杉、柏、樟的木屑及霉变的硬木屑不宜用。没有木屑可用棉籽皮或玉米轴等代之。

配制培养料时，将木屑、玉米轴渣、麦麸等拌匀，加水至手紧握培养料指缝有水而不滴下为度。然后将料装入广口瓶或聚丙烯塑料袋内，用手压实，塞棉塞、扎口，以 1.2 kg/cm² 高压灭菌 1 h 或常压间歇灭菌 4 h，等料冷却到常温，移入无菌箱或无菌室接种。

2. 接种与培养

在无菌条件下，将培养好的斜面原种用接种针挑取黄豆粒大带培养基的一块菌丝，放入已灭菌的广口瓶或塑料袋中的培养料中央，将菌种稍往下压，使其与培养料紧密接触，置 26 ℃下培养一周，待白色菌丝几乎充满全瓶或全袋时即可作栽培种用。

（三）瓶（或袋）栽灵芝生产

1. 培养料的配制

培养料配方、配制、培养温度等与栽培种相同。除上述培养料配方外，生产中还总结了一些原料来源广、成本低、菌丝生长快、出菇率高的培养料配方，如下所示：

（1）杂木屑 75％、麦麸 25％、硫酸铵 0.2％、拌料含水量 70％；

（2）杂木屑 75％、麦麸 25％、拌料含水量 60％；

（3）杂木屑 50％、麦麸 50％、尿素 0.1％、拌料含水量 60％；

（4）棉籽皮 79％、麦麸 20％、蔗糖 1％、拌料含水量 60％～65％；

（5）玉米轴渣 50％、杂木屑 30％、麦麸 20％、拌料含水量 60％～65％；

（6）杨树叶 75％、米糠（或麦麸）25％、拌料含水量 60％；

（7）稻草粉 45％、杂木屑 30％、麦麸（或米糠）25％、拌料含水量 60％～65％。

2. 装料和灭菌

将培养料拌好后，焖放半小时后装料。常规塑料袋可装干料 0.25～0.3 kg。装袋时用手压实，料面要平，然后用锥形木棒从料面中央扎一直径 2.5 cm 的通气孔，袋口塞好棉塞，包一层牛皮纸。如装瓶，可用容积为 500～1 000 mL、口径为 3.3～4.6 cm 的广口瓶或蘑菇瓶，装料法基本同袋装法。

装料后把料袋（或瓶）分层排在锅内，在 1.5 kg/cm² 的压力下灭菌 1～2 h，或常压灭菌 8～10 h。要求当天装料，当天灭菌，当天接种。

3. 接种和培养

接种最好在接种箱进行,若无接种箱,在酒精灯火焰上方或开水蒸气上方也可。接种室内和接种工具也应严格消毒,工作人员戴上口罩,肥皂洗手三次。用接种耙或镊子从瓶内取出一块枣子大小的菌种,迅速放入已灭菌的栽培料瓶(袋)内,然后将瓶口(或袋口)塞好棉塞并包扎牛皮纸,移到灭过菌的培养室进行培养。保持室温 24～28 ℃,接种后 25 d 左右菌丝便长满瓶(袋)。在发菌阶段应加强管理,防止杂菌污染,有杂菌污染者应及时淘汰。当瓶(袋)内长满菌丝后,培养料表面逐渐出现白色指头大的菌蕾,即子实体原基。当其生长接近于棉塞时即可拔掉棉塞,室温控制在 26～28 ℃,相对湿度提高到 80％～90％,给予散射光,每天通风换气,过 20 d 左右菌柄就可长出瓶(袋)口,柄端分化出菌盖。当菌盖边缘的浅白色或浅黄色消失时,菌盖边缘就停止生长变硬,颜色由艳丽转为暗粉棕色时即可采收。

五、病虫害防治

生产过程中要注意防止杂菌感染,主要杂菌有青霉菌、毛霉菌和根霉菌等。防治方法:接种过程要严格无菌操作;培养料消毒要彻底;适当通风,降低湿度;轻度感染的用消毒刀片将局部杂菌和周围树皮刮除,再涂抹浓石灰乳,或用蘸 75％酒精的脱脂棉填入孔穴中;污染严重的应及时淘汰。

六、采收加工

1. 子实体的采收加工

瓶栽灵芝从接种到收子实体,一般需 45～60 d。当菌盖不再出现白色边缘,原白色也变赤褐色,菌盖下面的管孔开始向外喷射担孢子时即可采收。采收时,由菌柄下端拧下整个子实体,摊晾干燥,或低温烘干,温度不要超过 55 ℃,并要通风,防闷热发霉。充分干燥后,放入塑料袋中封藏。也可在采收时,用刀齐瓶口割下,使割口处产生新的菌柄和菌盖,第二次分化灵芝。

段木栽培的,接种一次可连收 2～3 年,1 m³ 段木第一年可收干灵芝 15～25 kg。袋栽可收 2～3 茬,生产周期 5～6 个月,1 kg 培养料可产灵芝 50～70 g。

2. 孢子粉的采收加工

在培养架子实体下,放干净塑料布或光滑干净的纸张,用板刷收集。或用套袋法将开始产生孢子的子实体包起来,会收到较多的孢子粉。一般收一个月即可,平均每株可收 2～5 g。孢子粉经过晾晒,干燥后装入塑料袋保存。

第二节　黑木耳

一、概述

黑木耳[*Auricularia auricula*（L. ex Hook.）Underw]又名黑菜、木耳、云耳等、属木耳科木耳属，为我国珍贵的药食兼用胶质真菌，也是世界上公认的保健食品。我国是黑木耳的故乡，已有悠久的食用与栽培历史。黑木耳含有丰富的蛋白质、碳水化合物、维生素和矿物质元素。其蛋白质中含有多种氨基酸，尤以赖氨酸和亮氨酸的含量最为丰富。它的胶体有巨大的吸附能力，不仅能起到清胃和消化纤维的作用，还有补血、镇静的功效，有较高的药用价值和保健作用。发展前景广阔。

东北地区，尤其黑龙江省是优质黑木耳栽培的重要基地，由于木段栽培黑木耳受木材材料的限制，所以，目前黑木耳袋栽已成为栽培的主要方法。

二、形态特征

黑木耳指木耳属的食用菌，是子实体胶质，呈圆盘形，耳形呈不规则形，直径 3～12 cm。新鲜时软，干后成角质。它的别名很多，因生长于腐木之上，其形似人的耳朵，故名木耳；又似蛾蝶玉立，又名木蛾；因它的味道犹如鸡肉鲜美，故又名树鸡；重瓣的木耳在树上互相镶嵌，宛如片片浮云，又有云耳之称。人们经常食用的木耳，主要有两种：一种是腹面平滑、色黑、而背面多毛呈灰色或灰褐色的，称毛木耳、粗木耳（通称野木耳）；另一种是两面光滑、黑褐色、半透明的，称为黑木耳、细木耳、光木耳。毛木耳面积较大，但质地粗韧，不易嚼碎，味不佳，价格低廉。黑木耳质软味鲜，滑而带爽，营养丰富，是优质的野生木耳类型，也是人工大量栽培的类型。

三、生长习性

木耳生长于栎、杨、榕、槐等120多种阔叶树的腐木上，单生或群生。真菌学分类属担子菌纲，木耳目，木耳科。国内有 9 个种，黑龙江拥有 8 个种。野生黑木耳主要分布在大小兴安岭林区、秦巴山脉、伏牛山脉、辽宁桓仁等。湖北房县、随州、四川青川，云南文山、红河、保山、德宏、丽江、大理、西双版纳、曲靖等地州市和河南省卢氏县是中国木耳的主要生产区。承德、丰宁等地，也有野生黑木耳的生产。

黑木耳中口感最好的光木耳主产区位于东北的大小兴安岭和长白山上一带。其中又以黑龙江的林都、牡丹江部分地区、辽宁桓仁县以及河南伏牛山区卢氏县等为最大产地和黑木耳种植基地。牡丹江东宁市绥阳黑木耳批发大市场是目前国内最大、品种最齐全的东北黑木耳批发大市场,河南卢氏县为最大野生黑木耳产地。

除此以外,云贵两广的云岭和横断山区也是重要的黑木耳产区,还有秦岭、巴山、伏牛山、神农架、大别山、武夷山等地也出产优质的黑木耳。

黑木耳是著名的山珍,可食、可药、可补,是中国老百姓餐桌上的常见美味,有"素中之荤"之美誉,世界上被称之为"中餐中的黑色瑰宝"。而黑木耳的培植方法,在世界农艺、园艺、菌艺史上,都堪称一绝。

四、规范化栽培技术

(一)菌种制备

1. 培养料配置

培养料的配方:阔叶树木屑 55%,玉米芯 25%,麸皮 11%,玉米粉 5%,黄豆粉 2.5%,生石灰粉 0.5%,石膏粉 1%。

按上述配方比例加水混合制作培养料,拌料时应先干拌、后湿拌,一定要充分拌均匀。培养料含水量应以手握培养料成团,手指缝能微微渗出水,而不滴下水为宜。培养料的 pH 在 7.5~8.0。

2. 装袋

培养料制作后,堆放 35~45 min,使配料充分吸水,即可装袋。培养袋使用 17 cm×45 cm 的聚乙烯塑料袋,装袋要松紧适中,装料均匀不留空隙。

3. 灭菌

配料装袋后必须及时进行灭菌。生产上常用的灭菌方式是高压灭菌锅。灭菌温度 100 ℃,持续灭菌 8~10 h,灭菌后放置无菌环境中冷却,待接种。

4. 接种

接种可在无菌室或无菌箱内操作。使用前先用甲醛及高锰酸钾熏蒸,12~24 h 后再工作为好。然后用紫外线灯杀菌 30 min 才可接种。接种可采用酒精灯火焰接菌、蒸汽接菌、干热风接菌器、负离子净化接菌器、超净工作台接菌等,每种方法都要严格按照无菌操作程序操作。每瓶二级菌种,可接菌 40~50 袋。接种前勿忘严格检查菌种质量。接种工具可用接菌勺或自制的接菌枪。

5. 菌丝体培养

培养室内要清洁干燥、通风透光,培养室要在养菌前 5 d 用消毒液进行彻底喷雾

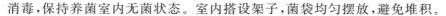

消毒,保持养菌室内无菌状态。室内搭设架子,菌袋均匀摆放,避免堆积。

培养室内的温度控制是动态的,养菌初期温度控制在 26～28 ℃,等菌丝长满菌袋表面时,养菌室内温度控制在 23～25 ℃,最低不能低于 20 ℃,也不能高于 29 ℃。

培养室相对湿度控制在 60%～70%,发菌期间要做好通风换气工作。发菌期间要避光培养(可用黑布帘子进行遮光)。待菌袋长满菌丝,可调节光线,透光诱发子实体发育,为出耳做准备。

(二)栽培

1. 栽培场地

黑木耳的栽培场地应选择地势平坦、通风向阳、水源清洁、干燥近水源的地方。做垄,长和宽依据地块定。

2. 出耳管理

(1)菌袋割口。菌袋四周均匀割"V"字形口,割口呈三角形,要均匀分布。

(2)摆放。将发好菌丝的菌袋按照袋距和行距 20 cm×20 cm 摆放,摆放后搭设遮阳棚。

(3)湿度调节。菌袋湿度是出耳的关键环节,做好菌袋保湿是时时刻刻需要做的事,防止菌袋割口干燥,尤其是干旱天气,日照强的天气,空气相对湿度不足,必须进行水分调节,用细的喷壶进行喷水,水要求干净,无杂质。木耳生长旺盛期,保持空气相对湿度在 75%～80%。耳芽阶段不能向耳芽直接喷水,可每天向地面、空间喷雾以提高空气相对湿度,使耳场空气相对湿度保持在 70%～80%,保持耳片湿润不积水,耳片较大时,可向耳片直接喷水,根据具体情况调节水分。中午高温时不能喷水,温度高于 25 ℃时也不能喷水。黑木耳生长过程中要保持干干湿湿,干湿交替的生长环境,利于黑木耳子实体快速生长。

(4)出耳场地清理。耳场周围及过道 1 周消毒 1 次,可用多菌灵溶液喷雾消毒,保持耳场清洁以减少杂菌污染。检查耳场,发现杂菌污染的菌袋,及时清理,并集中处理,防止交叉感染,并用 5% 的高锰酸钾对污染的菌袋进行消毒处理。黑木耳生长需要适量的杂草,所以,可根据具体情况,处理保留适量的杂草。

(三)采收

当耳片充分展开,耳基开始收缩,边缘变薄,及时进行采收,如不及时采收,会引起烂耳,造成菌袋污染杂菌。采收前 1～2 d 停止浇水,并加强通风,保持耳片见干见湿的状态,便于采收。采收时尽量摘净并去除残余的耳基。采完停水 6 d 后再重复上述栽培管理,培养第二潮木耳。

（四）菌袋二次利用

第二潮木耳采收后，菌袋要统一进行处理。如把菌袋除掉，施肥大田里，是非常好的肥料。也可回收进行二次利用，如进行蘑菇栽培等。

第三节　羊肚菌

一、概述

羊肚菌是羊肚菌科羊肚菌属真菌，菌盖近球形、卵形至椭圆形，高可达 10 cm，顶端钝圆，表面有似羊肚状的凹坑，故而称羊肚菌。

羊肚菌在全世界都有分布，其中在法国、德国、美国、印度、中国分布较广，羊肚菌在中国的分布极为广泛，全国南北东西共 28 个省、自治区、市有分布。羊肚菌多生长在阔叶林或针阔叶混交林的腐殖质层上。主要生长于富含腐殖质的沙壤土中或褐土、棕壤等。羊肚菌在火烧后的林地上比较容易大发生。

羊肚菌是食药兼用菌，其香味独特，营养丰富，富含多种人体需要的氨基酸和有机锗，一直被欧美等国家作为人体营养的高级补品。

二、形态特征

羊肚菌又称羊肚蘑、羊肝菜、编笠菌。真菌学分类属盘菌目羊肚菌科羊肚菌属。羊肚菌由羊肚状的可孕头状体菌盖和一个不孕的菌柄组成。菌盖表面有似羊肚状的凹坑。凹坑不定形至近圆形，蛋壳色至淡黄褐色，棱纹色较浅。菌盖表面还有网状棱的子实层，边缘与菌柄相连。菌柄圆筒状、中空，表面平滑或有凹槽。孢子长椭圆形，无色，侧丝顶端膨大，体轻，质酥脆。

三、生物学特性

羊肚菌生长对温度、湿度、光照、土壤、空气都有较为严格的要求。

1. 温度、湿度

羊肚菌属低温高湿型真菌，3—5 月雨后多发生，8—9 月也偶有发生。生长期长，除需较低气温外，还要有较大温差，以刺激菌丝体分化。菌丝生长温度为 21～24 ℃，子实体形成与发育温度为 4.4～16 ℃，空气相对湿度为 65％～85％。为此，栽培时间应在 11—12 月。

2. 光照

微弱的散射光有利子实体的生长发育。忌强烈的直射光。

3. 土壤

土壤 pH 宜为 6.5～7.5,中性或微碱性有利于羊肚菌生长。羊肚菌常生长在石灰岩或白垩土壤中。在腐殖土、黑或黄色壤土、沙质混合土中均能生长。

4. 空气

在暗处及过厚的落叶层中,羊肚菌很少发生。足够的氧气对羊肚菌的生长发育是必不可少的。

羊肚菌菌丝体在多种真菌培养基上都能生长。菌丝生长期间,4 月及 5 月上旬平均温度分别为 10～11 ℃ 及 13～14 ℃,而子实体发生盛期即 4 月中旬至 5 月中旬,平均温度 12 ℃。子实体生长时,森林内空气相对湿度约 80%,土壤含水量一般为 40%～50%。羊肚菌生长的适宜 pH 略高于一般真菌。土壤的酸碱度(pH)7～7.9。

四、规范化栽培技术

(一)栽培方式

人工栽培羊肚菌,一般采取菌土接种和子实体接种两种方式。

菌土接种:在 4 月下旬至 5 月上旬冰冻羊肚菌旬,在羊肚菌生长良好的地块上挖取 10 cm 见方、厚约 7 cm 的土块,移植到与取土相似地方的穴中,然后用 30 cm 见方的塑料薄膜覆盖。进入梅雨季节去掉覆盖物。

子实体接种:取子实体切成 4 片,埋入理想的地段。移植时子囊盘向下,四周培土,留一小部分露出地面。上盖少许叶,然后用 30 cm 见方的塑料薄膜覆盖。子实体接种以秋季易成活。

(二)栽培料配方选择

常用配方有如下几种,可因地制宜地选择。

(1)木屑 75%、麸皮 20%、磷肥 1%、石膏 1%、腐殖土 3%;

(2)棉籽壳 75%、麸皮 20%、石膏 1%、石灰 1%、腐殖土 3%;

(3)玉米芯 40%(粉碎)、木屑 20%、豆壳 15%、麸皮 20%、磷肥 1%、石膏 1%、糖 1%、草木灰 2%;

(4)农作物秸秆粉 74.5%、麸皮 20%、磷肥 1%、石膏 1%、石灰 0.5%、腐殖土 3%。

培养料的料水比为 1:1.3,含水量宜为 60%,益富源菌菇生态宝 1%。

(三)栽培技术

1. 熟料脱袋栽培

益富源菌菇生态宝：料：水＝1：100：130拌好料后堆积发酵20 d。采用17 cm×33 cm聚丙烯或聚乙烯塑料袋装料，每袋装料500～600 g,在100 ℃条件下灭菌8 h,即可接入菌种。采用两头接种法,封好袋口,置于22～25 ℃温度下培养30 d,菌丝可长满袋。菌丝满袋后5～6 d,即可栽培。

2. 室内脱袋栽培

菇房消毒后即可栽培。先用稀释30～50倍的益富源EM菌液在每层床面上喷洒消毒,然后再铺塑料薄膜,其上覆盖3 cm厚的腐殖土,拍平后将脱去塑料袋的菌棒逐个排列在床上,每平方米床面可排17 cm×33 cm的塑料菌袋40个。排完菌棒后轻喷水1次,覆土3～5 cm,表面盖2 cm厚的阔叶树落叶,保持土壤湿润,1个月后可长出子实体。

3. 室外脱袋栽培

选择光照为三分阳七分阴的林地做畦。畦宽1 m,深15～20 cm。整好畦后喷300～500倍的益富源植物营养液水液一次,用10％石灰水杀灭畦内害虫和杂菌。脱袋排菌棒和出菇管理方法与室内栽培相同,只是底层可不铺塑料薄膜。注意畦内温度变化,防止阳光直射。

4. 室外生料栽培

在室外选择三分阳七分阴或半阴半阳、土质疏松潮湿、排水良好的场地,挖深20～25 cm的坑。坑底用300～500倍的益富源菌菇生态宝营养液浇湿,将配好的栽培料加水拌匀,在底层铺一层料,压平后厚度为4～5 cm,每平方米用菌种(12 cm×28 cm)2袋,掰成核桃大小菌块,均匀撒在料上,用薄层细腐殖土覆盖。再在其上铺第二层料,厚度仍为4～5 cm,压平后再以同法播种。播完后用疏松腐殖土覆盖,厚度为3～5 cm,上盖一层阔叶树叶。盖完后洒水,在树叶上再盖一些树枝,防止树叶被吹跑。

(四)栽后管理

羊肚菌喜湿,生长环境必须保持湿度。在室外栽培,若冬、春季雨水较多,温度合适,则菌丝体、子实体生长良好。如早春遇干旱,必须适时浇水。早春在几周之内有4～16 ℃的温度,能刺激羊肚菌子实体的形成;否则都会影响子实体的发育。所以,早春保持适宜的温湿度是羊肚菌栽培成功的关键。

五、病虫害防治

菌丝与子实体生长都会发生病虫害,以预防为主,保持场地环境的清洁卫生。播种前进行场地杀菌杀虫处理,后期如发生病虫害,可在子实体长出前喷洒益富源菌菇生态宝液或10％石灰水予以杀灭。

六、采摘、加工及保藏

子实体出土后7～10 d成熟,颜色由深灰色变成浅灰色或褐黄色,菌盖表面蜂窝状凹陷充分伸展时即可采收。采收后应清理泥土,及时晒干或烘干,装于塑料袋中密封保藏。干燥加工时勿弄破菌帽。可利用烤房烘干或晒干。按质量分等级后盛装在塑料袋内,置于阴凉、干燥、通风处保存。

第四节 猪 苓

一、概述

猪苓别名野猪苓、猪屎苓、鸡屎苓等。为多孔菌科、多孔菌属的药用真菌猪苓[*Polyporus umbellatus* (Pers.) Fries]的干燥菌核。性平、味甘。具有利水渗湿、祛痰解毒、降低血糖和抗癌等作用。自古以来猪苓都靠采挖野生供药用,由于自然资源少,药用量增大,故供求矛盾日趋突出,家种栽培已势在必行,开发利用前景广阔。猪苓主产于山西、陕西、河北、河南、安徽、湖南、湖北、四川、云南、甘肃、内蒙古及东北等地。

二、形态特征

猪苓菌核体呈块状或不规则形状,表面为棕黑色或黑褐色,有许多凸凹不平的瘤状突起及皱纹。内面近白色或淡黄色,干燥后变硬,整个菌核体由多数白色菌丝交织而成;菌丝中空,直径约3 mm,极细而短。子实体生于菌核上,伞形或伞状半圆形,常多数合生,半木质化,直径5～15 cm或更大,表面深褐色,有细小鳞片,中部凹陷,有细纹,呈放射状,孔口微细,近圆形;担孢子广卵圆形至卵圆形。

三、生物学特性

1. 生长习性

野生猪苓多分布在海拔 1 000 m 左右的山坡次生林中。东南及西南坡向分布较多。主要生长于柞、桦、榆、杨、柳、枫、女贞子等阔叶树，或针阔混交林、灌木林及竹林等林下树根周围。林中腐殖质土层、黄土层或沙壤土层中均有生长，但以疏松、肥沃、排水良好、微酸性的山地黄壤、沙质黄棕壤和森林腐殖质壤土、坡度 35°～55°，土壤较干燥，早晚都能照射太阳的地方为宜。

猪苓对温度的要求比较严格。地温 9.5 ℃时菌核开始萌发，14～20 ℃时新苓萌发最多，增长最快。22～25 ℃时，形成子实体，进入短期夏眠。温度降至 8 ℃以下时，则进入冬眠。猪苓对水分需求较少，适宜土壤含水量为 30%～50%。

2. 生长发育

猪苓可以用菌核无性繁殖。猪苓菌核从直观上可分为黑褐色、灰黄色和洁白色，习惯上称为黑苓、灰苓和白苓。一般认为黑苓是三年以上的老苓，灰苓是二年生的，白苓是当年的新生苓。用黑苓与灰苓作种，与蜜环菌伴栽，在适宜的温、湿度条件下，从菌核的某一点突破黑皮，发出白色菌丝，每个萌发点可生长发育成包着一层白色皮的新生白苓。在适宜的环境下，白苓正常生长，秋、冬季白皮色渐深，翌年春季变灰黄色，秋季皮色更深，逐次由灰色变褐色，再经过一个冬天完全变成黑色。野生猪苓绝大多数生长在带有蜜环菌的树根和腐殖质土层中，依靠蜜环菌来吸取自己生活中所需要的养分；而蜜环菌则依靠鲜木、半朽木、腐殖质土层中的养分来供自己生存。猪苓离开蜜环菌不能正常生长发育。天然蜜环菌生长旺盛的地方，野生猪苓生长也较多。

猪苓也可用担孢子有性繁殖。猪苓的担孢子从成熟的子实体上弹射后，在适宜的条件下萌发成单核菌丝。单核菌丝配对后变成双核菌丝，继而形成菌核，再从菌核上产生有性繁殖器官——子实体，子实体上又形成新一代的担孢子。在人工培养基上，猪苓菌丝能产生白色粉末状的分生孢子。

四、规范化栽培技术

猪苓栽培，以采用固定菌床栽培与活动菌材伴栽两种方法较好，接菌率高，春栽当年即可生长新苓。重点抓好如下技术环节：

(一)苓场选择

苓场应选在气候凉爽、排水良好，含水量在 25%～55%，且以沙壤或砾壤的山林坡地为好,坡度 30°～55°,不宜太平缓或太陡。苓场的土质要肥沃,含腐殖质多,而且以早、晚的太阳可以照射到的南坡,pH 在土壤 5～6.8 为好。

(二)菌枝、菌材与菌床的培养

1. 菌枝培养

选直径 1～2 cm 的阔叶树枝条,或砍菌材时砍下的枝条用来培育菌枝。一年四季都可培养,但以 3—8 月为好。北方地区应在 4 月中旬至 6 月初进行。先将树枝削去细枝、树叶,斜砍成 7～10 cm 小段。然后将树枝浸泡在 0.25% 硝酸铵溶液中 10 min,以便有利密环菌生长。挖 30 cm 深、60 cm 见方的坑,先在坑底平铺 1 薄层树叶,然后摆放 2 层树枝,覆盖 1 薄层腐殖土(以盖严树枝为准)。采挖野生密环菌索,或选无杂菌污染已培养好的菌枝或菌材用做菌种,摆在树枝上,覆土后在菌种上再摆 2 层树枝,用同法培养 6～7 层,最后覆土 6～10 cm,并覆 1 层树叶保湿。培养 40 d 左右即可完成接菌。

2. 培养菌材及菌床

一般阔叶树都可用来培养蜜环菌,但以木质坚实的壳斗科植物为好,如槲栎、板栗、栓皮栎等树种。选择直径 5～10 cm 的树枝,锯成 40～60 cm 长的木棒,在木棒上每隔 3～5 cm 砍一鱼鳞口,砍透树皮到木质部。

(1)培养菌材 挖坑深 50～60 cm,大小以培养菌材数量而定,一般以 100～200 根木棒为宜。底铺 1 层树叶,平摆 1 层木棒,两根木棒间加入菌枝 2～3 根,用土填好空隙。用此法摆放 4～5 层,顶上覆厚 10 cm 土。

(2)培养菌床 一般在 6—8 月培养菌床,挖深 30 cm、长宽各 60 cm 的坑,坑底先铺 1 薄层树叶,摆新鲜木材 3～5 根,棒间放菌枝 2～3 段,盖 1 薄层沙土,如培养上层,然后盖土 10 cm。

(三)选种

栽培猪苓用菌核作种,以灰褐色、压有弹性,断面菌丝色白嫩的鲜苓作苓种。白苓栽后腐烂,不能作种,黑苓生殖能力差也不宜作种。

(四)栽培时间与方法

1. 栽培时间

以秋季 8 月下旬至 10 月下旬或翌年初春解冻后 4—5 月栽培为宜。

2. 栽培方法

(1)菌材伴栽 挖长宽各 50 cm、深 40 cm 的穴,穴底铺 1 层树叶,放入 3 根已培养好的菌材,材间间隔 2～3 cm,将苓种放在菌材的鱼鳞口上和菌材的两端或蜜环菌旺盛的地方,使苓种和蜜环菌紧密结合,以利相互建立共生关系,一般一根菌材压放

5～8块苓种。苓种放好后,用树叶填满菌材间空隙,依法摆放上层,再盖1层树叶,上面覆土10 cm,穴顶呈龟背形,以利排水。

(2)固定菌材栽培 栽培时挖开已培养好的菌床,取出上层菌棒,下层菌材不动,在材间接入菌核后,用树叶填满材间空隙,依法摆放上层,再盖1层树叶,上面覆土10 cm,顶部呈龟背形,以利排水。

取出的上层菌棒也可采用菌材伴栽法栽入就近已挖好的另一栽培窖内,即1窖菌材可培育2窖猪苓。

(五)田间管理

栽培猪苓从播种以后保持其野生生长状态,不需要特殊管理,自然雨水和温度条件及树根上寄生的蜜环菌能不断供给营养,猪苓便可旺盛生长并获得较高产量。但每年春季应在栽培穴上面加盖一层树叶,以减少水分蒸发,保持土壤墒情,促进猪苓生长,提高猪苓产量。及时除去窖顶周围杂草,防止鼠害及其他动物践踏,并由专人看管苓场。在猪苓菌核的生长过程中,不可以挖坑检查猪苓生长情况。三年以后长出子实体,除了一部分留作菌种外,其他子实体均应摘除。

五、病虫害防治

1. 病害

主要是为害菌材的各种杂菌。

综合防治措施:选半阴半阳的场地及排水通气良好的沙壤土地块;选用优质蜜环菌菌种,培育优良菌材;生长过程中严防穴内积水;菌材间隙用填充料填实;菌材一经杂菌感染一律予以剔除烧毁。

2. 虫害

主要是地下害虫和黑翅大白蚁。

综合防治措施:可用敌百虫毒饵或灭蚁灵毒饵诱杀。

六、采收加工

(一)采收

1. 栽培猪苓的采收

下种后3～4年就可以开始采挖。一般在春季4—5月或秋季9—10月采挖。挖出全部菌材和菌核,选灰褐色、核体松软的菌核,留作种苓。色黑变硬的老菌核,除去泥沙,晒干入药。猪苓的产量,栽培2年采挖的,平均每窖可产干猪苓2 kg;栽培3～4年采挖,产量可增加5倍左右。猪苓的折干率为50%左右。

2. 野生猪苓的采收

夏、秋季雨后进山，一旦见到地上有猪苓花，即可由此挖下去，一定会有猪苓。猪苓喜生于枫、桦、柞树的根际，在这些地方若地面隆起，踩之松软，地面小草发黄，甚至出现枯干，而周围却茂盛，则发黄小草的地下一定有猪苓。若枫树、桦树等生长不好，有的树木甚至枯焦变黄，说明树的附近可能有猪苓；早晨露水未干时，树林中地面比较干的地方，或者在小雨、阵雨后寻找地面较干的地方，可能有猪苓；有时地面龟裂，会露出猪苓；在挖到第一窝猪苓后，注意其主根所走的方向，在主根的附近再挖就会找到新的猪苓窝，这些新苓窝可能呈三角形、直线形或梯形。菌核在上层土壤中生长的数量常多于下层，挖出上层后，继续向下挖去，可能还有猪苓。

（二）加工

将挖出的猪苓除去沙土和蜜环菌索，但不能用水洗，然后置日光下或通风阴凉干燥处干燥，或送入烘干室进行干燥，注意温度应控制在 50 ℃ 以下，干燥温度不宜过高。

猪苓以表皮黑色、苓块大、较实，而且无砂石和杂质者为佳。同时，按干燥品计算，含麦角甾醇（$C_{28}H_{44}O$）不得少于 0.070%；水分不得超过 14.0%。

第六章

药用观赏中药材规范化栽培技术

第一节　鸡冠花

一、概述

鸡冠花（*Celosia cristata* L.）为苋科青葙属一年生草本花卉。别名鸡冠、鸡冠头、红鸡冠、鸡公花等。鸡冠花花色艳丽、花形奇特似鸡冠,可布置花坛和花境,也可盆栽及作切花材料。花和种子均可入药,作收敛剂。花具凉血、止血、止泻、止带等功效。主治功能性子宫出血,白带过多,痢疾等,是一味妇科良药。种子称青葙子,有消炎、收敛、明目、降压、强壮等作用,可治便血、痢疾、眼疾等。

鸡冠花营养全面,风味独特,具有重要的食用价值。据报道,每百克鲜鸡冠花花序中,含蛋白质 2.7 g、脂肪 0.4 g、碳水化合物 3.2 g、膳食纤维 6.3 g。同时还含有钾、钠、钙、镁、铁、磷、锌、β-胡萝卜素、维生素 B_1 和维生素 B_2、维生素 C 和维生素 E 等丰富的矿物质和维生素。鸡冠花的嫩茎、叶和种子中蛋白质的含量也很高,占鲜重的 2.29%～5.14%。另含一定量的脂肪、矿物质、维生素、膳食纤维等,对人体具有良好的滋补强身作用。多种多样的鸡冠花美食,如红油鸡冠花、鸡冠花蒸肉、鸡冠花肉片、鸡冠花豆糕、鸡冠花籽糍粑等,各具特色,鲜美可口,令人回味。

二、形态特征

鸡冠花,一年生直立草本,高 30～80 cm。全株无毛,粗壮。分枝少,近上部扁平,绿色或带红色,有棱纹凸起。单叶互生,具柄;叶片长 5～13 cm,宽 2～6 cm,先端渐尖或长尖,基部渐窄成柄,全缘。中部以下多花;苞片、小苞片和花被片干膜质,宿存;胞果卵形,长约 3 mm,熟时盖裂,包于宿存花被内。种子肾形,黑色,有光泽,千粒重 0.85 g 左右。

三、生长习性

鸡冠花喜阳光充足、干燥和炎热的气候条件,不耐寒。喜疏松、肥沃、排水良好的沙质土壤,不耐瘠薄。忌积水,较耐旱,怕霜冻,一旦霜期来临,植株即枯死。鸡冠花适宜生长温度为 20～30 ℃。短日照条件下,花芽分化快,火焰型花序分枝多,长日照条件下,鸡冠状花序形体大。

四、规范化栽培技术

(一)选择适宜品种

鸡冠花栽培品种常见的有如下几种,可因地制宜地选择。

1. 普通鸡冠

普通鸡冠株高 40～60 cm,很少有分枝,花扁平鸡冠状,花色有紫红、绯红、粉、淡黄、乳白,单色或复色。此外,还有高型品种株高 80～120 cm,矮型品种株高 15～30 cm,花多紫红或殷红色。

2. 子母鸡冠

子母鸡冠株高 30～50 cm,多分枝而紧密向上生长,株姿呈广圆锥形。花序呈倒圆锥形叠皱密集,在主花序基部生出若干小花序,侧枝顶部也能着花,多为鲜橘红色,有时略带黄色。叶绿色,略带暗红色晕。

3. 圆绒鸡冠

圆绒鸡冠株高 40～60 cm,具分枝,不开展,肉质花序卵圆形,表面流苏状或绒羽状,花色紫红或玫红色,具光泽。

4. 凤尾鸡冠

凤尾鸡冠又名芦花鸡冠或扫帚鸡冠,株高 60～150 cm,全株多分枝而开展,各枝端着生疏松的火焰状花序,表面似芦花状细穗,花色丰富,有银白、乳黄、橙红、玫红至暗紫,单色或复色。

5. 圆绒鸡冠

圆绒鸡冠株高 40～60 cm,有分枝,不开展。花序卵圆形,表面绒羽状,紫红或玫瑰红色,具光泽。

（二）选地整地、施肥做畦

鸡冠花适应能力强，栽培管理容易。根系发达，耐贫瘠。采用种子繁殖。选择光照充足，土壤肥沃、平整、较疏松，水源方便，排水良好的沙质土壤。翻地前每亩施腐熟有机肥 2 000～3 000 kg，深翻 30～40 cm，耙细整平，清除异物，做成宽 1～1.2 m 的平畦。

（三）适时播种定植

鸡冠花用种子繁殖，多采用育苗移栽方式。露地播种一般在 4 月下旬至 5 月上旬进行。播种时，将种子均匀地撒于畦面，略盖严种子，踏实浇透水，一般气温在 15～20 ℃时，10～15 d 可出苗。因鸡冠花种子细小，播种时应在种子中掺入一些细沙进行撒播，覆土宜薄不宜厚，厚度为种子粒径的 2～3 倍。播种后可用细孔喷壶稍许喷水，并用树叶、碎草等适当覆盖遮阴，保持苗床土壤湿润。出苗前不宜再浇水。出苗后适时去除覆盖物，拔除杂草，幼苗过密处适当疏苗。

当幼苗长出 4～5 枚真叶时即可移栽定植。定植行株距普通品种为 25 cm×20 cm，中高型品种为 30 cm×25 cm。移栽后及时浇水，保持土壤湿润。

（四）加强田间管理

1. 中耕除草

幼苗期及时除草、松土，保持草净，土壤疏松。

2. 施肥浇水

不太干旱时，尽量少浇水。开花抽穗时，如果天气干旱，要适当浇水；雨季低洼处严防积水。苗高 20 cm 左右时，要轻追肥一次，适量施入氮磷钾复合肥；当鸡冠形成时，可追施少量磷肥，以促进花序长大。肥料及水分太多会使植株徒长，还容易生出分枝，影响产量。封垄后适当打去老叶。

3. 摘除侧枝

抽穗后及时摘除侧枝，养分集中供应顶部主穗生长，主穗长成大型鸡冠。植株高大，花序硕大者应设支柱，以防倒伏。如果欣赏主枝花序，则要摘除全部腋芽；如欣赏丛株，则保留腋芽，不宜摘心。

4. 留种采种

鸡冠花是异花授粉，品种间容易杂交。所以，留种的品种开花期应进行隔离。采种时，应采收花序下部的种子，宜保持品种的特色。

鸡冠花也可盆栽观赏。3 月份在温室播种，播种方法和露地播种相同，2～3 枚真叶时进行分苗，移栽在 10 cm×10 cm 的营养土块或营养钵中，栽植深浅要适宜。在生长前期要控水、控肥，防止徒长，促使早日长出花序。出现花序后，定植在

17 cm×12 cm 的花盆中,换盆时要施入复合肥。这样经前期控长、多次移植、后期加肥等措施后,可使植株矮化,且花序肥大厚实,适于盆栽观赏。

五、病虫害防治

褐斑病是鸡冠花常见病害。在我国很普遍。主要为害叶片。发病后,叶片上形成很多褐色斑块,使叶片枯黄,降低观赏性,严重时使鸡冠花丧失使用价值。高温潮湿会加重褐斑病的发生与蔓延。

综合防治措施:①合理轮作换茬,间隔 2～3 年及以上种植;②播种前用 50％多菌灵 500 倍液浸种 4 h 进行种子消毒;③每平方米用 50％多菌灵可湿性粉剂 4 g 土壤消毒;④生长期间经常松土,防止土壤板结,雨季及时排出积水;⑤及时摘除病叶集中深埋或烧毁;⑥发病初期喷 1∶1∶100 波尔多液,或 50％克菌丹可湿性粉剂 500 倍液,或 25％粉锈宁可湿粉剂 2 000 倍液,或 65％代森锌 500 倍液,或 75％代森锰锌(全络合态)800 倍液,15～20 d 喷 1 次,连续喷 2～3 次。

六、采收加工

1. 采收

一般在白露前后,花序充分长大,并有部分种子逐渐发黑成熟时,剪下花序,放通风处晾晒脱粒,花与种子分开收藏入药。一般亩产种子 150 kg,花 500 kg 左右。

2. 加工

采后的花序在日光下晾晒,要昼晒晚收,勿使夜露打湿,以免变质降低药效;干后将种子脱出、扬净,装袋贮存,防潮、防霉变生虫;花以朵大、干燥、色泽鲜艳、无茎梗者为佳。热浸法测定,用水做溶剂,浸出物不得少于 17.0％,水分不得过 13.0％。

第二节 牡 丹

一、概述

牡丹(*Paeonia suffruticosa* Andr.),别名牡丹花、木芍药、牡丹皮、丹皮等,为毛茛科芍药属多年生落叶小灌木。以干燥的根皮供药用,药材名称牡丹皮。牡丹皮味苦、辛,性微寒。有清热凉血、散瘀通经等功效。现代药理研究发现还有抗菌、抗病毒、抗炎、降血糖等作用。牡丹皮不仅是临床上常用的大宗药材,也是许多中成药生产的重要原料,国内外市场需求量大。牡丹花大艳丽,典雅大方,极具观赏价值,是园林、庭院、街道的重要观赏植物。主产于安徽、河南、河北、山东、陕西、甘肃、四川、湖北等省也多有栽培。

二、形态特征

牡丹是落叶灌木。茎高达 2 m;分枝短而粗。叶通常为二回三出复叶,偶尔近枝顶的叶为 3 小叶;顶生小叶宽卵形,长 7~8 cm,宽 5.5~7 cm,小叶柄长 1.2~3 cm;侧生小叶狭卵形或长圆状卵形,长 4.5~6.5 cm,宽 2.5~4 cm,近无柄;叶柄长 5~11 cm,和叶轴均无毛。花单生枝顶,直径 10~17 cm;花梗长 4~6 cm;苞片 5,长椭圆形,大小不等;萼片 5,绿色,宽卵形,大小不等;花瓣 5,或为重瓣,玫瑰色、红紫色、粉红色至白色,倒卵形,长 5~8 cm,宽 4.2~6 cm,顶端呈不规则的波状;雄蕊长 1~1.7 cm,花丝紫红色、粉红色,上部白色,长约 1.3 cm,花药长圆形,长 4 mm;花盘革质,杯状,紫红色,顶端有数个锐齿或裂片,完全包住心皮;心皮 5,稀更多,密生柔毛。蓇葖长圆形,密生黄褐色硬毛。花期 5 月,果期 6 月。

三、生物学特性

(一)生长习性

牡丹喜温暖半湿润气候,较耐旱,怕高温,忌涝湿,不耐严寒。故北方栽培冬季地上部需用谷草等包扎。喜土层深厚、疏松肥沃、排水通气良好、中性或微酸性的沙壤土,过沙、过黏、盐碱、低洼易涝、光照不足以及连作地块均不宜栽培。

(二)生长发育

牡丹的种子为上胚轴休眠类型,种子收获后胚尚未完全成熟,故需先经 30~40 d 18~22 ℃的温度处理,再经 30 d 10~12 ℃的温度和 15~20 d 0~5 ℃的低温处理,即可打破上胚轴休眠。打破上胚轴休眠后,其种子就可在 10~20 ℃的温度下正常出苗。牡丹种子较大,千粒重 170 g 左右,其寿命为 1 年。充足的阳光对牡丹生长较为有利,但不耐夏季烈日暴晒,温度在 25 ℃以上则会使植株呈休眠状态。开花适温为 17~20 ℃,但花前必须经过 1~10 ℃的低温处理 2~3 个月才能开花。牡丹最低能耐−30 ℃的低温,所以北方寒冷地带冬季需采取适当的防寒措施,以免受到冻害。

四、规范化栽培技术

（一）选地、整地与施肥

选择前茬为豆类、芝麻、麦类，地势高燥向阳，土质疏松肥沃、排水良好的沙壤土或腐殖质壤土。于前作收获后每亩撒施腐熟厩肥或堆肥 4 000～5 000 kg 和饼肥 100～200 kg，深翻 30 cm 以上，做成宽 1.3～1.5 m 的高畦或 40～50 cm 宽的小高畦，畦间留 30～40 cm 的排水沟。

（二）播种育苗与栽植

牡丹繁殖方法较多，分株、嫁接、扦插、压条、播种等均可，但药用牡丹栽培以种子育苗繁殖为主，个别也有分株繁殖。

1. 种子繁殖

(1)种子采收与播种　8月下旬前后，选 4～5 年生无病虫害的植株，当果表面呈蟹黄色时摘下，放室内阴凉潮湿地上后熟，至果荚开裂时取出种子立即秋播；或将种子拌 3～5 倍湿沙层积沙藏，至翌年早春取出播种。若用干种子播种，播前需用 50 ℃温水或 0.01％赤霉素溶液浸种 24～30 h，使种皮变软脱脂、吸水膨胀后播种。播种时，于做好的畦内按行距 20～25 cm，开深 4～5 cm 的沟，然后按粒距 3～5 cm 将种子均匀播入沟内，覆土与畦面平，稍加镇压，盖草保湿。或按行穴距 30 cm×20 cm 穴播，每穴分散播种 8～10 粒。条播、穴播每亩播种量 30 kg 左右；撒播每亩播种量 50 kg 左右。

(2)育苗期管理　秋播的于来春出苗，出苗后撒去盖草，并施一次草木灰以提高地温。苗齐后结合中耕除草追施一次稀人畜粪水或腐熟的饼肥，并经常松土除草，注意做好雨季排水和夏季的灌溉工作。培育 2 年后至秋季或早春移栽定植。

(3)移栽定植　于晚秋或早春，挖出种苗，将大苗、小苗分开，分别移栽，以免混栽植株生长不齐。于整好的畦面上按行距 50 cm，株距 40 cm 挖穴定植，穴深视小苗根系情况而定，一般在 10 cm 左右，穴内施足基肥，每穴栽入壮苗 1 株或弱苗 2 株。根系自然伸展，盖土压实，随后浇水、盖草保湿。每亩可栽 3 500 穴左右。

2. 分株繁殖

8—9月收获时，选 3 年生健壮植株，将全株挖起，大根切下加工，生长健壮的中小根按自然形状将其劈成数块，每块留芽 2～3 个，晾至伤口愈合后，按行株距(50～60)cm×(40～50)cm 挖穴定植于大田，每穴栽入 1 株，覆土压实，浇水、盖草保湿。

（三）田间管理

1. 中耕除草

秋栽或春栽的均于春季萌芽。萌芽出土后，去除盖草并及时中耕除草，每年中耕3～4次，结合中耕要适当进行培土。尤其是雨后初晴要及时中耕松土，保持表土不板结。中耕时，切忌伤及根部。

2. 施肥

牡丹喜肥，每年开春化冻、开花以后和入冬前各施肥1次，每亩施腐熟有机肥3 000～4 000 kg，也可施腐熟的饼肥150～200 kg，春肥要适当加施磷、钾肥。肥料可施在植株行间的浅沟中，施后盖土，及时浇水。

3. 灌水与排水

牡丹育苗期和生长期遇干旱，应适时灌水，注意灌水量不宜过大。牡丹怕涝，雨季要做好排水防涝工作。

4. 摘蕾与修剪

为了促进牡丹根部的生长，提高产量，对1～2年生和不留种的植株花蕾全部摘除，以减少养分的消耗。采摘花蕾应选在晴天露水干后进行，以防伤口感染病害。对于花和种子另有经济用途的，应避免摘蕾。秋末对生长细弱单茎的植株，从基部将茎剪去，翌年春即可发出3～5枚粗壮新枝，这样也能使牡丹枝壮根粗、提高产量。

五、病虫害防治

（一）病害

牡丹常见病害有叶斑病、灰霉病、锈病、白绢病、根腐病和根结线虫病等。

1. 叶斑病

叶斑病又叫红斑病，多发生在多雨季节，遇高湿、通风不良、光照不足时蔓延迅速。主要危害叶片，茎部及叶柄也会受害。严重时导致整株叶片萎缩枯凋。

综合防治措施：①增施有机肥与复合肥；②合理安排牡丹栽植密度，控制土壤湿度；③早春牡丹发芽前用50%多菌灵600倍液喷洒，杀灭植株及地表病菌；④发病初期，喷洒50%多菌灵1 000倍液，或65%代森锌500～600倍液，7～10 d 1次，连续喷3～4次。

2. 灰霉病

潮湿气候和持续低温下容易发生，春季和花谢后是发病高峰。该病的主要特点是天气潮湿时病部可见灰色霉层。

综合防治措施：①适时中耕除草，降低田间湿度和提高地温；②晚秋及时清除越冬枯枝落叶,消灭越冬病源;③发病初期,喷施 70％灰霉速克 900 g/hm²,50％速克灵可湿性粉剂(腐霉利)1 500 g/hm²,50％灭霉灵(福·异菌脲)1 500～2 000 倍液,或 60％多菌灵盐酸盐(防霉宝)600 倍液,80％络合态代森锰锌 800 倍液,50％凯泽(啶酰菌胺)水分散颗粒剂 1 500 倍液,或 70％甲基托布津 1 000 倍液,或 65％代森锌 300 倍液喷雾,10～15 d 喷 1 次,连续喷 2～3 次。

3. 锈病

多因栽植地低洼积水引起,6—8 月发病严重。

综合防治措施:①选择地势高燥,排水良好的地块栽植;②增施磷钾肥,促进植株健壮,提高抗病力;③发病初期喷洒 500 倍的 15％粉锈宁液,或 97％敌锈钠 400 倍液防治,7～10 d 1 次,连续 2～3 次。

4. 白绢病

土壤、肥料是本病的传染源,尤其以甘薯、大豆为前茬时,容易染病;开花前后,高温多雨时节发病严重。初期无明显症状,后期白色菌丝从根颈部穿出土表,并迅速密布于根颈四周,形成褐色粟粒状菌核。最后导致植株顶梢凋萎、下垂、枯死。

综合防治措施:①与禾本科植物合理轮作;②选择地势高燥、排水良好的地块;③合理密植,降低田间湿度;④秋季清洁田园,集中处理残株落叶,减少翌年侵染菌源;⑤发病初期喷 1:1:100 波尔多液,或 50％退菌特 1 000 倍液,或 70％甲基硫菌灵 1 000 倍液,或 75％代森锰锌络合物 800 倍液,或 30％醚菌酯 1 500 倍液等喷雾防治,7～10 d 喷 1 次,连续喷 3～4 次。

5. 根腐病

根腐病多发生于雨季,系雨水过多、田间积水时间过长造成,感病后根皮发黑,水渍状,继而扩散至全根而死亡。

综合防治措施:可结合白绢病一并防治。

6. 根结线虫病

根结线虫病主要为害牡丹根部,被感染后根上出现大小不等的瘤状物,黄白色,质地坚硬,引起叶变黄,严重时造成叶片早落。

综合防治措施:①选用无线虫地栽植;②选择肥沃的土壤,避免在沙性过重的地块种植;③每亩用 5％克线磷 10 kg 沟施后翻入土中进行土壤消毒;④发生期用 1.8％阿维菌素 3 000 倍液灌根。

（二）虫害

常见虫害有蛴螬、蝼蛄、小地老虎、钻心虫等。蛴螬、蝼蛄、小地老虎可参照前述其他中药材三种虫害综合防治措施防治;钻心虫可参照苦参钻心虫综合防治措施防治。

六、采收加工

1. 采收

牡丹栽培3～4年后即可采收。9月下旬至10月上旬选择晴天,先把牡丹四周的泥土刨开,将根全部挖起,剪去茎叶,抖净泥土,运至室内,分大、小株进行加工。

2. 加工

牡丹皮由于加工方法不同,可分为多个类型:先剪下须根,将其晒干即成"丹须"。再将主根趁新鲜时,用小刀在根皮上划一条直缝,将中间的木质部抽去,放在木板上晒干,即成"原丹皮或连丹皮"。加工时,先用竹刀或碗片刮去外皮,再抽去木质部,晒干的商品称为"粉丹皮或刮丹皮"。在晒干过程中不能淋雨和接触水分,因接触水分再晒干会使丹皮发红变质,影响药材质量。一般每亩可收干品300 kg左右,高产可达500 kg左右,折干率35％～40％。

牡丹皮以肉厚、条粗长、无木心、断面粉白色、粉性足、香气浓者为佳。同时,按干燥品计算,含丹皮酚($C_9H_{10}O_3$)不得少于1.2％,水分不得超过13.0％。

第三节 玫 瑰

一、概述

玫瑰(*Rosa rugosa* Thunb)是蔷薇科蔷薇属落叶灌木,又称红玫瑰、刺玫瑰、徘徊花、穿心玫瑰等。以干燥的花蕾和初开的花入药。含有挥发油、槲皮苷、苦味质、脂肪、鞣质、维生素等。味甘微苦、性温,具有理气解郁和血散瘀等功效。主治肝胃气痛、新久风痹、吐血咯血、月经不调、赤白带下、痢疾、乳痈、肿毒等。玫瑰花兼有保健功能,生活中有冰糖玫瑰、玫瑰花茶、玫瑰豆腐、玫瑰香蕉、玫瑰玻璃肉、鲜花玫瑰饼等很多食疗配方和保健食品。玫瑰花有浓郁的香气,是提炼著名香料——玫瑰油的重要原料。玫瑰油价格昂贵,主要用于化妆品、食品、精细化工等。玫瑰果实中维生素C含量很高,是提取天然维生素C的原料。玫瑰枝繁叶茂,高度适中,花朵艳丽,气味芬芳,又是城市街道、校园庭院的重要观赏植物。玫瑰用途广泛,栽培利用价值较高。玫瑰原产中国北部地区,全国各地均有栽培。主产于江苏、浙江、山东、安徽。北京、河北、湖北、四川等地也常有栽培。山东平阴的玫瑰栽培历史悠久,所产的玫瑰酱、玫瑰油等相关产品享有盛名。

二、形态特征

直立灌木,高可达 2 m;茎粗壮,丛生;小枝密被茸毛,并有针刺和腺毛。小叶 5～9,连叶柄长 5～13 cm;小叶片椭圆形或椭圆状倒卵形,长 1.5～4.5 cm,宽 1～2.5 cm;叶柄和叶轴密被茸毛和腺毛;托叶大部贴生于叶柄。花单生于叶腋,或数朵簇生,苞片卵形,边缘有腺毛,外被茸毛;花梗长 5～225 mm,密被茸毛和腺毛;花直径 4～5.5 cm;萼片卵状披针形;花瓣倒卵形,重瓣至半重瓣,芳香,紫红色至白色;花柱离生,比雄蕊短很多。果扁球形,直径 2～2.5 cm,砖红色,肉质,平滑,萼片宿存。花期 5—6 月,果期 8—9 月。

三、生长习性

玫瑰生长健壮,适应性强。喜光,耐寒、耐旱。对土壤要求不严,但在肥沃和排水良好的中性或微酸性沙质壤土中,生长较好。玫瑰不耐涝,花期土壤含水量以 14％为宜。喜欢凉爽、光照充足的生长环境,每天至少应有 6 h 的日照,才能开出品质好的花朵,它的生长适温在 15～25 ℃,温度太高,不适合玫瑰的生长。此外,通风良好也是保证玫瑰正常生长的重要基础,闷热、潮湿、通风不良会加重玫瑰各种病害发生。玫瑰萌蘖力强,单株寿命可达 8～10 年。

四、规范化栽培技术

(一)选地整地、施肥做畦

选择土层深厚,土壤疏松,地下水位低,排水良好,富含有机质的沙质土壤为宜,忌选黏重土壤或低洼积水的地方。种植前应将土壤深翻 40～50 cm,结合施入 3 000 kg 左右的腐熟有机肥。翻后耙细整平待栽植。

(二)选择适宜品种

玫瑰的品种较多,根据不同的建园目的选用不同的良种壮苗,以生产花蕾为主要目的的玫瑰园可选用丰花玫瑰、重瓣玫瑰或紫枝玫瑰。萌蘖苗木要有 2～3 个分枝,嫁接苗木的砧木根系要发达。株高在 30 cm 以上。

(三)选择适宜的繁殖方法

玫瑰的繁殖方法有嫁接、分株、扦插等方法。对不易生根的名贵品种需要嫁接繁殖,用蔷薇或月季作砧木。一般家庭栽培,用扦插及分株法较为方便。

扦插繁殖宜在秋末冬初进行,选择健壮饱满的枝条,将枝条剪成段,每段长 10~12 cm、带 3~4 片叶,将插穗插于扦插床上,扦插基质可以使用蛭石、珍珠岩或干净的河沙,保持湿度,避免接受强烈的阳光照射,约一个半月后可生根。如果能配合使用生根素,则可以提高发根率及缩短发根时间。

(四)适时栽植

一年四季均可,但以秋季落叶后至春季萌芽前为宜,其中以落叶后到封冻前为最佳栽植期。按照行距 1~2 m,株距 0.8~1 m,挖长、宽、深各 0.6 m 的定植穴栽植,栽后踏实,及时灌水。

(五)加强田间管理

1. 中耕除草

玫瑰生长期,每年进行中耕 4~5 遍,中耕深度一般为 10~15 cm,结合中耕,及时清除杂草,特别是多年生宿根杂草和蔓生攀缘植物。在落叶后或早春时间,对玫瑰基部进行培土,厚度一般 4~8 cm,这样既加厚了根部土层,促进根系的生长,也使落叶、杂草埋入土中,腐烂后增加土壤腐殖质,还能减少病菌的传播。

2. 间作

新建玫瑰园栽植后的 1~3 年内,为了充分利用土地,增加经济收入,可间作矮秆经济作物或种植药材,但要留足玫瑰的生长空间,否则会影响玫瑰的正常生长。

3. 追肥与灌水

玫瑰的施肥以有机肥为主,配合施用氮、磷、钾等化学肥料。平原地区栽植的玫瑰,一般在 3 月上旬幼芽萌动时追第一次肥;在玫瑰现蕾开花前追第二次肥;花后的 5 月底至 6 月初追施第三次肥;第四次追肥一般于 9 月上中旬进行。此时正值玫瑰由营养生长向生殖生长转化阶段,营养物质大量积累和回流,及时追肥,对提高翌年产花量至关重要。一般每亩可施有机肥 3 m³,配合施用磷酸氢二铵 10 kg。山坡栽种的玫瑰,追肥可结合培土、中耕和除草,分 3~4 次进行。可将肥料撒于玫瑰根茎附近,再翻入土中。遇旱或追肥后土壤水分不足要及时灌水,一般情况下,玫瑰每年应浇水 3~4 次。

4. 整枝修剪

玫瑰修剪可分为冬春修剪和花后修剪。

(1)冬春修剪 在玫瑰落叶后至发芽前进行,修剪以疏枝为主,每丛选留 15 个粗壮的枝条,空间大的可适当短剪,促发分枝,以保证鲜花产量。对于生长势弱、老枝多的玫瑰株丛要适当重剪,以达到促进萌发新枝,恢复长势的目的。

(2)花后修剪 在鲜花采收完毕后进行,主要对生长旺盛、枝条密集的植株进行。

疏除密生枝、交叉枝、重叠枝,但要适当轻剪,否则会造成地上、地下平衡失调,引起不良后果。

5. 更新复壮

玫瑰花的高产期一般在 7～8 年生,10 年生以后的玫瑰可逐步进行更新或复壮。主要有如下两种方法:

(1)一次更新法 即在霜降前后,把玫瑰枝条在离地面 5～6 cm 处全部剪去,然后用细土把玫瑰株丛培成馒头状,刺激翌年重发新枝。

(2)逐年更新法 此法是目前玫瑰生产中普遍使用的更新法。就是每年根据玫瑰花丛的生长情况,适当地剪去部分枯枝、纤细枝、衰老枝和病虫害枝,促使花丛每年长出新嫩枝条,保持花丛长势旺盛,既不减产,又能达到更新复壮的目的。

五、病虫害防治

玫瑰的病虫害主要有诱病、黑斑病、白粉病、金龟子、红蜘蛛、天牛等。

1. 病害

在发芽前喷施石硫合剂,消灭越冬病原;在春季或生长期及时剪除发病枝条并集中处理;锈病发生期用 50％ 的百菌清 600 倍液,或 25％ 的粉锈宁 1 000 倍液喷雾,每隔 10 d 1 次,连喷 3 次。白粉病发生期间用 20％ 的粉锈宁乳剂 1 500 倍液喷洒防治。

2. 虫害

金龟子活动盛期,可振落捕杀,或用 40％ 乐果 1 000 倍液进行叶面喷洒毒杀。红蜘蛛发生期用 1.8％ 阿维菌素乳油 2 000 倍液,或 0.36％ 苦参碱水剂 800 倍液,或天然除虫菊素 2 000 倍液,或 73％ 克螨特乳油 1 000 倍液等进行喷雾防治。在天牛初孵幼虫尚未蛀入木质部之前,用 80％ 敌敌畏乳油 1 500 倍液,或 2％ 甲氨基阿维菌素苯甲酸盐 1 000 倍液,或 20％ 氯虫苯甲酰胺 3 000 倍液,或 25％ 噻虫嗪 2 000 倍液等喷雾防治。

六、采收加工

1. 采收

4 月下旬至 6 月上旬是玫瑰花的采摘期。玫瑰花从花蕾形成到花全开放的过程可分为现蕾期、中蕾期、蕾饱满期、花瓣始绽期、半开期和全开期六个时期。药用玫瑰花,要求花蕾充分膨大,花瓣尚未开裂,即蕾饱满期采摘;提炼玫瑰花精油,应在半开呈杯状,即花半开期采摘。采摘的具体时间是早晨 5:00～8:00 最适宜。

2. 加工

4—6 月分批采摘将要开放的玫瑰花蕾,用文火烘干或晒干。

第四节　芍　药

一、概述

芍药(*Paeonia lactiflora* Pall.)，别名白芍、亳芍等，为毛茛科芍药属多年生草本植物。以根入药，有柔肝止痛、养血敛阴等作用。近年来，芍药还用于制作保健药品、食品、饮料和酿酒的原料。白芍提取物添加到化妆品中，对传染性痤疮、蝴蝶斑、雀斑及色素沉着均有良好的疗效。芍药花大色艳，极具观赏价值，是园林、庭院、街道的重要观赏植物。华北、东北、西北各地有野生分布，也有一定面积栽培。安徽、山东、浙江、四川等省栽培面积较大。

二、形态特征

芍药为多年生草本。块根由根颈下方生出，肉质粗壮，呈纺锤形或长柱形，粗 0.6～3.5 cm。芍药花瓣呈倒卵形，花盘为浅杯状，花期 5—6 月。花一般着生于茎的顶端或近顶端叶腋处，原种花白色，花瓣 5～13 枚。园艺品种花色丰富，有白、粉、红、紫、黄、绿、黑和复色等，花径 10～30 cm，花瓣可达上百枚。果实呈纺锤形，种子呈圆形、长圆形或尖圆形。

三、生物学特性

1. 生长习性

芍药喜气候温和、阳光充足、雨量中等的环境，耐寒、耐高温，喜湿润，稍耐旱，怕积水，忌连作，适宜在土层深厚、疏松肥沃、排水良好的沙壤土或壤土中生长。

2. 生长发育

芍药种子为下胚轴休眠类型，低温处理、赤霉素处理有促进发芽作用。芍药种子宜随采随播，或用湿沙层积于阴凉处，不能晒干，晒干就不易发芽。9 月中下旬播种，播后当年生根。种子的寿命约为 1 年。

芍药是多年生宿根性植物，每年 3 月萌发出土，4 月上旬现蕾，4 月下旬至 5 月上旬开花，开花期在 1 周左右，5—6 月为根的膨大期，7 月下旬至 8 月上旬种子成熟，8 月下旬植株停止生长，9 月上旬地上部分开始枯萎并进入休眠期。

四、规范化栽培技术

（一）选地与整地施肥

前茬宜选小麦、玉米或豆类，且阳光充足、排水良好、疏松肥沃的沙壤土或壤土，于前作收后，每亩施入优质厩肥或堆肥 3 000～4 000 kg，深翻 30～50 cm，耙细整平，做成宽 1.3 m 的平畦或高畦，多雨地区或低洼地块宜做高畦，高畦四周应挖好排水沟，沟宽 30 cm。

（二）播种和栽植

芍药种子和芽头均可繁殖，因种子繁殖生产周期长，故生产上以芽头繁殖为主。

1. 芽头繁殖

秋季收获芍药时，应选回苗晚、茎秆少而粗壮，叶肥大，根粗长且均匀，芽头肥而少的植株单独收刨，用作种栽。刨出后，先将芽头下的粗根全部切下加工入药，所留芽头按其大小、芽的多少及自然生长形状，切成 2～4 块，每块保留芽苞 2～3 个，然后稍晾 1～2 d，待切口完全愈合、呈棕红色时即可栽植。收后不能及时栽植的，可将整个芍头进行沙藏，至栽植时再行切块。

栽植时间因地区而异。北方以 9 月中旬前后为宜。栽植时，按行株距（50～60）cm×（30～40）cm 挖深 10～12 cm 的穴，穴底铺施腐熟厩肥，肥上覆一层薄土，每穴放入健壮芽头 1～2 块，芍芽向上摆于正中，随后覆土以芽头在地表以下 3～5 cm 为宜，稍压实，并浇水保持土壤湿润。入冬前，于栽植穴上加盖适量土粪呈馒头状，以利保湿防寒，安全越冬。每亩栽 3 000 株左右，需用芽头种栽 100～150 kg；收获 1 亩芍药的芽头，可栽植 3～5 亩。

2. 种子繁殖

至 8 月种子成熟时，及时采下，除去果皮，立即播种，或将种子与 3 倍湿沙混匀，贮藏阴凉处，保持湿润至 9 月中旬前后再行播种。播种时，于畦内按行距 20 cm，开深 5 cm 的沟条播，播后覆土与畦面平，并稍压实。入冬前畦面盖层草，以利保湿保温。翌春出苗前，揭去盖草，并搂除少量盖土，出苗后及时除草、间苗，加强田间管理，生长 1 年后即可移栽定植。南方多于 2～3 年后定植。移栽定植时间和方法与芽头繁殖相同。由于种子繁殖的生长周期长，故生产上应用较少。

（三）田间管理

1. 中耕除草

栽植后的前 2 年，要及时中耕除草，宜浅宜勤，以防伤根和草荒，以后每年中耕除草 3～4 次，深度可适当加深。

2. 追肥

秋季栽植的第 2 年起,每年要追肥 2~3 次。第一次于出苗后,结合中耕除草每亩施土杂肥 2 000 kg、过磷酸钙 25 kg;或追施氮、磷、钾复合肥 20~30 kg;第二次于 5—6 月旺长期,每亩追施硫酸铵 10~15 kg;第三次于秋后,每亩追施厩肥 2 000 kg、过磷酸钙 20~30 kg。秋季施用磷肥之后,翌年春季一般不再施用。此外,每年现蕾至开花期,还可用 2% 的过磷酸钙浸出液或 0.3% 的磷酸二氢钾水溶液进行根外追肥。

3. 灌水与排水

芍药虽稍耐旱,但遇严重干旱仍需及时灌水。雨季应及时排水防涝,以防烂根死苗。

4. 摘蕾

为了减少养分损耗,除留种地及留种植株外,于芍药现蕾期应及时将花蕾摘除,以集中养分于根部,促使根部肥大。

5. 培土

秋末,在离地面 5~7 cm 处割去茎叶,清除田间枯枝落叶,向根际培土 15 cm 厚,以保护芍芽安全越冬。

五、病虫害防治

(一)病害

芍药常见病害有灰霉病、锈病、软腐病等。

1. 灰霉病

灰霉病为害芍药的茎、叶及花,一般在花后发生,高温多雨时发病严重,其上有一层灰色霉状物。

综合防治措施:①与玉米、麦类、豆类作物轮作,忌连作;②选用无病的种栽,栽种前用 35% 代森锌 300 倍液浸泡芍头和种根 10~15 min 后再栽植;③合理密植,改善田间通风透光条件;④清除被害枝叶,集中烧毁,减少病害的发生;⑤发病初期,可用 1:1:120 波尔多液,或 70% 灰霉速克 900 g/hm²,或 50% 速克灵可湿性粉剂(腐霉利)1 500 g/hm²,50% 灭霉灵(福·异菌脲)1 500~2 000 倍液,或 80% 络合态代森锰锌 800 倍液等喷洒,每 7~10 d 1 次,交替连喷 3~4 次。

2. 锈病

锈病为害叶片。5 月上旬开花以后发生,7—8 月发病严重。

综合防治措施:①秋季清除病叶残株集中烧毁,以消灭越冬的病原菌;②发病初期,喷洒 97％敌锈钠 400 倍液,或 15％粉锈宁 500 倍液,每 7～10 d 1 次,连续 2～3 次。

3. 软腐病

软腐病主要为害芽头。病菌多从芍芽切口侵入发病。发病初期切口处现水渍状褐色病斑,后变软呈黑色,手捏可流出浆水。最后干缩僵化。

综合防治措施:①选择地势高燥,土壤通气排水良好的地块种植;②贮藏芍芽的沙土,用 50％多菌灵 800～1 000 倍液消毒处理,并贮在通风干燥处;③发现病株及时带土挖除,携出田外处理,用 5％生石灰水等浇灌或喷洒病穴;④发病初期用农用链霉素、新植霉素、噁霜嘧铜菌酯、抗腐烂剂等药剂防治。

此外,芍药尚有叶斑病、根腐病、炭疽病、疫病等病害为害。发生初期可参照前述其他中药材相同病害防治方法防治。

(二)虫害

1. 蛴螬

蛴螬主要咬食芍根,造成芍根凹凸不平的孔洞。

综合防治措施:发生期用 90％敌百虫 1 000～1 500 倍液灌根;或用百部、苦参、石蒜提取液灌根。

2. 小地老虎

防治小地老虎除进行人工捕捉外,还可在发生期用 90％敌百虫 1 000～1 500 倍液灌根。

六、采收加工

(一)采收

芍药在种植 3 年后收刨。北方收获季节在秋季或早春。秋收时间以 9 月下旬为宜。过早会影响产量和质量;过迟则新根发生,养分转化,且不易干燥。收获时选晴天,割去地上茎叶,把根挖起,将其中粗根从芍头处切下供加工用,将笔杆粗的根留在芍头上,供分株繁殖用。

(二)加工

将芍根上的侧根剪去,修平凸面,切去头尾,按大、中、小分成三级,分别在室内堆放 2～3 d,每天翻堆一次,保持堆内湿润,使质地柔软,便于加工。

芍药因栽培、野生、生长年限和加工方法不同而分为赤芍和白芍。收后生晒的为赤芍,煮沸去皮的为白芍。

1. 赤芍加工方法

将鲜芍根随晒随理顺,使其条直坚实,晒至七八成干,捆成 1～1.5 kg 重的捆,再翻晒至十成干即可。

2. 白芍的加工方法

白芍的加工方法分为擦白、煮芍和干燥三个步骤。

(1)擦白 即擦去芍根外皮。先将芍根装入箩内,放水中浸泡 1～2 h,将浸湿的芍根放在木床上搓擦,拿一木槌来回推动,推动时可加入一定量的黄沙,增加摩擦力,待皮擦去后用水洗净,浸于清水中待煮。

(2)煮芍 用大锅加水烧至 80～90 ℃,把芍根从清水中捞出,放入锅中煮,每锅的芍根量以水浸末芍根为准。煮时要上下翻动,使其受热均匀,保持锅水微沸。煮芍时间,一般小根 5～8 min,中等粗根 8～12 min,大根 12～15 min。煮好的标志是:取芍根用嘴在芍根上吹气,芍根上水气迅速干燥的,表明已煮好,根内水分已煮出;如水分蒸发很慢,即未煮好。或者用竹针试刺,如易刺穿的,表明煮好。或用刀切去头部一薄片,见切面色泽一致无白心者为煮好。也可在切面上用碘酒擦一下,切面蓝色立即退掉的,表明已煮好。煮好的芍根迅速捞出,或放凉水中浸泡。每煮 3～4 锅要换一次清水,勤换水,芍条色白。

(3)干燥 煮好的芍根可以马上送晒场上薄薄摊开,晾晒 1～2 h 后,渐渐堆厚晾晒,使表皮慢慢收缩,这样晒的芍根,表皮皱纹较细致,颜色也好。晒时要不断地上下翻动,中午阳光过强,要用竹席等物盖好芍根。下午 3:00～4:00 再揭开晒干。这样晒至 7～8 成干(否则会出现"刚皮"即外皮刚硬,内部潮湿,易发霉变质,一般以多阴少晒为原则),把芍根移室内堆放 2～3 d,使根内水分外渗,然后继续晒 3～5 d。这样反复堆晒 3～4 次,才能晒干。晒芍不能操之过急,否则欲速则不达,反而晒不好。

芍药以质坚、表面光滑、色白或略带淡红、断面色白、粉性足、无霉点者为佳。同时,赤芍干燥品含芍药苷($C_{23}H_{28}O_{11}$)不得少于 1.8%;白芍干燥品含芍药苷($C_{23}H_{28}O_{11}$)不得少于 1.6%,水分不得超过 14.0%。

第五节　射　干

一、概述

射干[*Belamcandachinensis*(L.)DC.]别名蝴蝶花、山蒲扇、风翼、扁竹兰、野萱花等。射干为鸢尾科射干属多年生草本植物。以干燥的根茎入药,味苦、性寒、有小毒,具有清热解毒、祛痰、利咽、活血等功效,是防治流行性感冒的常用中药。主产于湖北、湖南、陕西、江苏、河南、安徽、浙江、云南等省。现北方地区多有野生和栽培。它不仅是一味名贵的中药,也是一种美丽的花卉。花期长,橘红色或浅紫色,是园林绿化的好材料。射干适应性强,抗旱、抗寒、耐瘠薄。荒山、荒坡、草原、沙滩都能生长,因此,种植射干可不占好地,解决与粮、菜、果等争地的矛盾,同时还可做到药用和观赏绿化兼顾,使生态效益与社会效益、经济效益有机结合。

二、形态特征

射干为多年生草本。根状茎为不规则的块状,黄色或黄褐色,须根多数;茎直立,高 1～1.5 m,实心。叶互生,嵌叠状排列,剑形,长 20～60 cm,宽 2～4 cm,基部鞘状抱茎,顶端渐尖,无中脉。花序顶生,叉状分枝,每分枝的顶端聚生有数朵花;花梗细,花梗及花序的分枝处均包有膜质的苞片,苞片披针形或卵圆形;花橙红色,散生紫褐色的斑点,直径 4～5 cm;雄蕊 3,长 1.8～2 cm;花药条形,外向开裂,花丝近圆柱形,基部稍扁而宽;花柱上部稍扁,顶端 3 裂,子房下位,倒卵形,3 室,中轴胎座,胚珠多数。蒴果倒卵形或长椭圆形,黄绿色,长 2.5～3 cm,直径 1.5～2.5 cm,成熟时室背开裂,果瓣外翻;种子圆球形,黑紫色,有光泽,直径约 5 mm,着生在果轴上。花期6—8 月,果期 7—9 月。

三、生长习性

射干适应性强,喜阳光充足、气候温暖的环境,耐旱、耐寒。对土壤要求不严,但以疏松肥沃、排水良好的中性壤土或微碱性壤土为宜。平地、山坡地均可。低洼积水地不宜栽培。射干种子具有后熟作用,播前要进行沙藏处理或秋季播种,否则难以出苗。通过后熟的射干种子,温度在 10～14 ℃时开始发芽,20～25 ℃为最适温度,超过 30 ℃发芽率降低。

四、规范化栽培技术

(一)选地整地

选地势高燥、灌排方便、耕层深厚的沙壤土,平地或向阳山坡地均可。用于绿化和观赏的,还可在房前院落、道路两旁等一些零星地块种植。一般于前作收获后,每亩撒施腐熟厩肥或其他农家肥 2 500～3 000 kg,过磷酸钙 20～30 kg,深翻 20～25 cm,耙细整平,做成宽 1～1.5 m 的高畦或平畦,高畦高 15～20 cm,畦沟宽 30～40 cm。

（二）繁殖方法

射干用种子或分株繁殖。种子繁殖的生产周期长，但繁殖系数大；根茎分株繁殖收获早、见效快，但繁殖系数低，长期栽种还会导致种质退化。所以，生产上以两种方法交替运用为宜。

1. 根茎繁殖

于早春 3—4 月将根茎挖出，选生命力强的根茎，切成每段带 2～3 个芽和部分须根的根茎段，须根过长可适当修剪，切口晾干待用。于整好的畦面上，按行距 25～30 cm，株距 20～25 cm，挖深 15 cm 的穴，每穴栽种 2～3 块，芽头向上，盖土压实，适当浇水，约 10 d 出苗。每亩用根茎 100 kg 左右。

2. 种子繁殖

种子繁殖分直播和育苗移栽两种方式。

（1）直播　可春播或秋播。春播在 3—4 月，要用上年秋季湿沙贮藏的种子。沙藏方法是：10 月前后，上冻之前，将射干种子用清水浸泡一昼夜，捞出稍晾，再与 5 倍左右湿河沙拌匀，放入事先挖好的深 40 cm 左右的地窖或土坑内，摊平后上盖 10～15 cm 厚的湿沙，再盖一层树叶或纸板，使其在土中自然越冬。翌年春季播种之前将其挖出即可播种。秋播在 9—10 月，播前用 40～50 ℃温水浸泡干种子 24 h。然后按行距 30 cm 开沟条播，或按行株距 30 cm×(20～25)cm 挖穴点播，穴深 6 cm，每穴播种子 5～6 粒，覆土压实，适量浇水，盖草保湿。秋播更加实用和简便易行，适宜推广。每亩用种量穴播 2～3 kg，条播 4～5 kg。

（2）育苗移栽　可秋播或春播。播前种子处理方法同直播。另外，土壤水分充足时，秋播还可直接播干种子。另有资料报道，干种子于播前 1 个月左右，在清水中浸泡一周，每天换一次水，除去空瘪粒，加上细沙揉搓，然后用清水清洗除去沙，一周后捞出种子，滤去水分，把种子放在箩筐内，用麻袋盖严，经常淋水保持湿润，温度在 20 ℃左右，15 d 开始露白芽，一周后 60% 种子出芽，即可播种。

育苗播种前，先将畦面浇透水，土壤干湿适宜时，按行距 20 cm，横向开宽 10 cm、深 6 cm 的沟，将种子均匀撒入沟内，覆盖 3～4 cm 厚的细土，稍加镇压，盖草保湿，每亩用种量 10 kg。

春季适时播种的，播后 15 d 左右出苗，出苗后及时揭去盖草，并注意喷水除草，出苗后约 1 个月时，用 0.5% 的尿素水 100 kg 结合浇水喷淋苗床，以后每隔 20～30 d 喷施 1 次，并将浓度逐渐加大到 2%。

于当年秋季或翌年春季，将幼苗挖出，分大、中、小三个等级，按行距 30～35 cm，株距 20 cm 挖穴栽植，穴深 10～15 cm，每穴栽苗 2～3 株，边栽边填土压实，最后浇透定根水。

（三）田间管理

1. 中耕除草

移栽和播种后要经常保持土壤湿润，出苗后要经常松土除草。生长期间，每年应中耕除草 2～4 次，保持土壤疏松，无杂草危害。春季应勤除草和松土，封垄前结合中耕适当培土。

2. 追肥灌水

每年分别于出苗后、封垄前和越冬前追肥 2～3 次。第一二次每亩追施人畜粪水 1 500 kg 加腐熟饼肥 30～50 kg，或每次追施尿素 10～15 kg 加磷酸氢二铵 5～10 kg。第三次每亩追施腐熟厩肥 2 000 kg 加过磷酸钙 25 kg。

出苗前后保持土壤湿润，遇旱及时浇水，雨季注意及时排水。6 月封垄后不再松土和除草，应在根部培土防止倒伏。生长后期少浇水或不浇水。北方在越冬前，土壤干旱应灌冻水。

3. 摘除花蕾

非观赏和非采种的植株要及时摘去花蕾，以利营养供应根茎的生长。

五、病虫害防治

射干主要病虫害有锈病、叶枯病、花叶病、蛴螬、地老虎和钻心虫等。

1. 锈病

幼苗和成株均有发生。发病后叶片干枯脱落，严重的将导致幼苗死亡。发病前期病部叶片出现褐色隆起的锈色斑，后期发病部位长出黑色粉末状物。成株发病早，幼苗发生较晚。秋季发病严重。

综合防治措施：①增施磷、钾肥，提高植株抗病力；②清洁田园，集中销毁，减少菌源；③发病初期，喷洒 15% 粉锈宁可湿性粉剂 1 000 倍液，或 12.5% 烯唑醇可湿性粉剂 3 000 倍液。7～10 d 1 次，连续喷 2～3 次。

2. 叶枯病

叶枯病为害叶片。发病初期用 50% 多菌灵可湿性粉剂 600 倍液，或甲基硫菌灵（70% 甲基托布津可湿性粉剂）1 000 倍液，或 3% 广枯灵（恶霉灵＋甲霜灵）600～800 倍液，或 75% 代森锰锌络合物 800 倍液喷雾防治。7～10 d 喷 1 次，连续喷 2 次以上。

3. 花叶病

在用吡虫啉、啶虫脒等药剂控制蚜虫危害传毒的基础上，用盐酸吗啉胍＋乙酸铜（2.5% 病毒 A）400 倍液，或 5% 氨基寡糖素（5% 海岛素）1 000 倍液喷雾或灌根。

4. 蛴螬、地老虎和钻心虫

射干发生蛴螬、地老虎为害，可参照芍药该虫害综合防治措施防治；发生钻心虫为害，可参照苦参钻心虫综合防治措施防治。

六、采收加工

（一）采收

收获药材的，于栽后 2～3 年收获，春、秋季采挖根茎，剪除茎叶，运到晒场。

（二）加工

连同须根在清水中洗干净，除去杂质，晒干或炕干即为成品。切忌将鲜品堆放，以免发热生霉。如天气不好，可将其摊薄存放，经常翻晾，待炕干或晒干。每 3～4 kg 鲜根茎，可加工 1 kg 干货，一般亩产干货 250 kg 左右。

近来研究表明，射干须根与根状茎均含有相同的黄酮类化合物，具有抗流感功效，故须根也可供药用。在射干生产中，须根产量几乎占根茎产量的 25%，过去都丢弃不用，实为可惜。现扩大利用部位，变废为宝，不仅能增加经济效益，提高药农种植药材的积极性，还能满足市场的需要，增加社会效益。

射干药材的商品规格不分等级，统装。以无细根、泥沙、杂质、霉变及虫蛀为合格，以体肥壮、质硬、断面色黄者为佳。同时，按干燥品计算，含次野鸢尾黄素（$C_{20}H_{18}O_8$）不得少于 0.10%，水分不得过 10.0%。

第六节　萱　草

一、概述

萱草是百合科萱草属的多年生宿根草本植物，又叫紫萱、忘忧草等。萱草原产于我国，但是现在已经逐渐在世界各地分布，其繁衍出来的品种更是达到了上万种。萱草根、嫩苗可入药。根具有利水、凉血功效，主治水肿、小便不利、淋浊、带下、黄疸、衄血、便血、崩漏、乳痈等症。嫩苗具有利湿热、宽胸、消食等功效。主治胸膈烦热、黄疸、小便赤涩等症。花蕾及花为蔬菜，称金针菜或黄花菜。黄花菜含铁量很高，对补血止血有奇效，可作为妇女补血佳品。素有"山珍"之称。其花呈黄色，开花期较长，典雅美观，具有很高的观赏价值。

二、形态特征

多年生草本,根状茎粗短,具肉质纤维根,多数膨大呈窄长纺锤形。叶基生成丛,条状披针形,长 30～60 cm,宽约 2.5 cm,背面被白粉。夏季开橘黄色大花,花葶长于叶,高达 1 m 以上;圆锥花序顶生,有花 6～12 朵,花梗长约 1 cm,有小的披针形苞片;花长 7～12 cm,花被基部粗短漏斗状,长达 2.5 cm,花被 6 片,开展,向外反卷,外轮 3 片,宽 1～2 cm,内轮 3 片宽达 2.5 cm,边缘稍作波状;雄蕊 6,花丝长,着生于花被喉部;子房上位,花柱细长。蒴果嫩绿色,背裂,种子亮黑色;花果期 5—7 月。

三、生长习性

喜温暖湿润环境,耐寒,华北可露地越冬,适应性强,喜湿润也耐旱,喜阳光又耐半阴。对土壤选择性不强,但以富含腐殖质、排水良好的湿润土壤为宜。适应在海拔 300～2 500 m 生长。

四、规范化栽培技术

(一)选地整地

萱草对于土壤的要求不甚严格,萱草的生长能力强,能够很快地适应各种环境。有着较强的耐湿、耐旱性,而且萱草虽然需要一定的光照,但是它的耐阴能力也比较强。因此选择土壤的时候只要保证土壤通透性强、排灌正常且无病虫害即可。选好地后要及时施足基肥,每亩施用腐熟有机肥 2 000～3 000 kg,深翻 25 cm 左右,耙细整平做畦。

(二)选择适宜繁殖方法

萱草繁殖方法有种子繁殖和分株繁殖。生产上以分株繁殖为主,开花早,见效快。分株繁殖宜选用 3～5 年生的健壮萱草植株做种栽,于晚秋叶枯萎后或早春萌发前,将留种植株挖出,剪去枯根、枯叶及过多的须根,露出越冬芽,按照自然生长状况,将其切开或掰开,每块要保留 2～3 个芽及部分根。适当晾晒使其伤口愈合。然后在已整好的田块,按照行距 50 cm,株距 35～40 cm 挖穴栽植,每穴 1 株,栽后覆土压实,浇水保湿。

(三)田间管理

1. 中耕除草

每年萱草封垄前,要根据杂草及土壤水分情况中耕除草 2～3 次,确保田间无大草及过多杂草危害,保持土壤疏松湿润。

2. 灌水与排水

萱草喜湿较耐旱,返青期应注意浇好返青水;生长期间遇特别干旱应适时适量浇水。晚秋土壤过旱时,上冻前应注意浇好越冬水。雨季降雨过多时应注意及时排水防涝。

3. 追肥

每年返青期和封垄前可酌情追施 1～2 遍肥,每次每亩追施腐熟有机肥 1 000～2 000 kg,或氮、磷、钾复合肥 20～30 kg。越冬前每亩施用 2 000 kg 左右厩肥等有机肥,有利土壤保湿保温和萱草安全越冬。

五、病虫害防治

萱草常见病虫害有锈病、叶枯病、叶斑病、蚜虫和红蜘蛛等。

综合防治措施:①每年秋后要做好清园工作,及时割除地面上枯死部分,带离田园后销毁,减少病源、虫源;②加强水肥管理,合理增施磷、钾肥,增强萱草的抗病能力;③适时加以药剂防治。锈病发病初期,喷洒 97% 敌锈钠 400 倍液,或 15% 粉锈宁 800 倍液;发生叶枯病,用 50% 多菌灵可湿性粉剂 600 倍液,或甲基硫菌灵(70% 甲基托布津可湿性粉剂)1 000 倍液,或 3% 广枯灵(恶霉灵＋甲霜灵)600～800 倍液喷雾防治;发生叶斑病,用 50% 多菌灵 1 000 倍液,或 65% 代森锌 500～600 倍液喷雾防治;发生蚜虫,用 10% 吡虫啉可湿性粉剂 1 000 倍液,或 3% 啶虫脒乳油 1 500 倍液喷雾防治;发生红蜘蛛,用 1.8% 阿维菌素乳油 2 000 倍液,或 0.36% 苦参碱水剂 800 倍液,或天然除虫菊素 2 000 倍液,或 73% 克螨特乳油 1 000 倍液喷雾防治。

六、采收加工

1. 采收

采收季节一般为 6—8 月底,采摘的最佳时间为中午 13:00～14:00。采收的最适期为含蕾带苞,即花蕾饱满未放,中部色泽金黄,两端呈绿色,顶端乌嘴、尖嘴处似开非开时。采收过早,加工成品色泽差,产量低;采收太晚则咧嘴开放,加工时汁液易流出,产品质量差,不易贮藏。

2. 加工

采回的花蕾要及时蒸制,以防咧嘴开花。经挑选分级的花蕾上筛,要注意装料均匀,多留空隙,使蒸气顺畅,受热一致,蒸制时间为上大气后 15 min,花蕾转为黄白色,体积缩小 1/3 时即可。蒸制的花蕾切忌立刻拿出晒干,须晾一个晚上,时间不少于 10 h,然后晾晒或进行烘干。当水分自然回潮到 14%～15% 时,必须密封包装。

第七章

林下中药材规范化栽培技术

第一节　林下中药材种植的意义及政策依据

一、林下中药材种植的意义

1. 能有效缓解与粮争地的矛盾

我国人口多、耕地面积相对较小,确保粮食供应和食品安全一直都是我国的重要基本国策。尤其是在近几年很多国际不确定因素的影响下,党和政府更是"把中国人的饭碗端在中国人手里"作为重中之重的工作来抓。为此国务院办公厅于 2020 年 11 月 17 日下发了《国务院办公厅关于防止耕地"非粮化"稳定粮食生产的意见》(国办发〔2020〕44 号)文件。提出"坚持把确保国家粮食安全作为'三农'工作的首要任务;要始终绷紧国家粮食安全这根弦,不断巩固提升粮食综合生产能力,确保谷物基本自给、口粮绝对安全,切实把握国家粮食安全主动权;必须将有限的耕地资源优先用于粮食生产;坚决防止耕地'非粮化'倾向。"2023 年中央一号文件《中共中央、国务院关于做好 2023 年全面推进乡村振兴重点工作的意见》再次强调:"要稳定粮食面积、全方位夯实粮食安全根基,强化藏粮于地,加强耕地保护和用途管控"等。

为了确保人们防病治病的需要,国家在积极地鼓励发展中药材种植。从而使发展中药材种植与确保粮食生产发生显著的争地矛盾。但是我们通过发展"林下中药材种植",即可在一定程度上有效的解决防病治病对中药材的需要,也能较好地缓解与粮争地的显著矛盾。

2. 能有效减少水土流失

北方有些果农,为了便于果树管理,尤其是板栗果农为了拣收板栗的方便,常常把树下的杂草等植被全部除去,导致土壤裸露,进而在雨季导致严重的水土流失。发展林下中药材种植,减少了树下土壤的裸露,所以能有效地减少耕地的水土流失,更好地保护土壤。

3. 能较好地减轻土壤与水等环境污染

如上所述,北方很多果农,为了便于果树管理和收获,如板栗果农为了拣收板栗的方便,常常用大量的灭杀性的除草剂来多次清除树下的杂草,进而导致土壤和水等环境的污染。发展林下中药材种植,可减少除草剂的大量使用,从而较好地减轻土壤与水等环境污染。

4. 能有效提高土地的经济效益

发展林下中药材种植,不仅有利实现长短结合,克服种树周期长,见效慢,效益较低等不足,还能够较快地实现种植效益和有效提高土地经济效益,促进乡村振兴。

5. 有利实现"地尽其利,物尽其用"

林下常常具有光照不甚充足,且较湿润的环境特点。但有些中药材且能适应或喜欢这样的环境。因此,在林间或林下因地制宜的选种一些药材,有利实现"地尽其利,物尽其用",从而实现土地资源的科学利用和经济效益较大化,并实现经济效益与生态效益和社会效益的有机结合与统一。因此,是一件利民、利国、利生态一举多得的好事!

二、国家政策为林下中药材种植提供了重要支撑条件

国家和地方为了更好地保护和科学利用林业资源,促进林下经济发展和乡村振兴,先后出台了多个文件,鼓励和支持林下中药材种植。2012 年 7 月 30 日,国办发〔2012〕42 号——《国务院办公厅关于加快林下经济发展的意见》;2020 年 11 月 18 日,国家发展改革委、国家林草局、科技部、财政部、自然资源部、农业农村部、人民银行、市场监管总局、银保监会、证监会等 10 部门,下发了《关于科学利用林地资源促进木本粮油和林下经济高质量发展的意见》(发改农经〔2020〕1753 号);2021 年 4 月 13 日,省发改委等 10 部门下发了《河北省关于科学利用林地资源 促进木本粮油和林下经济高质量发展的实施意见》(冀发改农经〔2021〕431 号);2023 年中央一号文件,在第一条:抓紧抓好粮食和重要农产品稳产保供中,第四点"构建多元化食物供给体系中强调'发展林下种养'"。

2023 年《国务院办公厅关于印发中医药振兴发展重大工程实施方案的通知》(国办发〔2023〕3 号)提出:"广泛开展中药材生态种植、野生抚育和仿野生栽培,开发30~50 种中药材林下种植模式并示范推广。"上述国家及省制定下发的相关文件,为发展林下中药材种植提供了重要的政策支持与保证。

三、林下中药材种植存在的问题与不足

1. 对种植药材的种类有较为严格的选择限制

林下最大的生态问题就是树木被遮光荫蔽导致光照不足。加之树木生长对水分养分的需求，与种植中药材之间存在着一定的养分竞争及矛盾。因此，并不是所有的中药材都适于林下种植发展。要想获得良好的种植效果与经济效益，就必须注意做到：首先，必须选择适宜树下生长的中药材种类，如一些喜阴中药材和耐阴中药材；其次，选择对树木，尤其是对果园果树生长影响小或者有利果树生长及果品生产的中药材种类；切忌选择对树木及果树有严重不良影响的中药材种植，导致"捡了芝麻，丢了西瓜"，劳民伤财，得不偿失。

2. 林下种植中药材生长时间相对较长，产量相对较低

由于林地常常不如耕地肥沃，水肥管理不如耕地更加精心，加之与树木间的争水争肥，所以，生长时间相对较长，产量相对较低。因此，林下种植中药材的收益期望值不宜定得太高，要从长计议，要权衡生态效益、社会效益和经济效益的综合效果。还要协调近期效益和长远效益之间的关系。当然，如果中药材品种选择适宜，管理跟得上，种植效益还是会比较理想的。甚至会远超过耕地的粮食或蔬菜种植效益。

3. 林下种植中药材较为费工，会增加一定投入，而且缺少较为配套良好的机械设备

当前我国中药材种植，整体配套机械不够完善，机械化作业程度较低，需要投入较多的人工，从而增加了生产管理成本，降低了种植效益，制约了林下中药材种植业公司大规模的种植模式发展。目前较适于农民自有林地、自主种植管理。同时，研制推广林下中药材生产配套机械，提高机械化种植管理水平，将会对林下中药材种植业的发展产生重要的促进作用。

四、较适宜北方林下种植的中药材种类

适宜北方林下种植的中药材主要包括如下两类：

1. 喜阴中药材

该类中药材不能忍受强烈的日光照射，喜欢生长在相对荫蔽较湿润的环境或林下才能正常生长。这类中药材怕强光、怕旱、喜阴较喜湿，有的还怕高温。如人参、西洋参、旱半夏、天南星、猪苓（对光没有直接要求）等。

2. 耐阴中药材

该类中药材在日光照射良好环境下能正常生长，在微荫蔽情况下也能较好地生

长,有的在稍荫蔽的情况下生长更好。例如黄精、玉竹、百合、天门冬、延胡索(元胡)、紫花地丁等,或者在稍荫蔽的情况下对生长影响较小,如北苍术、柴胡、桔梗、防风、射干、知母、黄芪、板蓝根等。

此外,在选择中药材种类时,除了充分考虑中药材对光照的需求特点外,还要考虑中药材生长对温度、土壤和水分的需求情况,以及对果树管理、采摘等的影响。如土壤的疏松与黏重,土壤耕层的深浅,土壤的水分状况——干燥与湿润,有无水浇条件,以及中药材对果树管理、采摘的影响等。所以,选择土层较深厚,疏松肥沃,保水、渗水、排水好,遮阴适度,有水浇条件的林地种植中药材,是确保中药材生长良好,实现优质、高产和高效的重要基础。

第二节 半 夏

一、概述

半夏[*Pinellia ternata* (Thunb.) Breit.]为天南星科半夏属多年生草本植物,以干燥的块茎入药。味辛,性温,有毒。归脾、胃、肺经。具燥湿化痰,降逆止呕,消痞散结作用。用于治疗湿痰寒痰,咳嗽痰多,痰饮眩悸,风痰眩晕,痰厥头痛,呕吐反胃,胸脘痞闷,梅核气等症。外治痈肿痰核。半夏全株有毒,块茎毒性较大。鲜食对口腔、喉头、消化道黏膜均可引起强烈刺激。半夏习称旱半夏,又名三叶半夏、半月莲、三步跳、地八豆、羊眼等。全国大部分地区有野生分布。

二、形态特征

半夏为天南星科多年生草本植物。高 15～35 cm;块茎近球形,直径 0.5～3.0 cm;基生叶 1～4 枚,叶出自块茎顶端,叶柄长 5～25 cm,叶柄下部有一白色或棕色珠芽,直径 3～8 cm,偶见叶片基部具一白色或棕色小珠芽,直径 2～4 mm。实生苗和珠芽繁殖的幼苗叶片为全缘单叶,卵状心形,长 2～4 cm,宽 1.5～3 cm;成株叶 3 全裂,裂叶片卵状椭圆形、披针形至条形,叶脉为羽状网脉;肉穗花序顶生,花序梗常较叶柄长,佛焰苞绿色,边缘多见紫绿色,长 6～7 cm;花单性,花序轴下着生雌花,无花被,有雌蕊 20～70 个,花柱短,雌雄同株;雄花位于花序轴上部,白色,无被,雄蕊密集呈圆筒形,与雌花间隔 3～7 mm;花序末端尾状,伸出佛焰苞。浆果多数,卵状、绿色或绿白色,成熟时红色,内有种子 1 枚,椭圆形,灰白色,长 2～3 mm,宽 1.5～3 mm,千粒重(鲜)10 g 左右。花期 5—9 月,果期 6—10 月。

三、生物学特性

半夏喜温和、湿润气候,怕干旱,忌高温,畏强光。夏季宜在半阴半阳条件下生长,在高温、阳光直射或水分不足条件下,易发生倒苗。半夏耐阴,耐寒,块茎在田间能自然越冬。对土壤要求不严,除盐碱土、过沙、过黏以及易积水地块外,其他土壤基本均可生长。但以疏松、肥沃、湿润、近中性的沙质壤土为好。半夏于 8～10 ℃萌动生长,13 ℃开始出苗,随着温度升高出苗加快,并出现珠芽,15～26 ℃最适宜半夏生长,30 ℃以上生长缓慢,超过 35 ℃而又缺水时开始出现倒苗,秋后低于 13 ℃以下出现枯叶回苗。

半夏在我国分布广,海拔 2 500 m 以下都能生长,常见于玉米、小麦等作物田间、草坡、田边和树林下。主要分布于湖北、河南、安徽、山东、四川、甘肃等省;浙江、湖南、江苏、河北、江西、陕西、山西、福建、广西、贵州、云南等也有分布。长江流域各省以及东北、华北等地区均可种植,近年河北安国种植面积较大。

四、规范化栽培技术

(一)选地整地

半夏喜欢温暖、湿润的环境,宜选湿润肥沃、保水保肥力较强、质地疏松、排灌良好、呈中性反应、稍有遮阴的沙质壤土或壤土种植,半阴半阳的缓坡地,果树行间和较稀疏的林间也可。果树行间种植作物的,前茬选豆科作物为宜。过黏、低洼易涝、盐碱地不宜种植。选好的地块,秋季前作物收获后,每亩施农家肥 2 000～3 000 kg,深翻 20 cm 以上,耙细整平,做成宽 100～120 cm 的高畦或平畦。

(二)播种栽植

半夏的繁殖方法有种子繁殖、块茎繁殖和珠芽繁殖。生产上多采用块茎繁殖和珠芽繁殖两种。

在夏秋间,当老叶将要枯萎时,将叶柄上长出的珠芽采集后种植。方法是在已做好的畦上,按行距 15～20 cm,开深 5 cm 左右的沟,再按株距 1.5 cm 把珠芽均匀播于沟内,覆土镇压,再覆盖一层稻草等,土壤较干时用水淋透畦面。每亩用珠芽 50～60 kg。

秋天半夏地上部枯萎回苗后,将留种田的半夏块茎收获,选择无病虫害、不受伤、直径 1～1.5 cm 的块茎作种用,或收获后及时播种,或放通风处晾 1～2 d,然后在室内阴凉处贮藏,翌年春季土壤解冻后、半夏块茎萌动前再种植。播种方式同珠芽繁殖,每亩块茎播种量为 100～120 kg。

(三)田间管理

1. 中耕除草

半夏苗小生长慢,生长期间要经常松土除草,避免草荒。中耕宜浅不宜深,做到除早、除小、除了。中耕深度不宜超过 5 cm,避免伤根。

2. 追肥

半夏是喜肥植物,生长期间要进行多次追肥。出苗后进行第一次追肥,每亩施腐熟人粪尿 1 000～2 000 kg,或氮、磷、钾复合肥 15～20 kg。小满以后,当第一批珠芽长出许多新植株时,田块内植株密度增大,而且块茎生长迅速,需要水肥较多,每亩追施腐熟厩肥 2 000～3 000 kg,或腐熟饼肥 100 kg,或氮、磷、钾复合肥 20～30 kg。均匀撒施于畦面,施肥后进行培土或盖土,防止肥料流失。

3. 灌水与排水

高温和土壤干旱,往往会引起植株枯黄,甚至倒苗,直接影响半夏生长。因此,在半夏的整个生长发育期内,遇旱及时浇水,经常保持土壤湿润,以促进植株和块根生长;雨季要适时排水,防止水涝导致块茎腐烂。

4. 培土

每年 6 月以后,成熟的种子和珠芽陆续落地,在芒种至小暑期间进行两次培土,以利株芽入土生长,长成新的粗壮植株。培土从畦边取土打碎,均匀地撒在畦面上,厚约 1.5 cm。

5. 摘蕾

半夏非留种田,当植株抽薹时,要分期分批把长出的花苞及佛焰苞及时摘除,使养分更多的输送给块茎,从而提高半夏产量和质量。

五、病虫害防治

半夏常见病虫害有块茎腐烂病、缩叶病、蚜虫和菜青虫等。

1. 块茎腐烂病

块茎腐烂病一般在雨季和低洼积水处发生。发病后,块茎腐烂,地上茎叶枯萎。

综合防治措施:①加强中耕松土,雨季注意排水;②在发病初期拔除病株,并用 5%的石灰水浇灌病穴,或在病穴处撒施石灰粉,防止此病蔓延;③发病初期用 50%多菌灵 600 倍液;或 70%甲基硫菌灵可湿性粉剂 1 000 倍液,或 75%代森锰锌络合物 800 倍液喷淋病穴或浇灌病株根部,7～10 d 喷灌 1 次,连续喷灌 2～3 次。

2. 缩叶病

缩叶病是由病毒引起的一种病害,多在夏季发生,发病后小叶皱缩、扭曲,植株变矮、畸形。

综合防治措施:①选用无病植株留种;②彻底消灭传播病原的蚜虫;③用盐酸吗啉胍＋乙酸铜(2.5％病毒 A)400 倍液,或 5％氨基寡糖素(5％海岛素)1 000 倍液喷雾或灌根。

3. 蚜虫

蚜虫其成虫和若虫吮吸嫩叶嫩芽的汁液,使叶片变黄,植株生长受阻。

综合防治措施:发生期用 40％乐果乳油 1 500～2 000 倍液,或灭蚜松(灭蚜灵)1 000～1 500 倍液喷杀。

4. 菜青虫

菜青虫的幼虫咬食叶片,造成孔洞和缺口,严重时,整片叶被吃光。发生期用90％敌百虫 1 500 倍液,或 10％吡虫啉可湿性粉剂 1 000 倍液等喷杀。

六、采收与加工

(一)采收

半夏的收获时间对产品产量和质量影响极大。刨收过早,粉性不足,影响产量。刨收过晚不仅难脱皮、晒干慢,而且加工的商品粉性差、色不白、质量差,产量低。适时刨收,加工易脱皮,干得快,商品色白粉性足,折干率高,产量高,商品品质好。生产实践表明,半夏的最佳刨收期为秋天温度降低 13 ℃以下,叶子开始变黄绿时。若回苗后再刨收,费工很多。

刨收前先将掉落在地上的珠芽拣出。然后从畦一头顺行将半夏整棵带叶刨出放在一边,细心地拣出块茎。若土壤湿度过大,可把块茎和土壤一起先刨松一下,让其较快的蒸发出土壤中的水分,使土壤尽快变得干松,以便于分拣块茎。

(二)加工

半夏加工应抓好如下三个技术环节。

1. 发酵

将收获的鲜半夏块茎堆放室内,厚度 50 cm,堆放 15～20 d,检查发现半夏外皮稍腐,用手轻搓外皮易掉即可。

2. 去皮

将发酵后的半夏块茎筛分出大、中、小三级。数量少的可采用人工去皮,其方法是,将半夏块茎分别装入编织袋或其他容器内,水洗后,脚穿胶靴踏踩或用手来回反

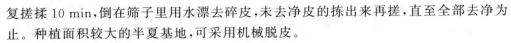

复搓揉 10 min,倒在筛子里用水漂去碎皮,未去净皮的拣出来再搓,直至全部去净为止。种植面积较大的半夏基地,可采用机械脱皮。

3. 干燥

脱皮后的半夏需要马上晾晒,在阳光下暴晒最好,并不断翻动,晚上收回平摊于室内,次日再取出晒至全干,即成商品。半夏数量大的,最好采用烘房烘干,或采用现代大型烘干设备烘干,加工的半夏商品质量更好。

第三节　黄　精

黄精(略　参见第二章　第五节)。

第四节　天南星

一、概述

中药材天南星为天南星科植物天南星[*Arisaema erubescens*(Wall.)Schotts]、异叶天南星(*Arisaema heterophy* Hum, Bl.)或东北天南星(*Arisaema amurense* Maxim.)的干燥块茎。味苦、辛,性温;有毒。归肺、肝、脾经。具有散结消肿作用。外用治痈肿、蛇虫咬伤。天南星分布于除东北、内蒙古和新疆以外的大部分省区;异叶天南星分布于除西藏和西北等地以外的全国大部分省区;东北天南星分布于东北、华北及陕西、宁夏、山东、江苏等地。

二、形态特征

三者均为多年生草本植物。天南星,块茎近圆球形,直径达 6 cm。叶单一,裂片 7~20 枚,披针形或长圆形,放射状分裂;叶柄长达 70 cm;肉穗花序单性;雌花序轴在下部,雄花序轴在上方,浆果熟时红色,种子 1~2,球形,淡褐色。花期 4—6 月,果期 8—9 月。异叶天南星,块茎近圆球形,直径 2~5 cm,叶常单一;叶片鸟足状分裂,裂片 11~19,线状长圆形或倒披针形,肉穗花序轴与佛焰苞完全分离;

两性花或雄花单性;下部雌花序,上部雄花序。果序近圆锥形,浆果熟时红色,种子黄红色。花期4—5月,果期6—9月。东北天南星,单一叶,叶柄长17～30 cm;叶片鸟足状分裂,裂片5,倒卵状披针形或椭圆形;肉穗花序单性,浆果熟时红色;种子4,红色。

三、生长习性

天南星是一种阴生植物,野生于海拔200～1 000 m的山谷或林内阴湿环境中,怕强光,喜水喜肥,怕旱怕涝,忌严寒,底肥充足才能高产。人工栽培宜在树荫下选择湿润、疏松、肥沃的黄沙土。种子发芽适温为22～24 ℃,发芽率为90%以上。种子和块茎无生理休眠特性,种子的寿命为1年。

四、规范化栽培技术

(一)选地整地

天南星喜湿润、疏松、肥沃的土壤和环境,宜选择有荫蔽的林下;土壤以疏松肥沃、排水良好的黄沙土为好。低洼、排水不良的地块不宜种植。前作物收获后,每亩施腐熟农家肥3 000 kg以上,耕翻20 cm以上,耙细整平后做成宽1.2～1.5 m的平畦或高畦。

(二)播种栽植

天南星用块茎和种子均可繁殖。可因地制宜地选用。

1. 块茎繁殖

在秋季10—11月采收时,选无病虫害、健壮完整的中小块茎作种茎,贮放于地窖或室内沙藏,并保持温度在5 ℃左右较为适宜;或埋在深60 cm以上的坑内,温度保持在5 ℃左右,过低容易冻伤块茎,过高又会使块茎提前萌发。翌年4月取出,在整好的畦上按行距18～25 cm,开5～6 cm深的沟,然后按株距15～20 cm下种。栽培时要注意芽头向上,覆土4～5 cm,然后浇水1次。大块茎作种栽时,可以纵切两块或数块,只要每块有一个健壮的芽头,都能作种栽用。每亩用种茎40～60 kg。

2. 种子繁殖

用当年新收的种子,于8月上旬,在整好的畦上,按行距12～15 cm开沟条播,覆土约1.5 cm。温度在20～25 ℃时,播后约8 d即可出苗。翌年苗高5～10 cm时,选阴天每隔一行间一行,间出的苗再移到另一块地栽种。留下行按株距13～15 cm定。因种子繁殖生长期长,产量不高,故生产上一般多不采用。

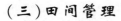

（三）田间管理

由于天南星根浅，幼苗生长慢，苗期应勤中耕除草。中耕宜浅不宜深，以保持土地疏松、田间无严重杂草危害为原则。天南星喜湿，生长期间应勤浇水，保持土壤湿润。雨季注意适时排水防涝；6—7月生长旺盛期，每亩追施人粪尿1 000 kg；8月再追施腐熟饼肥 60 kg，氮、磷、钾复合肥 20 kg 左右，以促进块茎膨大。花期除留种株外，其余花葶可全部摘除。

五、病虫害防治

天南星常见病虫害有根腐病、病毒病、红蜘蛛、红天蛾等。

1. 根腐病

根腐病发病初期，用 50％琥胶肥酸铜（DT 杀菌剂）可湿性粉剂 350 倍液灌根，或 3％广枯灵（恶霉灵＋甲霜灵）600～800 倍液灌根或喷雾，7～10 d 喷灌 1 次，连续喷灌 3 次。

2. 病毒病

植株感病后叶片皱缩不长。

综合防治措施：①加强管理，提高植株抗病性；②发生期用植病灵配合赤霉素喷雾防治。

3. 红蜘蛛

红蜘蛛主要为害叶片。可以使用 20％双甲脒乳油 1 000 倍液，或 73％克螨特 3 000 倍液进行喷雾防治。

4. 红天蛾

红天蛾 7—8 月为害叶片。幼龄期喷 90％敌百虫 800 倍液防治。

六、采收加工

1. 采收

当秋季天南星的地上部分枯黄时采挖块茎，去掉泥土、茎叶及须根。

2. 产地加工

收回的天南星块茎，装入竹筐内置于流水下，用竹箒帚反复刷洗去外皮，再用清水洗净；或装入麻袋内（装麻袋的1/3），放在木板上搓去外皮，倒出用水冲洗，用竹刀将凹陷处的皮刮净，晒干或烘干，直到色白、全干为止。

天南星全株有毒，采收、加工块茎时要戴橡胶手套和口罩，避免接触皮肤，以免中毒，如有皮肤红肿，用甘草水洗。

天南星一般亩产干货 250～350 kg。折干率为 30%。干燥的天南星成品呈扁球形,高 1～2 cm,直径 1.5～6.5 cm。表面类白色或淡棕色,较光滑,顶端有凹陷的茎痕,周围有麻点状根痕,有的块茎周边有小扁球状侧芽。质坚硬,不易破碎,断面不平坦,白色,粉性。气微辛,味麻辣。以体大、色白、粉性足、无杂质者为佳。同时,按干燥品计算,含总黄酮以芹菜素($C_{15}H_{10}O_5$)计,不得少于 0.050%;水分不得过 15.0%。

第八章

其他中药材规范化栽培技术

第一节　板蓝根

一、概述

板蓝根为十字花科植物菘蓝(*Isatis indigotica* Fort.)的干燥根,具有清热解毒、凉血利咽等功效,常用于瘟疫时毒、发热咽痛、温毒发斑、痄腮、烂喉丹痧、大头瘟疫、丹毒、痈肿等症,是常用的大宗药材之一。菘蓝的干燥叶也可入药,即"大青叶",具有清热解毒、凉血消斑等功效,常用于温病高热、神昏、发斑发疹等证。

二、形态特征

二年生草本,植株高 50～100 cm。光滑被粉霜。根肥厚,近圆锥形,直径 2～3 cm,长 20～30 cm,表面土黄色,具短横纹及少数须根。基生叶莲座状,叶片长圆形至宽倒披针形,长 5～15 cm,宽 1.5～4 cm,先端钝尖,边缘全缘,或稍具浅波齿,有圆形叶耳或不明显;茎顶部叶宽条形,全缘,无柄。总状花序顶生或腋生,在枝顶组成圆锥状;萼片 4,宽卵形或宽披针形;花瓣 4,黄色,宽楔形;雄蕊 6,4 长 2 短;雌蕊 1,子房近圆柱形,花柱界线不明显,柱头平截。短角果近长圆形,扁平,无毛,边缘具膜质翅,尤以两端的翅较宽,果瓣具中脉。种子 1 颗,长圆形,淡褐色。花期 4—5 月,果期 5—6 月。

三、生长习性

板蓝根对气候和土壤条件适应性强,耐严寒,喜温暖,对土壤要求不严,但怕水渍,我国广大北方地区均能正常生长。种子容易萌发,15～30℃范围内均发芽良好,发芽率一般在80％以上,种子寿命为1～2年。正常生长发育过程必须经过冬季低温阶段,方能开花结籽,故生产上就利用这一特性,采取春播或夏播,当年收割叶子和挖取其根。若收获种子,通常需幼苗在田间自然越冬。板蓝根是深根植物,宜种植在土壤深厚,疏松肥沃的沙质壤土或壤土,忌低洼地。

四、规范化栽培技术

(一)选地整地

板蓝根适应性强,对土壤环境条件要求不严,适宜在土层深厚、疏松、肥沃的沙质壤土或壤土内种植,排水不良的低洼地,容易烂根,不宜选用。种植基地应选择没有污染源污染,生态环境良好的农业生产区域。

选好地后,每亩施腐熟的农家基肥2 000 kg,复合肥30～50 kg,或生物肥料100 kg。深耕30 cm左右,耙细整平做畦。

(二)选择品种

板蓝根适应性强,在我国大部分地区都能种植,主要产区分布在河北、安徽、内蒙古、甘肃等地。生产上常用的栽培品种有小叶板蓝根和四倍体大叶板蓝根。小叶板蓝根从根的外观质量、药用成分含量、药效等方面均优于四倍体板蓝根,而四倍体板蓝根叶大、较厚。因此,以收获板蓝根为主的可以选择种植小叶板蓝根,以收割大青叶为主的可以选择种植四倍体大叶板蓝根。

(三)适时播种

春播板蓝根随着播种期后延,产量呈下降趋势,但也不是播种越早越好。因为板蓝根是低温春化植物,若播种过早遭遇倒春寒,会引起板蓝根当年开花结果,影响板蓝根的产量和质量。因此,板蓝根春季播种不宜过早,以清明以后播种为宜。此外,板蓝根也可在6月收完麦子后夏季播种。

播种时,按行距20～25 cm开沟,沟深2～3 cm,将种子均匀撒入沟内,播后覆土2 cm,稍加镇压。每亩播种量2～2.5 kg。

(四)田间管理

1. 间、定苗

当苗高4～7 cm时,按株距8～10 cm定苗,间苗时去弱留强,使行间植株保持三角形分布。

2. 中耕除草

幼苗出土后,做到有草就除,注意苗期应浅锄;植株封垄后,一般不再中耕,可用手拔除。雨后应及时松土。

3. 追肥

6月上旬每亩追施氮、磷、钾复合肥20~25 kg,于行间开沟施入。8月上旬再进行一次追肥,每亩追施氮、磷、钾复合肥15~20 kg,开沟施入,施后覆土并及时浇水。

4. 灌水与排水

定苗后,视植株生长情况,进行浇水。如遇伏天干旱,可在早晚灌水,切勿在阳光暴晒下进行。多雨地区和雨季,要及时排除田间积水,避免田间水涝、引起烂根。

(五)留种采种

正常情况下板蓝根当年不开花,若要采收种子需等到第二年。板蓝根属于异花授粉,不同品种种植太近易发生串粉,导致品种不纯。因此,板蓝根留种采种要抓好三点:第一,秋季选择无病虫害、主根粗壮、不分杈且纯度高的板蓝根作为留种田,并确保周围1 km范围内无其他板蓝根品种;第二,翌年春季返青时,每亩施入腐熟有机肥1 000~2 000 kg,或氮、磷、钾复合肥20~30 kg;在花蕾期要保证田间水分充足;第三,待种子完全成熟后(呈紫黑色)进行采收,割下果枝晒干脱粒,除去杂质,存放于通风干燥处待用。

五、病虫害防治

板蓝根常见病虫害有根腐病、霜霉病、白粉病、菜青虫、蚜虫、红蜘蛛等。

1. 根腐病

根腐病可参照党参根腐病综合防治措施防治。

2. 霜霉病

霜霉病可参照菊花霜霉病综合防治措施防治。

3. 白粉病

白粉病主要为害叶片,以叶背面较多,茎、花上也可发生。

综合防治措施:①合理轮作,前茬也不宜选十字花科作物;②合理密植,增施磷、钾肥,增强抗病力;③雨季适时排除田间积水,抑制病害的发生蔓延;④发生初期,用2%农抗120水剂,或三唑酮(15%粉锈宁可湿性粉剂)1 000倍液,或50%多菌灵可湿性粉剂500~800倍液,或甲基硫菌灵(70%甲基托布津可湿性粉剂)800倍液等喷雾防治。7~10 d 1次,连续防治2~3次。

4. 菜青虫(菜粉蝶)

菜青虫咬食板蓝根叶片,造成孔洞或缺刻,甚至将叶片吃光。

综合防治措施:①菜粉蝶产卵期,每亩释放广赤眼蜂1万头,隔3~5 d释放1次,连续放3~4次;②卵孵化盛期,用氟啶脲(5%抑太保)2 500倍液,或25%灭幼脲悬浮剂2 500倍液喷雾防治。7 d喷1次，连续防治2～3次；③低龄幼虫期，用多杀霉素（2.5％菜喜悬浮剂）3 000倍液，或高效氯氟氰菊酯（2.5％功夫乳油）4 000倍液，或联苯菊酯（10％天王星乳油）1 000倍液，或50％辛硫磷乳油1 000倍液等喷雾防治。7～10 d喷1次，连续防治2～3次。

5. 蚜虫

蚜虫为害板蓝根叶片、嫩芽及花序。

综合防治措施：①有翅蚜初发期用黄板诱杀蚜虫；②前期蚜量少时保护利用瓢虫等天敌，进行自然控制；③无翅蚜发生初期，用0.3％苦参碱乳剂800～1 000倍液喷雾防治；④发生期用10％吡虫啉可湿性粉剂1 000倍液，或3％啶虫脒乳油1 500倍液，或2.5％联苯菊酯乳油3 000倍液，或4.5％高效氯氰菊酯乳油1 500倍液，或50％辟蚜雾可湿性粉剂2 000～3 000倍液等喷雾防治，7～10 d 1次，交替喷雾防治2～3次。

6. 红蜘蛛

红蜘蛛发生期用1.8％阿维菌素乳油2 000倍液，或0.36％苦参碱水剂800倍液，或天然除虫菊素2 000倍液，或73％克螨特乳油1 000倍液等进行喷雾防治。7～10 d 1次，交替喷雾防治2～3次。

六、采收加工

北方没有多次收割大青叶的习惯。若收割大青叶，可以在收刨板蓝根时一并将板蓝根叶——大青叶收获。

板蓝根适宜采收期的确定，主要应权衡产量和药用成分含量的关系。实践表明，板蓝根的适宜采收期在10月中下旬，此时产量和质量都比较理想。平原规模化种植的板蓝根，可以选择根茎药材收获机械收获，这样可提高收获效率，大大节约人工成本。没有收获机械，或不能采用机械收获的，可人工刨挖。应选择晴天和土壤干湿适宜时刨挖。刨出后，抖净泥土，减去叶部，送晾晒场晒干即可。收获的板蓝根叶，宜晾干或风干，忌暴晒。

第二节　白鲜皮

一、概述

中药白鲜皮为芸香科多年生草本植物白鲜（*Dictamnus dasycarpus* Turcz.）的

干燥根皮。白鲜皮,别名白藓皮、八股牛、山牡丹、羊鲜草等。味苦,性寒,归脾、胃、膀胱经。具有清热燥湿,祛风解毒之功效。用于治疗湿热疮毒,黄水淋漓,湿疹,风疹,疥癣疮癞,风湿热痹,黄疸尿赤等症。现代药理研究表明,白鲜皮挥发油在体外有抗癌作用。但脾胃虚寒者慎用。主产于辽宁、河北、四川、江苏等地。

二、形态特征

白鲜为多年生草本,基部木质,高达 1 m。全株有特异的香味。根肉质,多侧根,外皮黄白色至黄褐色。奇数羽状复叶互生;叶轴有狭翼,无叶柄;小叶 9～13,叶片卵形至椭圆形,长 3.5～9 cm,宽 2～4 cm,先端锐尖,基部楔形,边缘具细锯齿,上面深绿色,下面白绿色。总状花序顶生,长达 30 cm,花轴及花柄混生白色柔毛及黑色腺毛;花柄长 1～2.5 cm,基部有线形苞片 1 枚;萼片 5,卵状披针形,长约 5 mm,宽约 2 mm,基部愈合;花瓣 5,色淡红而有紫红色线条,倒披针形或长圆形,长约 2.5 cm,宽 0.5～0.7 cm;雄蕊 10;子房上位,5 室。蒴果,密被腺毛,成熟时 5 裂,每瓣片先端有一针尖。种子 2～3 颗,近球形,直径约 3 mm,先端短尖,黑色,有光泽。花期 4—5 月,果期 6 月。

三、生长习性

白鲜生于山地灌木丛中及森林下,多见于山坡阳坡。喜欢温暖湿润,耐寒,怕旱,怕涝,怕强光照。喜肥沃疏松、排水良好的沙质壤土。低洼易涝、盐碱地或重黏土地不适宜。北方大部分省区有分布。朝鲜、蒙古、俄罗斯(远东)也有。

四、规范化栽培技术

(一)选地整地

种植白鲜,应选择阳光充足、土质肥沃疏松、排水良好,中性或微酸性的沙质壤土,育苗地宜选择有水浇条件的平地或缓坡地;移栽地可选山地梯田、缓坡地、阳光充足的荒山荒坡、果园及人工幼林的行间等。低洼易涝、盐碱地或重黏土地不适宜。前茬以甘薯、小麦、水稻、玉米、豆类等作物为宜。

选好的地块,于前作物收获后,每亩撒施腐熟有机肥 2 000～3 000 kg,深翻 25～30 cm,耙细整平,做成宽 1～1.2 m 的高畦或平畦。

(二)播种栽植

白鲜用种子繁殖,直播和育苗移栽均可,但以育苗移栽更为适宜。

种子采收后晾晒 5～7 d,然后放阴凉通风处贮存,于晚秋土壤上冻前播种。秋季播种翌年春季出苗早、苗齐。播种时按行距 12～15 cm 开沟,沟深 4～5 cm,踩好底格,将种子同细沙一起播到沟内,盖土 3～4 cm,播种量 10～15 g/m²(每亩 7～10 kg),盖土后稍加镇压。有条件的床面再盖一层湿稻草保湿。如果不能秋播,可将种子放在室外进行低温冷藏,翌春 4 月中下旬播种。

幼苗在苗床生长 1～2 年,于秋季地上部枯萎后或翌春返青前移栽定植。方法是:先将苗床内幼苗全部挖出,按大、中、小分类分别栽植。于做好的床上,按行距 25～30 cm,株距 20～25 cm,开沟或挖穴,将种苗顶芽朝上放在沟穴内,使苗根舒展开,随后盖土过顶芽 4～5 cm,盖后踩实,干旱时栽后要浇透水,或者坐水栽植。每亩栽植密度为 1 万～1.1 万株,用种量 60～75 kg。苗床病害严重的,栽植前块茎用 50%退菌特可湿性粉剂 1 000 倍液浸种 5 min,稍晾干,再栽植。

(三)田间管理

1. 中耕除草

出苗后要及时中耕除草。封垄前,要结合杂草危害情况、降雨和灌水以及追肥等适时进行 2～3 次中耕除草。

2. 灌水与排水

白鲜喜湿润,怕旱,怕涝。生长期间遇旱应适时灌水;雨季应及时排水防涝,以确保白鲜健壮生长。

3. 追肥

未施基肥或基肥中未施速效肥料的,可于返青出苗后每亩追施硫酸铵或氮、磷、钾复合肥 15～20 kg;施足基肥的地块,可于白鲜每年封垄前追施氮、磷、钾复合肥 20～30 kg;立秋后可喷施 0.3%～0.5%的磷酸二氢钾叶面肥 1～2 次。对促根壮株增产有明显作用。秋季上冻前,每亩施腐熟厩肥 2 000～3 000 kg。有利保湿保温,保护白鲜安全越冬和翌年健壮生长。

4. 摘花去蕾

5—6 月白鲜开始开花,为促使根系发育,增加根重,非留种田及植株,在现蕾后、开花前摘除花蕾,注意摘蕾时不要伤害茎叶。

(四)留种采种

留种田应选生长 4 年以上的健壮植株,平时应加强管理,花期增施磷、钾肥,雨季注意排水。种子在 7 月中旬开始成熟,要随熟随采,防止果瓣自然开裂,使种子落地。待果实由绿色变黄色、果瓣即将开裂时采收。每天上午 10:00 前趁潮湿将蒴果剪下,放阳光下晾晒,果实全部晒干开裂后再用木棒拍打,除去果皮及杂质,将种子贮存或秋季播种。

五、病虫害防治

白鲜常见病虫害有霜霉病、菌核病、锈病、灰斑病、地老虎、蝼蛄和蛴螬等。

1. 霜霉病

霜霉病多发生在叶部,叶初生褐色斑点,渐在叶背产生1层霜霉状物,严重者使叶片枯死。

综合防治措施:发病初期用75％百菌清可湿性粉剂500倍液,或40％乙磷铝可湿性粉剂200倍液,或50％瑞毒霉500倍液,或58％甲霜·锰锌可湿性粉剂500倍液,或69％烯酰·锰锌可湿性粉剂800倍液,或甲基硫菌灵800倍液喷雾防治,7～10 d 1次,连续防治2～3次。

2. 菌核病

菌核病主要为害茎基部,初呈黄褐色或深褐色的水渍状梭形病斑,严重时茎基腐烂,地上部倒伏枯萎,土表可见菌丝及菌核。

综合防治措施:①用1:2的草木灰、熟石灰混合粉30 kg/亩,撒于根部四周;②发病初期,用70％代森锰锌可湿性粉剂500倍液,或70％甲基硫菌灵、50％多菌灵,或40％纹枯利可湿性粉剂1 000倍液,或40％菌核净1 500～2 000倍液,或50％腐霉利1 000～1 200倍液等喷治,7～10 d 1次,连续喷治2～3次。

3. 锈病

锈病染病初期叶片产生黄白色至黄褐色小斑点,后逐渐扩大,现黄褐色夏孢子堆,后突破表皮散出褐红色粉状物,即夏孢子。深秋,从病斑上长出黑色的冬孢子堆,严重的致叶片干枯早落,影响产量。

综合防治措施:发病初期用60％代森锌可湿性粉剂500倍液,或用25％粉锈宁可湿性粉剂1 000倍液,或15％三唑酮可湿性粉剂1 000～1 500倍液,或50％萎锈灵乳油800倍液,或70％代森锰锌可湿性粉剂700倍液等喷雾防治,10～15 d 1次,连续防治2次左右。

4. 灰斑病

灰斑病主要为害叶片,严重时也可为害叶柄。

综合防治措施:发病初期,用70％甲基硫菌灵可湿性粉剂1 000倍液,或40％多菌灵胶悬剂500倍液,或75％百菌清可湿性粉剂700～800倍液等喷雾防治。7～10 d 1次,连续防治2次左右。

5. 地老虎、蝼蛄和蛴螬

地老虎、蝼蛄和蛴螬主要为害白鲜幼苗及根部。可参照人参及其他中药材相同地下害虫综合防治措施防治。

六、采收加工

移栽后生长 2～3 年，于秋季植株地上部分枯萎后或翌春返青前采挖根部，以秋季采收更好。先割去地上茎叶，然后将根挖出，去掉泥土及残茎，放阳光下晾晒。晒至半干时除去须根和老皮，抽去中间硬芯，再晒至全干后入库备售。3 kg 左右鲜根可晒干品 1 kg，亩产干药材 300～350 kg。

第三节　穿山龙

一、概述

穿山龙系薯蓣科薯蓣属植物穿龙薯蓣（*Dioscorea nipponica* Makino）的干燥根茎。性温，味甘、苦。归肝、肾、肺经。具有祛风除湿，舒筋通络，活血止痛，止咳平喘等功效。主治风湿痹病，关节肿胀，疼痛麻木，跌扑损伤，闪腰岔气，咳嗽气喘等病症。分布于东北、华北、山东、河南、安徽、浙江北部、江西（庐山）、陕西（秦岭以北）、甘肃、宁夏、青海南部、四川西北部。也产于日本本州以北及朝鲜和俄罗斯远东地区。

二、形态特征

缠绕草质藤本。根状茎横生，圆柱形，多分枝，栓皮层显著剥离。茎左旋，近无毛，长达 5 m。单叶互生，叶柄长 10～20 cm；叶片掌状心形，变化较大，茎基部叶长10～15 cm，宽 9～13 cm，边缘作不等大的三角状浅裂、中裂或深裂；顶端叶片小，近于全缘，叶表面黄绿色，有光泽，无毛或有稀疏的白色细柔毛，尤以脉上较密。花雌雄异株。雄花序为腋生的穗状花序，花序基部常由 2～4 朵集成小伞状，至花序顶端常为单花；苞片披针形，顶端渐尖，雄蕊 6 枚，着生于花被裂片的中央，药内向。雌花序穗状，单生；雌花具有退化雄蕊，有时雄蕊退化仅留有花丝；雌蕊柱头 3 裂，裂片再2 裂。蒴果成熟后枯黄色，三棱形，顶端凹入，基部近圆形，每棱翅状，大小不一，一般长约 2 cm，宽约 1.5 cm；种子每室 2 枚，有时仅 1 枚发育，着生于中轴基部，四周有不等的薄膜状翅，上方呈长方形，长约比宽大 2 倍。花期 6—8 月，果期 8—10 月。

三、生长习性

常生于山腰的河谷两侧半阴半阳的山坡灌木丛中和稀疏杂木林内及林缘,而在山脊路旁及乱石覆盖的灌木丛中较少;喜肥沃、疏松、湿润、腐殖质较深厚的黄砾壤土和黑砾壤土,常分布在海拔 100～1 700 m,集中在 300～900 m 间。穿龙薯蓣对温度适应的幅度较广,8～35 ℃均能生长,但以 15～25 ℃最适宜。耐旱,怕涝。幼苗怕强光,成龄植株需要充足光照。

四、规范化栽培技术

(一)选地与整地

穿山龙生长对土壤条件要求不太严格,宜选结构疏松,肥沃,排水良好,肥沃的沙质壤土为好,壤土、轻黏壤土次之,土壤酸碱度以弱酸至弱碱性较适宜。忌选土壤黏重、排水不良的低洼易涝地种植。对比较贫瘠的土地,可以通过施用有机肥来改善土壤的肥力和理化性状。如用堆肥、厩肥、草炭等,必须经过充分腐熟后施用,以减少病虫害的发生。最好秋季整地,整地前每亩施入腐熟农家肥 2 000～4 000 kg,过磷酸钙 50 kg,均匀撒施。施后深翻 25～30 cm,整平耙细,按宽 1.2 m、高 15～20 cm 做高畦,床间距 40 cm,长度不限。也可做成宽 150～200 cm 的平畦。

(二)繁殖方法

穿山龙繁殖方法有根茎繁殖和种子繁殖。种子繁殖生产周期较长。

1. 根茎繁殖

春季土壤解冻后,植株萌芽前,将母株根茎挖出,选择粗壮,节间短,无病虫害的较幼嫩的根茎做种栽。按照自然生长情况剪或切成小段,每段有芽苞 2～3 个,适当晾晒至伤口愈合。然后在已做好的畦上,按行距 40 cm,开深 8 cm 的栽植沟(横向开沟更适),沟内按株距 15～20 cm 摆放根段,覆土镇压。温度适宜,15 d 左右即可出苗。

2. 种子繁殖

播种期首先以晚秋播种为好,出苗率高;其次为春播,于 4 月上旬,横床开沟,行距 15 cm,沟深 2 cm,将种子均匀撒播在沟内,覆土 2 cm,稍加镇压,干旱时浇水,保持土壤湿润。每亩播种量 3 kg 左右。播后 25 d 左右即可出苗。幼苗生长一年,翌年春按行距 40 cm,株距 15～20 cm 移栽定植,耕地不足时也可将种子撒播在灌木丛中,自然生长 2～3 年后,再将根茎挖出移栽到农田中。

（三）田间管理

1. 搭架或间种玉米

穿山龙为半阴性缠绕植物,生长期间需要支架或其他高秆植物做支撑更有利生长。因此,可在床的两边种植玉米,以起到遮阴和支撑作用。按穴距 40 cm 左右刨穴,穴深 4～5 cm,每穴点种子 4～5 粒,覆土压实。也可于穿山龙小苗长至 20～30 cm 时,利用细竹竿、高粱秆、玉米秆等材料给其搭架,架高 1.8～2 m,每四根为一组,顶端捆在一起。让茎蔓缠绕在架上生长。

2. 间苗

种子播种时,待幼苗长至 10 cm 左右,长出 3～4 片真叶时,要适时间苗、疏苗,做到间小留大,间弱留壮,苗距 5 cm 左右。

3. 中耕除草

幼苗生长期间要及时进行除草,因其地上部分生长弱,除草要做到除早、除小,避免发生草荒。封垄前要中耕除草 2 遍左右。

4. 追肥

每年进入旺盛生长前要追一遍肥,每亩追施氮、磷、钾复合肥 20～30 kg。尽量结合降雨或浇水进行。晚秋回苗后,割去枯茎,每亩可施用有机肥 2 000～3 000 kg。

5. 灌水与排水

穿山龙喜湿、耐旱、怕涝。遇严重干旱应适时适量灌水;雨季应适时排水防涝。

五、病虫害防治

穿山龙常见病虫害有炭疽病、根腐病、锈病、褐斑病、蝗虫、红毛虫及蛴螬等。

1. 炭疽病

炭疽病主要为害穿山龙叶缘和叶尖,严重时,使大半叶片枯黑死亡。发病初期在叶片上呈现圆形、椭圆形红褐色小斑点,后期扩展成深褐色圆形病斑。

综合防治措施:①选择排水良好的高燥地块种植;②合理轮作,不重茬;③发病初期用 65% 代森锰锌 500～600 倍液,或 95% 恶霉灵(土菌消)可湿性粉剂 4 000～5 000 倍液,或 50% 多菌灵 600 倍液,或 70% 甲基硫菌灵 1 000 倍液喷雾防治。每 7～10 d 进行 1 次,连续防治 2～3 次。

2. 根腐病

根腐病主要为害穿山龙根茎部和根部。发病初期病部呈褐色至黑褐色,逐渐腐烂,后期外皮脱落,只剩下木质部,地上部叶片发黄或枝条萎缩,严重的枝条或全株枯死。

综合防治措施:发病初期用 50%琥胶肥酸铜(DT 杀菌剂)可湿性粉剂 350 倍液,或 3%广枯灵(恶霉灵+甲霜灵)600～800 倍液等灌根或喷雾,7～10 d 喷灌 1 次,连续喷灌 3 次。

3. 锈病

锈病主要为害两年以上植株叶片、幼茎,严重时为害叶柄和果实,造成叶片提前枯萎、脱落。穿山龙叶片上病斑初为黄白色小点,逐渐隆起扩大成黄色疱斑,破裂后散出铁锈色粉末。茎部为上下条纹状黄色病斑,并且病斑四周有黄色锈粉,种子感染后种壳凹陷。

综合防治措施:发病初期可用 12.5%腈菌唑可湿性粉剂 1 000 倍液,或 15%三唑酮可湿性粉剂 600 倍液,或 65%世高可湿性粉剂 800 倍液茎叶喷雾防治,7～10 d 喷 1 次,连喷 2～3 次。

4. 褐斑病

褐斑病于叶片上产生圆形或近圆形,边缘不整齐,大小不等的淡褐色病斑。

综合防治措施:①实行合理轮作;②用 30%过氧乙酸土壤消毒剂 100 倍液进行土壤消毒;③发生初期用 70%甲基硫菌灵可湿性粉剂或 75%代森锰锌(全络合态)800 倍液喷雾防治,7 d 喷 1 次,连喷 2～3 次。

5. 蝗虫、红毛虫、蛴螬

幼苗生长期,常有蝗虫、红毛虫为害。可用 2.5%功夫乳油 1 000 倍液喷雾防治;另有蛴螬等地下害虫为害,可在 8 月上旬用 90%敌百虫晶体,或 50%辛硫磷乳油 800 倍液等灌根防治幼虫。

六、采收与加工

穿山龙是一种多年生草质缠绕性植物,种子繁殖的 4～5 年采收,根茎繁殖的 3 年采收。春、秋季均可采挖,但以秋季采收更为适宜。

因穿山龙根茎分布较浅,可人工直接刨挖,也可先用犁挑起,然后人工拣出抖净泥土,运送晾晒场干燥加工。大规模种植,还可用根茎类药材收获机收获。

穿山龙可采用晒干、阴干、炕干、烘干的方法干燥。其中采用晒干、烘干的方法较普遍。这两种方法简便易行,干燥时间短,薯蓣皂苷元破坏少,含量高。阴干的时间较长,易发霉变黑,薯蓣皂苷元含量低,影响质量。干燥后去掉须根及残皮即可。

第四节 防 风

一、概述

防风为伞形科防风属植物防风[*Saposhnikovia divaricata*(Turcz.)Schischk.]的干燥根。味辛、甘,性微温。归膀胱、肝、脾经。具有祛风解表,胜湿止痛、止痉等功效。主治感冒头痛,风湿痹痛,风疹瘙痒,破伤风等。别名关防风、东防风、旁风等。主产于东北、河北、内蒙古、山东等地。

二、形态特征

多年生草本,根粗壮,细长,圆柱形,淡黄棕色。茎单生,自基部分枝较多,与主茎近于等长,有细棱,基生叶丛生,有扁长的叶柄,基部有宽叶鞘。叶片卵形,有柄。茎生叶与基生叶相似,但较小,顶生叶简化,有宽叶鞘。复伞形花序多数,生于茎和分枝上,顶端花序梗长 2~5 cm;伞辐无毛;小伞形花序有花 4~10;无总苞片;小总苞片线形,先端长约 3 mm,萼齿短三角形;花瓣倒卵形,白色,无毛。双悬果狭圆形,幼时有疣状突起,成熟时渐平滑;花期 8—9 月,果期 9—10 月。

三、生长习性

防风多野生于山坡、林边及干旱的草原。喜阳光充足、凉爽、干燥的气候,耐寒、耐旱、怕高温,忌雨涝。宜生长在疏松、肥沃、排水良好的沙质壤土上,黏土、涝洼地、重盐碱地生长不良。种子发芽率较低,一般为 50%～70%;寿命短,一年后基本丧失发芽能力;发芽适宜温度为 20 ℃左右。

四、规范化栽培技术

(一)选地整地与施肥

选择地势高燥、排水良好、土层深厚、疏松肥沃的沙质壤土,于前作收获后,每亩撒施 3 000～4 000 kg 腐熟厩肥和 15～20 kg 过磷酸钙,耕翻 30 cm 以上,耙细整平,做成宽 1～1.3 m 的平畦,多雨地区以做成高畦为宜。

（二）播种与栽植

防风主要用种子繁殖，根段繁殖也可。种子繁殖则主要采用直播方式。

1. 种子直播

秋播与春播均可。北方秋播多于晚秋上冻之前。秋播宜用干种子，来春出苗早，出苗齐，出苗率高，根部质地坚实，粉性足、品质好。北方春播在 4 月中旬前后。春播发芽出苗率低，播前可先将种子置于 35 ℃温水中浸泡 24 h，捞出晾干外皮再行播种。播种时，于做好的畦内，按行距 25～30 cm 开深 1.5～2.0 cm 的浅沟，将种子均匀撒于沟内，覆土压实，畦面盖草，保持湿润。每亩播种量 1.5～2 kg。

近年，安国等种植区，多有采用第一年育苗，第二年开沟平栽种植方式。该方式防风根长得粗，产量高，且收获省力省工，具有良好的推广价值。

2. 根段栽植

在秋季或早春收获时，选取粗 0.7 cm 以上的根条，截成 3～5 cm 长的小段，按行株距 50 cm×15 cm 挖穴栽植，穴深 6～8 cm，每穴栽入一个根段，不能倒栽。然后覆土 3～5 cm。每亩用种根 50 kg 左右。也可于晚秋将种根按 10 cm×3 cm 的行株距假植，待根段上端长出不定芽或翌春长出 1～2 片叶子时再定植。

（三）田间管理

1. 间、定苗与补苗

苗高 4～5 cm 时，按株距 6～7 cm 间苗；苗高 10～12 cm 时，按株距 15 cm 左右定苗。保苗容易的地块，也可于苗高 8～10 cm 时，进行一次性的定苗。结合定苗对缺苗部位进行补苗。

2. 中耕除草与培土

苗期结合间苗和定苗，中耕除草 2 次，至封垄前，视杂草及土壤水分状况等再中耕除草 1～2 次，经常保持土松草净。封垄后，发现大草及时拔除。为防倒伏，雨季到来前，结合最后一次中耕对根部进行培土。植株枯萎后、封冻前，再培一次土，以便护根防冻。

3. 追肥

在基肥足，防风生长健壮时，第一年可不追肥。否则，可在丛生叶封垄前每亩追施腐熟的饼肥 50 kg 或氮、磷、钾复合肥 15～20 kg。第二年返青时，每亩追施人粪尿 1 000 kg 加磷酸氢二铵 5～7 kg，或每亩追施氮、磷、钾复合肥 20～30 kg。

4. 灌水与排水

出苗后应保持土壤湿润，遇旱应灌水。定苗以后，根已深扎，不遇严重干旱不再浇水。多雨地区及多雨季节，应及时排水防涝。

5. 摘除花薹

防风开花结实后,根部木质化,不宜再作药用,所以在生长第二年,除留种植株外,发现抽薹要及时摘除。

五、病虫害防治

防风常见病虫害白粉病、根腐病、斑枯病、黄凤蝶、黄翅茴香螟、蝼蛄、小地老虎等。

1. 白粉病

白粉病主要为害叶片和嫩茎,发病初期在叶片及嫩茎上产生白色近圆形的点状白粉斑,以后逐渐蔓延,至全叶及嫩茎被白粉状物覆盖。发病严重时,引起早期落叶及嫩茎枯死。

综合防治措施:①加强田间管理,改善田间通风透光条件;②秋、冬季及时清除病残体,减少越冬菌源;③发病初期,喷施40%氟硅唑悬浮剂10 000倍液、12.5%志信星可湿性粉剂500倍液等,7~10 d喷1次,连喷2~3次。

2. 根腐病

防治根腐病可参照党参根腐病综合防治措施。

3. 斑枯病

斑枯病主要为害叶片,茎秆也可受害。叶片染病病斑生在叶两面,圆形至近圆形,大小2~5 mm,褐色,中央色稍浅,上生黑色小粒点。

综合防治措施:①合理密植,改善田间通风透光条件;②控施氮肥,增施磷、钾肥,提高植株抗病力;③入冬前清洁田园,烧掉病残体,减少菌源;④发病初期,用1:1:100的波尔多液,或50%多菌灵可湿性粉剂500倍液,或75%百菌清可湿性粉剂600倍液,或70%代森锰锌可湿性粉剂800倍液等喷雾防治,7~10 d喷1次,连喷2~3次。

4. 黄凤蝶

黄凤蝶属鳞翅目凤蝶科,幼虫咬食叶片,常吃成缺刻,或仅留叶柄。6—8月幼虫为害严重。

综合防治措施:①人工捕杀幼虫和蛹;②产卵盛期或卵孵化盛期,用青虫菌(每克含孢子100亿)300倍液,或25%灭幼脲悬浮剂2 500倍液,或用2.5%鱼藤酮乳油600倍液,或0.65%茴蒿素水剂500倍液等喷雾防治。③卵孵化盛期或低龄幼虫期,用1.8%阿维菌素乳油或1%甲氨基阿维菌素苯甲酸盐乳油2 000倍液,或4.5%高效氯氰菊酯或50%辛硫磷乳油1 000倍液,或90%晶体敌百虫800倍液等喷雾。7~10 d喷1次,连喷2~3次。

5. 黄翅茴香螟

防治黄翅茴香螟可结合黄凤蝶一并防治。

6. 蛴螬、小地老虎

防治蛴螬、小地老虎可参照人参相同虫害综合防治措施。

六、采收加工

防风适宜的收获季节是晚秋地上枯萎后或早春越冬芽萌动前。用种子春播的防风,多于第二年晚秋收获。春季分根繁殖或一年生苗栽植的防风,在水肥充足、生长健壮的条件下,当根长 30 cm、粗 1.5 cm 以上时,当年即可采收。肥沃土地秋播长得好的于翌年晚秋也可采收。采收时须从畦一端开深沟,按顺序挖掘,根挖出后除去残留茎和泥土。运到晾晒场干燥加工。规模化种植的,应使用根茎类中药材收获机进行收获,可大大提高收获效率和收获质量。

防风干燥加工多采用自然晒干的方式。规模化种植基地可采用现代化烘干设施烘干,加工质量更有保证。每亩可收干药材 200～300 kg。

第五节　关黄柏

一、概述

关黄柏为芸香科多年生高大落叶乔木黄檗(*Phellodendron amurense* Rupr.)的干燥树皮。味苦,性寒,归肾、膀胱经。具有清热燥湿,泻火除蒸,解毒疗疮等功效。常用于治疗湿热泻痢,黄疸尿赤,带下阴痒,热淋涩痛,脚气痿躄,骨蒸劳热,盗汗,遗精,疮疡肿毒,湿疹湿疮等症。别名黄波罗,黄伯栗。关黄柏入药时有生品或炙品之分。关黄柏主要成分为多种生物碱,其中以盐酸小檗碱、盐酸巴马汀为国家药典指标成分,并含有少量黄柏碱、木兰碱、掌叶防己碱等。关黄柏主产于辽宁、吉林,是辽宁、吉林著名道地药材,除供应国内市场,还供应国外市场。此外,内蒙古、河北、黑龙江等省也有一定的产量,但以辽宁地区产量最大。黄柏药材的原植物是黄皮树,主产于四川、贵州、陕西。

二、形态特征

落叶乔木,高 10～25 m,分枝粗大,树皮具不规则的纵深沟裂,内皮鲜黄色。奇数羽状复叶,对生,小叶 5～13 枚。花单性,雌雄异株,为圆锥状聚伞花序。花小,黄绿色。浆果状核果球形,有特殊气味,成熟时呈黑色,内有种子 2～5 粒。花期 5—6 月,果期 9—10 月。

三、生物学特性

1. 生长发育习性

喜土层深厚、湿润、腐殖质丰富的肥沃土壤;喜光,刚出土幼苗怕强光,长出真叶后逐渐解除怕强光的特性。野生常见于河岸、肥沃的谷地、低山坡、阔叶混交林等。喜肥,喜湿,怕涝。黄檗根系较深,抗风、抗寒力强。主产区返青时间为 4 月中下旬,10 月上旬逐渐落叶,进入越冬休眠期,年生长期 165～175 d。黄檗为速生树种,1～2 年幼苗即可出圃,5 年以上的树即可开花结果,15～25 年为成材期。成熟的果实留在树上,常被鸟啄食,种子随粪便传播。黄檗幼苗无分枝,根系发达,主根明显,入土深,须根少。

2. 种子及萌发特性

种子倒卵形,略扁,表面深棕褐色或黑褐色,不光滑;外种皮较薄而脆,内种皮膜质透明,浅土黄色;胚乳包围于胚外方,色白、含油性成分,胚直生、白色,胚极短小。子叶两枚,椭圆形。种子千粒重 16 g 左右。自然条件下,种子的寿命 2 年。关黄柏种子具休眠特性,新采收的种子不能很快发芽,经过 30 d 的低温层积才能发芽,但发芽率仍较低;连续低温层积至翌年 4 月中旬春播,种子即可实现正常萌动发芽。15～22 ℃为适宜的发芽温度,最快 4 d 开始发芽,5～7 d 发芽率达 75%,温度高于 25 ℃时发芽率下降,甚至停止发芽。

四、规范化栽培技术

(一)选地和整地做床

种植黄檗通常分育苗和育林两个阶段。育苗地应选择土层肥沃、深厚的沙壤土或富含腐殖质的土壤,最好有点坡度,以利雨季排水防涝,要有可供灌溉用的水源或水井。选择好地块后,每亩施腐熟圈肥 2 000～3 000 kg,深翻 30 cm,除去石块等杂物,耙细整平,做成床面宽 80 cm、高 15～20 cm 的高床,床间留作业道 30～40 cm;长度随地块而定或做成 10 m、15 m、20 m 等固定的长度,坡地要顺坡做床。

（二）播种栽植

黄檗主要采用种子繁殖和育苗移栽方式。重点抓好如下环节与技术。

1. 种子处理

种子处理主要用于春播。通常采用湿沙层积法。于种子收获后或上冻前，在室外挖一深 30～40 cm 的土坑，形状不限，大小依种子量多少而定，坑底铺一层 5～10 cm 厚的湿沙，然后将种子与湿沙按 1：3 的容积比混拌均匀，平铺于坑内的湿沙上，上面再盖 10 cm 厚的湿沙，上面再盖树叶或编织袋等，以便保湿。若沙藏时间早，中间和上冻前要观察湿沙的水分状况，沙子较干时应及时补水。直至翌年春季播种。若采用秋季播种，播前 20 d 湿润种子至种皮变软后播种。每亩用种 2～3 kg。

2. 播种

春播宜在 4 月上旬进行。方法是：在已做好的畦床上，按行距 30 cm 垂直床面方向开沟，沟深 3～4 cm，沟宽底平，把种子与沙子一起均匀地撒入沟内，覆土 2～3 cm，稍镇压，上盖草帘或树叶，保持床土充足水分。每亩播种量 2～3 kg。

3. 苗床管理

正常条件下，春播 20～25 d 出苗，秋播在 4 月底至 5 月上旬陆续出苗，此时将覆盖物撤掉，保持床面湿润。苗高 3～5 cm 时，按株距 2～3 cm 进行第一次间苗。当小苗高达 10 cm 时，按株距 6～8 cm 进行第二次间苗（即大体隔一株间一株），结合进行除草、松土。7 月中旬每亩追施氮磷钾复合肥 15～20 kg，土壤水分不足时，结合进行灌水。雨季要注意排水防涝。10 月逐渐落叶，进入越冬休眠期。当年的植株高 50 cm 左右。

4. 移栽定植

黄檗育苗 1～2 年即可移栽。秋栽或春栽均可。但都应在植株完全休眠期进行，大体时间是晚秋上冻前或早春萌动前。移栽地应选择肥沃的谷地、低山坡、伐林地、林间空地等，栽植黄檗可把造林和药用两方面结合起来，使其充分发挥生态、经济及社会多重效应。具体方法是：育林面积较大地块采用 3 m×2 m 的行株距；坡度较大的地块采用 3 m×3 m 的行株距；其他小块地视情况移栽定植，可以不规范行株距，但彼此间要有一定的株距。栽植时，按长宽各 30 cm 挖深 40 cm 的定植坑，每穴施入腐熟厩肥一铁锹或者少量化肥，每穴 1 株栽入定植穴内，填土 15 cm 时轻轻提一下，使根系舒展，继续填土近与地面平，稍踩，留浇水盆，浇透水保湿。有条件的在其上部再覆盖些枯枝落叶，可以减少水分的蒸发。

（三）田间管理

1. 中耕除草

定植后的 2～3 年内，每年的夏、秋季应中耕除草 2～3 次，中耕深度以不伤黄檗树根为度。第 4 年以后,树木已长大成林,不用再每年多次中耕除草,可每隔 1～2 年在夏季耕翻 1 次,疏松土层,将杂草翻入土中。

2. 灌水排水

定植后遇干旱,应及时浇水保墒,保持土壤湿润,确保树苗成活。定植后的前 2～3 年内,遇旱应及时浇水,确保树苗健壮生长。成树一般不遇特殊干旱可不再浇水。较平缓的地块,雨季应适时排水防涝。

3. 施肥培土

每年春、秋两季各施肥 1 次。春季每株施用氮、磷、钾复合肥 0.5～0.75 kg。秋季每株施用腐熟饼肥 1 kg,或腐熟粪肥 2.5 kg,或腐熟饼肥 0.5 kg 加复合肥 0.25 kg。开沟环施,施后及时覆土盖肥。8～10 年后的成年林可不再年年追肥。

4. 整枝修剪

每年冬季,可适当进行整枝修剪,剪去病、虫、残枝和过密枝,培育主干林。

(四)留种采种

黄檗为雌雄异株,生长 5 年后即开始开花结实,树龄 10 年左右已有较大的结实量。选生长快、抗病性强、树龄 10 年以上的黄檗成年树留种。于晚秋果实呈黑色时采收,采收后,堆放于屋角或木桶里,盖上稻草,经 10～15 d 堆闷后取出,把果皮捣烂,搓出种子,放水里淘洗,去掉果皮、果肉和空壳后,阴干或晒干。黄檗种子忌炕干。通常每 100 kg 果实可得到 8～9 kg 干燥种子,种子千粒重 15～20 g。干燥后的种子放干燥通风处贮藏备用。

五、病虫害防治

(一)病害

黄檗在海拔高的山区种植病害较少,在海拔较低的丘陵地区种植病害较多。常见病害有锈病、轮纹病、褐斑病、斑枯病、炭疽病等。

1. 锈病

锈病为害黄檗叶部,发病初期叶片上出现黄绿色近圆形斑,边缘有不明显的小点,发病后期叶背呈橙黄色微突起小疙斑,疙斑破裂后散出橙黄色夏孢子,叶片上病斑增多以致叶片枯死。

综合防治措施:发病初期用 25% 戊唑醇可湿性粉剂 1 500 倍液,或 12.5% 的烯唑醇 1 500 倍液,或 25% 丙环唑乳油 2 500 倍液,或 40% 氟硅唑乳油 5 000 倍液等喷雾防治。7～10 d 喷 1 次,连喷 2～3 次。

2. 轮纹病

轮纹病发病初期叶片上出现近圆形病斑,直径 4~12 mm,暗褐色,有轮纹,后期病斑上生小黑点。病菌在病枯叶上越冬。

综合防治措施:① 秋末清洁园地,集中处理病株残体;② 发病初期喷施 1:1:160 的波尔多液,或 80%络合态代森锰锌 800 倍液,或 50%多菌灵可湿性粉剂 600 倍液;发病盛期喷洒 25%醚菌酯 1 500 倍液,或 70%二氰蒽醌水分散粒剂 1 000 倍液喷雾,10 d 左右喷 1 次,连续喷 2~3 次。

3. 褐斑病

褐斑病的叶片病斑圆形,直径 1~3 mm,灰褐色,边缘暗褐色,病斑两面均生淡黑色霉状物。防治措施同轮纹病。

4. 斑枯病

斑枯病的叶片病斑褐色,多角形,直径为 1~3 mm。后期病斑上长出小黑点。

综合防治措施:发病初期用 50%多菌灵可湿性粉剂 600 倍液,或甲基硫菌灵(70%甲基托布津可湿性粉剂)800 倍液,或 50%苯菌灵 1 000~1 500 倍液,或 80%代森锰锌络合物 800 倍液,或 25%醚菌酯 1 500 倍液等喷雾,药剂应轮换使用,7~10 d 喷 1 次,连喷 2~3 次。

5. 炭疽病

炭疽病主要为害叶片。

综合防治措施:发病初期用 50%多菌灵 600 倍液,或 70%甲基硫菌灵可湿性粉剂 800 倍液,或 50%醚菌酯干悬浮剂 3 000 倍液喷雾防治,7~10 d 喷施 1 次,连喷 2~3 次。

(二)虫害

黄檗常见虫害有蚜虫、花椒凤蝶、蛞蝓等。

1. 蚜虫

蚜虫主要是吸吮嫩茎及叶中的汁液,造成植株长势不良,甚至造成茎梢死亡。

综合防治措施:①春秋时节清理枯枝落叶,焚烧或深埋;②发生期用 10%吡虫啉可湿性粉剂 1 000 倍液,或 3%啶虫脒乳油 1 500 倍液,或 4.5%高效氯氰菊酯乳油 1 500 倍液,或 50%辟蚜雾可湿性粉剂 2 000~3 000 倍液等喷雾防治,7~10 d 1 次,交替喷雾防治 2~3 次。

2. 花椒凤蝶

花椒凤蝶幼虫咬食叶片,5—8 月发生。

综合防治措施:①产卵盛期或卵孵化盛期,用青虫菌(每克含孢子 100 亿)300 倍液,或 25%灭幼脲悬浮剂 2 500 倍液,或用 2.5%鱼藤酮乳油 600 倍液,或 0.65%苗蒿素水剂 500 倍液等喷雾防治；②卵孵化盛期或低龄幼虫期用 1.8% 阿维菌素乳油或 1% 甲氨基阿维菌素苯甲酸盐乳油 2 000 倍液，或 4.5% 高效氯氰菊酯或 50% 辛硫磷乳油 1 000 倍液，或 90% 晶体敌百虫 800 倍液等喷雾。7～10 d 喷 1 次，连喷 2～3 次。

3. 蛞蝓

蛞蝓舔食叶、茎和幼芽。

综合防治措施：①在发生期人工捕杀；②用 2% 灭旱螺颗粒剂 2 kg/亩撒于植株周围；③每亩用 70% 杀螺胺可湿性粉剂 30 g 对水 1～2 喷洒地面或受害部位。

六、采收与加工

（一）剥皮采收

1. 采收年限与时间

黄檗定植 15 年后才能剥皮采收，采收年限过早，皮薄质次产量低。剥皮的时间为 5 月中旬至 6 月上旬，此时树身水分比较充足，植株处于生长前期阶段，气温不是很高，不但易剥皮，而且易使皮再生，剥皮时间过晚，植株生长进入旺盛期，对水和营养物质需求量大，一旦剥皮，不仅皮中有效成分含量降低，也不利植株生长。

2. 剥皮方式

剥皮可分为环状全剥、单条和双条剥皮。条剥不易造成植株死亡，而环状全剥易造成植株死亡，只有长势不良计划砍伐的植株才采取此方法。条剥有利保护资源，第二年可剥取另一部分，再生新皮应生长 3 年以上再次剥取，剥皮的长度不应超过 1 m，树干较高，可分段剥皮，剥皮时应避开在同一个水平面上，即错位剥皮。一次剥皮的面积可控制在可剥皮面积的 1/2 左右。

3. 剥皮时间

应选择无风多云的天气或傍晚进行，这样的天气温度相对低一些，剥皮后伤口处水分蒸发量小，同时剥皮处受到尘埃污染的机会就少，对新皮形成有利。

4. 剥皮方法

选择薄而锋利的刀具，在欲剥皮处割一规则的长方形，割深以割断树皮为宜，过深易损伤木质部，割皮时力争一次成功，切莫多次反复，剥皮时用刀具撬起一角，再用手捏住，然后另一只手顺着撬起的皮边缘纵向滑向另一端，慢慢地，完整地剥下来。留种的树不要剥皮。

5. 防护

剥皮处用大于剥面的牛皮纸或塑料薄膜进行防护，牛皮纸应当清洁，无破损、没有异味,防护时应绕树干一周半,用线绳系住一端,再螺旋式缠绕几周到另一端系住即可。用薄膜做防护物时,剥皮处应顺着树干加木棍或竹竿等做支撑,否则薄膜易与木质部黏结,影响愈伤组织形成和新皮再生。实践表明牛皮纸的优点多于塑料薄膜。剥皮后的树木应当及时灌水、施肥,不仅能保证其正常生长的需要,又有利新皮的形成。

(二)加工

剥下的黄檗皮要趁鲜用刀具刮去老栓皮,刮至黄色皮为度,在阳光下晒至 6~7 成干时重叠成堆,用重物压平,再晒至完全干燥。晾晒场所应清洁卫生,防止尘埃黏附其上。也可以趁鲜切片,晒干或烘干。

关黄柏以皮厚的干皮,色鲜黄均匀一致,清洁,老栓皮无残留或极少者为佳。同时,按干燥品计算,含盐酸小檗碱($C_{20}H_{17}NO_4 \cdot HCl$)不得少于 0.60%,盐酸巴马汀($C_{21}H_{21}NO_4 \cdot HCl$)不得少于 0.30%。水分不得超过 11.0%。

附 录

国家药监局 农业农村部 国家林草局
国家中医药局关于发布
《中药材生产质量管理规范》的公告
（2022 年第 22 号）

为贯彻落实《中共中央 国务院关于促进中医药传承创新发展的意见》，推进中药材规范化生产，加强中药材质量控制，促进中药高质量发展，依据《中华人民共和国药品管理法》《中华人民共和国中医药法》，国家药监局、农业农村部、国家林草局、国家中医药局研究制定了《中药材生产质量管理规范》（以下称本规范），现予发布实施，并将有关事项公告如下：

一、本规范适用于中药材生产企业规范生产中药材的全过程管理，是中药材规范化生产和管理的基本要求。本规范涉及的中药材是指来源于药用植物、药用动物等资源，经规范化的种植（含生态种植、野生抚育和仿野生栽培）、养殖、采收和产地加工后，用于生产中药饮片、中药制剂的药用原料。

本公告所指中药材生产企业包括具有企业性质的种植、养殖专业合作社或联合社。

二、鼓励中药饮片生产企业、中成药上市许可持有人等中药生产企业在中药材产地自建、共建符合本规范的中药材生产企业及生产基地，将药品质量管理体系延伸到中药材产地。

鼓励中药生产企业优先使用符合本规范要求的中药材。药品批准证明文件等有明确要求的，中药生产企业应当按照规定使用符合本规范要求的中药材。相关中药生产企业应当依法开展供应商审核，按照本规范要求进行审核检查，保证符合要求。

三、使用符合本规范要求的中药材，相关中药生产企业可以参照药品标签管理的相关规定，在药品标签中适当位置标示"药材符合 GAP 要求"，可以依法进行宣传。

对中药复方制剂,所有处方成分均符合本规范要求,方可标示。

省级药品监督管理部门应当加强监督检查,对应当使用或者标示使用符合本规范中药材的中药生产企业,必要时对相应的中药材生产企业开展延伸检查,重点检查是否符合本规范。发现不符合的,应当依法严厉查处,责令中药生产企业限期改正、取消标识等,并公开相应的中药材生产企业及其中药材品种,通报中药材产地人民政府。

四、各省相关管理部门在省委、省政府领导下,配合和协助中药材产地人民政府做好中药材规范化发展工作,如完善中药材产业高质量发展工作机制;制定中药材产业发展规划;细化推进中药材规范化发展的激励政策;建立中药材生产企业及其生产基地台账和信用档案,实施动态监管;建立中药材规范化生产追溯信息化平台等。鼓励中药材规范化、集约化生产基础较好的省份,结合本辖区中药材发展实际,研究制定实施细则,积极探索推进,为本规范的深入推广积累经验。

五、各省相关管理部门依职责对本规范的实施和推进进行检查和技术指导。农业农村部门牵头做好中药材种子种苗及种源提供、田间管理、农药和肥料使用、病虫害防治等指导。林业和草原部门牵头做好中药材生态种植、野生抚育、仿野生栽培,以及属于濒危管理范畴的中药材种植、养殖等指导。中医药管理部门协同做好中药材种子种苗、规范种植、采收加工以及生态种植等指导。药品监督管理部门对相应的中药材生产企业开展延伸检查,做好药用要求、产地加工、质量检验等指导。

六、各省相关管理部门应加强协作,形成合力,共同推进中药材规范化、标准化、集约化发展,按职责强化宣传培训,推动本规范落地实施。加强实施日常监管,如发现存在重大问题或者有重大政策完善建议的,请及时报告国家相应的管理部门。

特此公告。

附件:中药材生产质量管理规范

国家药监局　农业农村部
国家林草局　国家中医药局
2022 年 3 月 1 日

附件

中药材生产质量管理规范(2022 年)

第一章　总　则

第一条　为落实《中共中央　国务院关于促进中医药传承创新发展的意见》,推进中药材规范化生产,保证中药材质量,促进中药高质量发展,依据《中华人民共和国药品管理法》《中华人民共和国中医药法》,制定本规范。

第二条　本规范是中药材规范化生产和质量管理的基本要求,适用于中药材生产企业(以下简称企业)采用种植(含生态种植、野生抚育和仿野生栽培)、养殖方式规范生产中药材的全过程管理,野生中药材的采收加工可参考本规范。

第三条　实施规范化生产的企业应当按照本规范要求组织中药材生产,保护野生中药材资源和生态环境,促进中药材资源的可持续发展。

第四条　企业应当坚持诚实守信,禁止任何虚假、欺骗行为。

第二章　质量管理

第五条　企业应当根据中药材生产特点,明确影响中药材质量的关键环节,开展质量风险评估,制定有效的生产管理与质量控制、预防措施。

第六条　企业对基地生产单元主体应当建立有效的监督管理机制,实现关键环节的现场指导、监督和记录;统一规划生产基地,统一供应种子种苗或其他繁殖材料,统一肥料、农药或者饲料、兽药等投入品管理措施,统一种植或者养殖技术规程,统一采收与产地加工技术规程,统一包装与贮存技术规程。

第七条　企业应当配备与生产基地规模相适应的人员、设施、设备等,确保生产和质量管理措施顺利实施。

第八条　企业应当明确中药材生产批次,保证每批中药材质量的一致性和可追溯。

第九条　企业应当建立中药材生产质量追溯体系,保证从生产地块、种子种苗或其他繁殖材料、种植养殖、采收和产地加工、包装、储运到发运全过程关键环节可追溯;鼓励企业运用现代信息技术建设追溯体系。

第十条　企业应当按照本规范要求,结合生产实践和科学研究情况,制定如下主要环节的生产技术规程:

(一)生产基地选址;

（二）种子种苗或其他繁殖材料要求；

（三）种植（含生态种植、野生抚育和仿野生栽培）、养殖；

（四）采收与产地加工；

（五）包装、放行与储运。

第十一条 企业应当制定中药材质量标准，标准不能低于现行法定标准。

（一）根据生产实际情况确定质量控制指标，可包括：药材性状、检查项、理化鉴别、浸出物、指纹或者特征图谱、指标或者有效成分的含量；药材农药残留或者兽药残留、重金属及有害元素、真菌毒素等有毒有害物质的控制标准等；

（二）必要时可制定采收、加工、收购等中间环节中药材的质量标准。

第十二条 企业应当制定中药材种子种苗或其他繁殖材料的标准。

第三章 机构与人员

第十三条 企业可采取农场、林场、"公司＋农户"或者合作社等组织方式建设中药材生产基地。

第十四条 企业应当建立相应的生产和质量管理部门，并配备能够行使质量保证和控制职能的条件。

第十五条 企业负责人对中药材质量负责；企业应当配备足够数量并具有和岗位职责相对应资质的生产和质量管理人员；生产、质量的管理负责人应当有中药学、药学或者农学等相关专业大专及以上学历并有中药材生产、质量管理三年以上实践经验，或者有中药材生产、质量管理五年以上的实践经验，且均须经过本规范的培训。

第十六条 生产管理负责人负责种子种苗或其他繁殖材料繁育、田间管理或者药用动物饲养、农业投入品使用、采收与加工、包装与贮存等生产活动；质量管理负责人负责质量标准与技术规程制定及监督执行、检验和产品放行。

第十七条 企业应当开展人员培训工作，制定培训计划、建立培训档案；对直接从事中药材生产活动的人员应当培训至基本掌握中药材的生长发育习性、对环境条件的要求，以及田间管理或者饲养管理、肥料和农药或者饲料和兽药使用、采收、产地加工、贮存养护等的基本要求。

第十八条 企业应当对管理和生产人员的健康进行管理；患有可能污染药材疾病的人员不得直接从事养殖、产地加工、包装等工作；无关人员不得进入中药材养殖控制区域，如确需进入，应当确认个人健康状况无污染风险。

第四章 设施、设备与工具

第十九条 企业应当建设必要的设施，包括种植或者养殖设施、产地加工设施、中药材贮存仓库、包装设施等。

第二十条　存放农药、肥料和种子种苗,兽药、饲料和饲料添加剂等的设施,能够保持存放物品质量稳定和安全。

第二十一条　分散或者集中加工的产地加工设施均应当卫生、不污染中药材,达到质量控制的基本要求。

第二十二条　贮存中药材的仓库应当符合贮存条件要求;根据需要建设控温、避光、通风、防潮和防虫、防鼠禽等设施。

第二十三条　质量检验室功能布局应当满足中药材的检验条件要求,应当设置检验、仪器、标本、留样等工作室(柜)。

第二十四条　生产设备、工具的选用与配置应当符合预定用途,便于操作、清洁、维护,并符合以下要求:

(一)肥料、农药施用的设备、工具使用前应仔细检查,使用后及时清洁;

(二)采收和清洁、干燥及特殊加工等设备不得对中药材质量产生不利影响;

(三)大型生产设备应当有明显的状态标识,应当建立维护保养制度。

第五章　基地选址

第二十五条　生产基地选址和建设应当符合国家和地方生态环境保护要求。

第二十六条　企业应当根据种植或养殖中药材的生长发育习性和对环境条件的要求,制定产地和种植地块或者养殖场所的选址标准。

第二十七条　中药材生产基地一般应当选址于道地产区,在非道地产区选址,应当提供充分文献或者科学数据证明其适宜性。

第二十八条　种植地块应当能满足药用植物对气候、土壤、光照、水分、前茬作物、轮作等要求;养殖场所应当能满足药用动物对环境条件的各项要求。

第二十九条　生产基地周围应当无污染源;生产基地环境应当持续符合国家标准:

(一)空气质量符合国家《环境空气质量标准》二类区要求;

(二)土壤质量符合国家《土壤环境质量农用地污染风险管控标准(试行)》的要求;

(三)灌溉水符合国家《农田灌溉水质标准》,产地加工用水和药用动物饮用水符合国家《生活饮用水卫生标准》。

第三十条　基地选址范围内,企业至少完成一个生产周期中药材种植或者养殖,并有两个收获期中药材质量检测数据且符合企业内控质量标准。

第三十一条　企业应当按照生产基地选址标准进行环境评估,确定产地,明确生产基地规模、种植地块或者养殖场所布局;

（一）根据基地周围污染源的情况，确定空气是否需要检测，如不检测，则需提供评估资料；

（二）根据水源情况确定水质是否需要定期检测，没有人工灌溉的基地，可不进行灌溉水检测。

第三十二条 生产基地应当规模化，种植地块或者养殖场所可成片集中或者相对分散，鼓励集约化生产。

第三十三条 产地地址应当明确至乡级行政区划；每一个种植地块或者养殖场所应当有明确记载和边界定位。

第三十四条 种植地块或者养殖场所可在生产基地选址范围内更换、扩大或者缩小规模。

第六章 种子种苗或其他繁殖材料

第一节 种子种苗或其他繁殖材料要求

第三十五条 企业应当明确使用种子种苗或其他繁殖材料的基原及种质，包括种、亚种、变种或者变型、农家品种或者选育品种；使用的种植或者养殖物种的基原应当符合相关标准、法规。使用列入《国家重点保护野生植物名录》的药用野生植物资源的，应当符合相关法律法规规定。

第三十六条 鼓励企业开展中药材优良品种选育，但应当符合以下规定：

（一）禁用人工干预产生的多倍体或者单倍体品种、种间杂交品种和转基因品种；

（二）如需使用非传统习惯使用的种间嫁接材料、诱变品种（包括物理、化学、太空诱变等）和其他生物技术选育品种等，企业应当提供充分的风险评估和实验数据证明新品种安全、有效和质量可控。

第三十七条 中药材种子种苗或其他繁殖材料应当符合国家、行业或者地方标准；没有标准的，鼓励企业制定标准，明确生产基地使用种子种苗或其他繁殖材料的等级，并建立相应检测方法。

第三十八条 企业应当建立中药材种子种苗或其他繁殖材料的良种繁育规程，保证繁殖的种子种苗或其他繁殖材料符合质量标准。

第三十九条 企业应当确定种子种苗或其他繁殖材料运输、长期或者短期保存的适宜条件，保证种子种苗或其他繁殖材料的质量可控。

第二节 种子种苗或其他繁殖材料管理

第四十条 企业在一个中药材生产基地应当只使用一种经鉴定符合要求的物种，防止与其他种质混杂；鼓励企业提纯复壮种质，优先采用经国家有关部门鉴定，性状整齐、稳定、优良的选育新品种。

第四十一条　企业应当鉴定每批种子种苗或其他繁殖材料的基原和种质,确保与种子种苗或其他繁殖材料的要求相一致。

第四十二条　企业应当使用产地明确、固定的种子种苗或其他繁殖材料;鼓励企业建设良种繁育基地,繁殖地块应有相应的隔离措施,防止自然杂交。

第四十三条　种子种苗或其他繁殖材料基地规模应当与中药材生产基地规模相匹配;种子种苗或其他繁殖材料应当由供应商或者企业检测达到质量标准后,方可使用。

第四十四条　从县域之外调运种子种苗或其他繁殖材料,应当按国家要求实施检疫;用作繁殖材料的药用动物应当按国家要求实施检疫,引种后进行一定时间的隔离、观察。

第四十五条　企业应当采用适宜条件进行种子种苗或其他繁殖材料的运输、贮存;禁止使用运输、贮存后质量不合格的种子种苗或其他繁殖材料。

第四十六条　应当按药用动物生长发育习性进行药用动物繁殖材料引进;捕捉和运输时应当遵循国家相关技术规定,减免药用动物机体损伤和应激反应。

第七章　种植与养殖

第一节　种植技术规程

第四十七条　企业应当根据药用植物生长发育习性和对环境条件的要求等制定种植技术规程,主要包括以下环节:

(一)种植制度要求:前茬、间套种、轮作等;

(二)基础设施建设与维护要求:维护结构、灌排水设施、遮阴设施等;

(三)土地整理要求:土地平整、耕地、做畦等;

(四)繁殖方法要求:繁殖方式、种子种苗处理、育苗定植等;

(五)田间管理要求:间苗、中耕除草、灌排水等;

(六)病虫草害等的防治要求:针对主要病虫草害等的种类、危害规律等采取的防治方法;

(七)肥料、农药使用要求。

第四十八条　企业应当根据种植中药材营养需求特性和土壤肥力,科学制定肥料使用技术规程:

(一)合理确定肥料品种、用量、施肥时期和施用方法,避免过量施用化肥造成土壤退化;

(二)以有机肥为主,化学肥料有限度使用,鼓励使用经国家批准的微生物肥料及中药材专用肥；

（三）自积自用的有机肥须经充分腐熟达到无害化标准，避免掺入杂草、有害物质等；

（四）禁止直接施用城市生活垃圾、工业垃圾、医院垃圾和人粪便。

第四十九条 防治病虫害等应当遵循"预防为主、综合防治"原则，优先采用生物、物理等绿色防控技术；应制定突发性病虫害等的防治预案。

第五十条 企业应当根据种植的中药材实际情况，结合基地的管理模式，明确农药使用要求：

（一）农药使用应当符合国家有关规定；优先选用高效、低毒生物农药；尽量减少或避免使用除草剂、杀虫剂和杀菌剂等化学农药。

（二）使用农药品种的剂量、次数、时间等，使用安全间隔期，使用防护措施等，尽可能使用最低剂量、降低使用次数；

（三）禁止使用：国务院农业农村行政主管部门禁止使用的剧毒、高毒、高残留农药，以及限制在中药材上使用的其他农药；

（四）禁止使用壮根灵、膨大素等生长调节剂调节中药材收获器官生长。

第五十一条 按野生抚育和仿野生栽培方式生产中药材，应当制定野生抚育和仿野生栽培技术规程，如年允采收量、种群补种和更新、田间管理、病虫草害等的管理措施。

第二节 种植管理

第五十二条 企业应当按照制定的技术规程有序开展中药材种植，根据气候变化、药用植物生长、病虫草害等情况，及时采取措施。

第五十三条 企业应当配套完善灌溉、排水、遮阴等田间基础设施，及时维护更新。

第五十四条 及时整地、播种、移栽定植；及时做好多年生药材冬季越冬田地清理。

第五十五条 采购农药、肥料等农业投入品应当核验供应商资质和产品质量，接收、贮存、发放、运输应当保证其质量稳定和安全；使用应当符合技术规程要求。

第五十六条 应当避免灌溉水受工业废水、粪便、化学农药或其他有害物质污染。

第五十七条 科学施肥，鼓励测土配方施肥；及时灌溉和排涝，减轻不利天气影响。

第五十八条 根据田间病虫草害等的发生情况，依技术规程及时防治。

第五十九条 企业应当按照技术规程使用农药，做好培训、指导和巡检。

第六十条　企业应当采取措施防范并避免邻近地块使用农药对种植中药材的不良影响。

第六十一条　突发病虫草害等或者异常气象灾害时,根据预案及时采取措施,最大限度降低对中药材生产的不利影响;要做好生长或者质量受严重影响地块的标记,单独管理。

第六十二条　企业应当按技术规程管理野生抚育和仿野生栽培中药材,坚持"保护优先、遵循自然"原则,有计划地做好投入品管控、过程管控和产地环境管控,避免对周边野生植物造成不利影响。

第三节　养殖技术规程

第六十三条　企业应当根据药用动物生长发育习性和对环境条件的要求等制定养殖技术规程,主要包括以下环节:

(一)种群管理要求:种群结构、谱系、种源、周转等;

(二)养殖场地设施要求:养殖功能区划分,饲料、饮用水设施,防疫设施,其他安全防护设施等;

(三)繁育方法要求:选种、配种等;

(四)饲养管理要求:饲料、饲喂、饮水、安全和卫生管理等;

(五)疾病防控要求:主要疾病预防、诊断、治疗等;

(六)药物使用技术规程;

(七)药用动物属于陆生野生动物管理范畴的,还应当遵守国家人工繁育陆生野生动物的相关标准和规范。

第六十四条　按国务院农业农村行政主管部门有关规定使用饲料和饲料添加剂;禁止使用国务院农业农村行政主管部门公布禁用的物质以及对人体具有直接或潜在危害的其他物质;不得使用未经登记的进口饲料和饲料添加剂。

第六十五条　按国家相关标准选择养殖场所使用的消毒剂。

第六十六条　药用动物疾病防治应当以预防为主、治疗为辅,科学使用兽药及生物制品;应当制定各种突发性疫病发生的防治预案。

第六十七条　按国家相关规定、标准和规范制定预防和治疗药物的使用技术规程:

(一)遵守国务院畜牧兽医行政管理部门制定的兽药安全使用规定;

(二)禁止使用国务院畜牧兽医行政管理部门规定禁止使用的药品和其他化合物;

(三)禁止在饲料和药用动物饮用水中添加激素类药品和国务院畜牧兽医行政管理部门规定的其他禁用药品;经批准可以在饲料中添加的兽药,严格按照兽药使用规定及法定兽药质量标准、标签和说明书使用,兽用处方药必须凭执业兽医处方购买使用;禁止将原料药直接添加到饲料及药用动物饮用水中或者直接饲喂药用动物;

(四)禁止将人用药品用于药用动物;

(五)禁止滥用兽用抗菌药。

第六十八条 制定患病药用动物处理技术规程,禁止将中毒、感染疾病的药用动物加工成中药材。

第四节 养殖管理

第六十九条 企业应当按照制定的技术规程,根据药用动物生长、疾病发生等情况,及时实施养殖措施。

第七十条 企业应当及时建设、更新和维护药用动物生长、繁殖的养殖场所,及时调整养殖分区,并确保符合生物安全要求。

第七十一条 应当保持养殖场所及设施清洁卫生,定期清理和消毒,防止外来污染。

第七十二条 强化安全管理措施,避免药用动物逃逸,防止其他禽畜的影响。

第七十三条 定时定点定量饲喂药用动物,未食用的饲料应当及时清理。

第七十四条 按要求接种疫苗;根据药用动物疾病发生情况,依规程及时确定具体防治方案;突发疫病时,根据预案及时、迅速采取措施并做好记录。

第七十五条 发现患病药用动物,应当及时隔离;及时处理患传染病药用动物;患病药用动物尸体按相关要求进行无害化处理。

第七十六条 应当根据养殖计划和育种周期进行种群繁育,及时调整养殖种群的结构和数量,适时周转。

第七十七条 应当按照国家相关规定处理养殖及加工过程中的废弃物。

第八章 采收与产地加工

第一节 技术规程

第七十八条 企业应当制定种植、养殖、野生抚育或仿野生栽培中药材的采收与产地加工技术规程,明确采收的部位、采收过程中需除去的部分、采收规格等质量要求,主要包括以下环节:

(一)采收期要求:采收年限、采收时间等;

(二)采收方法要求:采收器具、具体采收方法等;

(三)采收后中药材临时保存方法要求;

(四)产地加工要求:拣选、清洗、去除非药用部位、干燥或保鲜,以及其他特殊加工的流程和方法。

第七十九条　坚持"质量优先、兼顾产量"原则,参照传统采收经验和现代研究,明确采收年限范围,确定基于物候期的适宜采收时间。

第八十条　采收流程和方法应当科学合理;鼓励采用不影响药材质量和产量的机械化采收方法;避免采收对生态环境造成不良影响。

第八十一条　企业应当在保证中药材质量前提下,借鉴优良的传统方法,确定适宜的中药材干燥方法;晾晒干燥应当有专门的场所或场地,避免污染或混淆的风险;鼓励采用有科学依据的高效干燥技术以及集约化干燥技术。

第八十二条　应当采用适宜方法保存鲜用药材,如冷藏、沙藏、罐贮、生物保鲜等,并明确保存条件和保存时限;原则上不使用保鲜剂和防腐剂,如必须使用应当符合国家相关规定。

第八十三条　涉及特殊加工要求的中药材,如切制、去皮、去心、发汗、蒸、煮等,应根据传统加工方法,结合国家要求,制定相应的加工技术规程。

第八十四条　禁止使用有毒、有害物质用于防霉、防腐、防蛀;禁止染色增重、漂白、掺杂使假等。

第八十五条　毒性、易制毒、按麻醉药品管理中药材的采收和产地加工,应当符合国家有关规定。

第二节　采收管理

第八十六条　根据中药材生长情况、采收时气候情况等,按照技术规程要求,在规定期限内,适时、及时完成采收。

第八十七条　选择合适的天气采收,避免恶劣天气对中药材质量的影响。

第八十八条　应当单独采收、处置受病虫草害等或者气象灾害等影响严重、生长发育不正常的中药材。

第八十九条　采收过程应当除去非药用部位和异物,及时剔除破损、腐烂变质部分。

第九十条　不清洗直接干燥使用的中药材,采收过程中应当保证清洁,不受外源物质的污染或者破坏。

第九十一条　中药材采收后应当及时运输到加工场地,及时清洁装载容器和运输工具;运输和临时存放措施不应当导致中药材品质下降,不产生新污染及杂物混入,严防淋雨、泡水等。

第三节　产地加工管理

第九十二条　应当按照统一的产地加工技术规程开展产地加工管理,保证加工过程方法的一致性,避免品质下降或者外源污染;避免造成生态环境污染。

第九十三条 应当在规定时间内加工完毕,加工过程中的临时存放不得影响中药材品质。

第九十四条 拣选时应当采取措施,保证合格品和不合格品及异物有效区分。

第九十五条 清洗用水应当符合要求,及时、迅速完成中药材清洗,防止长时间浸泡。

第九十六条 应当及时进行中药材晾晒,防止晾晒过程雨水、动物等对中药材的污染,控制环境尘土等污染;应当阴干药材不得暴晒。

第九十七条 采用设施、设备干燥中药材,应当控制好干燥温度、湿度和干燥时间。

第九十八条 应当及时清洁加工场地、容器、设备;保证清洗、晾晒和干燥环境、场地、设施和工具不对药材产生污染;注意防冻、防雨、防潮、防鼠、防虫及防禽畜。

第九十九条 应当按照制定的方法保存鲜用药材,防止生霉变质。

第一百条 有特殊加工要求的中药材,应当严格按照制定的技术规程进行加工,如及时去皮、去心,控制好蒸、煮时间等。

第一百零一条 产地加工过程中品质受到严重影响的,原则上不得作为中药材销售。

第九章　包装、放行与储运

第一节　技术规程

第一百零二条 企业应当制定包装、放行和储运技术规程,主要包括以下环节:

(一)包装材料及包装方法要求:包括采收、加工、贮存各阶段的包装材料要求及包装方法;

(二)标签要求:标签的样式,标识的内容等;

(三)放行制度:放行检查内容,放行程序,放行人等。

(四)贮存场所及要求:包括采收后临时存放、加工过程中存放、成品存放等对环境条件的要求;

(五)运输及装卸要求:车辆、工具、覆盖等的要求及操作要求;

(六)发运要求。

第一百零三条 包装材料应当符合国家相关标准和药材特点,能够保持中药材质量;禁止采用肥料、农药等包装袋包装药材;毒性、易制毒、按麻醉药品管理中药材应当使用有专门标记的特殊包装;鼓励使用绿色循环可追溯周转筐。

第一百零四条 采用可较好保持中药材质量稳定的包装方法,鼓励采用现代包装方法和器具。

第一百零五条　根据中药材对贮存温度、湿度、光照、通风等条件的要求,确定仓储设施条件;鼓励采用有利中药材质量稳定的冷藏、气调等现代贮存保管新技术、新设备。

第一百零六条　明确贮存的避光、遮光、通风、防潮、防虫、防鼠等养护管理措施;使用的熏蒸剂不能带来质量和安全风险,不得使用国家禁用的高毒性熏蒸剂;禁止贮存过程使用硫黄熏蒸。

第一百零七条　有特殊贮存要求的中药材贮存,应当符合国家相关规定。

第二节　包装管理

第一百零八条　企业应当按照制定的包装技术规程,选用包装材料,进行规范包装。

第一百零九条　包装前确保工作场所和包装材料已处于清洁或者待用状态,无其他异物。

第一百一十条　包装袋应当有清晰标签,不易脱落或者损坏;标示内容包括品名、基原、批号、规格、产地、数量或重量、采收日期、包装日期、保质期、追溯标志、企业名称等信息。

第一百一十一条　确保包装操作不影响中药材质量,防止混淆和差错。

第三节　放行与储运管理

第一百一十二条　应当执行中药材放行制度,对每批药材进行质量评价,审核生产、检验等相关记录;由质量管理负责人签名批准放行,确保每批中药材生产、检验符合标准和技术规程要求;不合格药材应当单独处理,并有记录。

第一百一十三条　应当分区存放中药材,不同品种、不同批中药材不得混乱交叉存放;保证贮存所需要的条件,如洁净度、温度、湿度、光照和通风等。

第一百一十四条　应当建立中药材贮存定期检查制度,防止虫蛀、霉变、腐烂、泛油等的发生。

第一百一十五条　应当按技术规程要求开展养护工作,并由专业人员实施。

第一百一十六条　应当按照技术规程装卸、运输;防止发生混淆、污染、异物混入、包装破损、雨雪淋湿等。

第一百一十七条　应当有产品发运的记录,可追查每批产品销售情况;防止发运过程中的破损、混淆和差错等。

第十章　文　件

第一百一十八条　企业应当建立文件管理系统,全过程关键环节记录完整。

第一百一十九条 文件包括管理制度、标准、技术规程、记录、标准操作规程等。

第一百二十条 应当制定规程,规范性文件的起草、修订、变更、审核、批准、替换或撤销、保存和存档、发放和使用。

第一百二十一条 记录应当简单易行、清晰明了;不得撕毁和任意涂改;记录更改应当签注姓名和日期,并保证原信息清晰可辨;记录重新誊写,原记录不得销毁,作为重新誊写记录的附件保存;电子记录应当符合相关规定;记录保存至该批中药材销售后至少三年以上。

第一百二十二条 企业应当根据影响中药材质量的关键环节,结合管理实际,明确生产记录要求:

(一)按生产单元进行记录,覆盖生产过程的主要环节,附必要照片或者图像,保证可追溯;

(二)药用植物种植主要记录:种子种苗来源及鉴定,种子处理,播种或移栽、定植时间及面积;肥料种类、施用时间、施用量、施用方法;重大病虫草害等的发生时间、为害程度,施用农药名称、来源、施用量、施用时间、方法和施用人等;灌溉时间、方法及灌水量;重大气候灾害发生时间、危害情况;主要物候期。

(三)药用动物养殖主要记录:繁殖材料及鉴定;饲养起始时间;疾病预防措施,疾病发生时间、程度及治疗方法;饲料种类及饲喂量。

(四)采收加工主要记录:采收时间及方法;临时存放措施及时间;拣选及去除非药用部位方式;清洗时间;干燥方法和温度;特殊加工手段等关键因素。

(五)包装及储运记录:包装时间;入库时间;库温度、湿度;除虫除霉时间及方法;出库时间及去向;运输条件等。

第一百二十三条 培训记录包括培训时间、对象、规模、主要培训内容、培训效果评价等。

第一百二十四条 检验记录包括检品信息、检验人、复核人、主要检验仪器、检验时间、检验方法和检验结果等。

第一百二十五条 企业应当根据实际情况,在技术规程基础上,制定标准操作规程用于指导具体生产操作活动,如批的确定、设备操作、维护与清洁、环境控制、贮存养护、取样和检验等。

第十一章　质量检验

第一百二十六条 企业应当建立质量控制系统,包括相应的组织机构、文件系统以及取样、检验等,确保中药材质量符合要求。

第一百二十七条 企业应当制定质量检验规程,对自己繁育并在生产基地使用的种子种苗或其他繁殖材料、生产的中药材实行按批检验。

第一百二十八条　购买的种子种苗、农药、商品肥料、兽药或生物制品、饲料和饲料添加剂等，企业可不检测，但应当向供应商索取合格证或质量检验报告。

第一百二十九条　检验机构可以自行检验，也可以委托第三方或中药材使用单位检验。

第一百三十条　质量检测实验室人员、设施、设备应当与产品性质和生产规模相适应；用于质量检验的主要设备、仪器，应当按规定要求进行性能确认和校验。

第一百三十一条　用于检验用的中药材、种子种苗或其他繁殖材料，应当按批取样和留样：

（一）保证取样和留样的代表性；

（二）中药材留样包装和存放环境应当与中药材贮存条件一致，并保存至该批中药材保质期届满后三年；

（三）中药材种子留样环境应当能够保持其活力，保存至生产基地中药材收获后三年；种苗或药用动物繁殖材料依实际情况确定留样时间；

（四）检验记录应当保留至该批中药材保质期届满后三年。

第一百三十二条　委托检验时，委托方应当对受托方进行检查或现场质量审计，调阅或者检查记录和样品。

第十二章　内　审

第一百三十三条　企业应当定期组织对本规范实施情况的内审，对影响中药材质量的关键数据定期进行趋势分析和风险评估，确认是否符合本规范要求，采取必要改进措施。

第一百三十四条　企业应当制定内审计划，对质量管理、机构与人员、设施设备与工具、生产基地、种子种苗或其他繁殖材料、种植与养殖、采收与产地加工、包装放行与储运、文件、质量检验等项目进行检查。

第一百三十五条　企业应当指定人员定期进行独立、系统、全面的内审，或者由第三方依据本规范进行独立审核。

第一百三十六条　内审应当有记录和内审报告；针对影响中药材质量的重大偏差，提出必要的纠正和预防措施。

第十三章　投诉、退货与召回

第一百三十七条　企业应当建立投诉处理、退货处理和召回制度。

第一百三十八条　企业应当建立标准操作规程，规定投诉登记、评价、调查和处理的程序;规定因中药材缺陷发生投诉时所采取的措施,包括从市场召回中药材等。

第一百三十九条 投诉调查和处理应当有记录,并注明所调查批次中药材的信息。

第一百四十条 企业应当指定专人负责组织协调召回工作,确保召回工作有效实施。

第一百四十一条 应当有召回记录,并有最终报告;报告应对产品发运数量、已召回数量以及数量平衡情况予以说明。

第一百四十二条 因质量原因退货或者召回的中药材,应当清晰标识,由质量部门评估,记录处理结果;存在质量问题和安全隐患的,不得再作为中药材销售。

第十四章 附 则

第一百四十三条 本规范所用下列术语的含义是:

(一)中药材

指来源于药用植物、药用动物等资源,经规范化的种植(含生态种植、野生抚育和仿野生栽培)、养殖、采收和产地加工后,用于生产中药饮片、中药制剂的药用原料。

(二)生产单元

基地中生产组织相对独立的基本单位,如一家农户,农场中一个相对独立的作业队等。

(三)技术规程

指为实现中药材生产顺利、有序开展,保证中药材质量,对中药材生产的基地选址,种子种苗或其他繁殖材料,种植、养殖,野生抚育或者仿野生栽培,采收与产地加工,包装、放行与储运等所做的技术规定和要求。

(四)道地产区

该产区所产的中药材经过中医临床长期应用优选,与其他地区所产同种中药材相比,品质和疗效更好,且质量稳定,具有较高知名度。

(五)种子种苗

药用植物的种植材料或者繁殖材料,包括籽粒、果实、根、茎、苗、芽、叶、花等,以及菌物的菌丝、子实体等。

(六)其他繁殖材料

除种子种苗之外的繁殖材料,包括药用动物供繁殖用的种物、仔、卵等。

(七)种质

生物体亲代传递给子代的遗传物质。

(八)农业投入品

生产过程中所使用的农业生产物资,包括种子种苗或其他繁殖材料、肥料、农药、农膜、兽药、饲料和饲料添加剂等。

（九）综合防治

指有害生物的科学管理体系,是从农业生态系统的总体出发,根据有害生物和环境之间的关系,充分发挥自然控制因素的作用,因地制宜、协调应用各种必要措施,将有害生物控制在经济允许的水平以下,以获得最佳的经济、生态和社会效益。

（十）产地加工

中药材收获后必须在产地进行连续加工的处理过程,包括拣选、清洗、去除非药用部位、干燥及其他特殊加工等。

（十一）生态种植

应用生态系统的整体、协调、循环、再生原理,结合系统工程方法设计,综合考虑经济、生态和社会效益,应用现代科学技术,充分应用能量的多级利用和物质的循环再生,实现生态与经济良性循环的中药农业种植方式。

（十二）野生抚育

在保持生态系统稳定的基础上,对原生境内自然生长的中药材,主要依靠自然条件、辅以轻微干预措施,提高种群生产力的一种生态培育模式。

（十三）仿野生栽培

在生态条件相对稳定的自然环境中,根据中药材生长发育习性和对环境条件的要求,遵循自然法则和生物规律,模仿中药材野生环境和自然生长状态,再现植物与外界环境的良好生态关系,实现品质优良的中药材生态培育模式。

（十四）批

同一产地且种植地、养殖地、野生抚育或者仿野生栽培地的生态环境条件基本一致,种子种苗或其他繁殖材料来源相同,生产周期相同,生产管理措施基本一致,采收期和产地加工方法基本一致,质量基本均一的中药材。

（十五）放行

对一批物料或产品进行质量评价后,做出批准使用、投放市场或者其他决定的操作。

（十六）储运

包括中药材的贮存、运输等。

（十七）发运

指企业将产品发送到经销商或者用户的一系列操作,包括配货、运输等。

（十八）标准操作规程

也称标准作业程序,是依据技术规程将某一操作的步骤和标准,以统一的格式描述出来,用以指导日常的生产工作。

第一百四十四条 本规范自发布之日起施行。

卫健委关于进一步规范保健食品原料管理的通知

2002-02-28

卫 法 监 发〔2002〕51 号

各省、自治区、直辖市卫生厅局、卫生部卫生监督中心：

为进一步规范保健食品原料管理，根据《中华人民共和国食品卫生法》，现印发《既是食品又是药品的物品名单》《可用于保健食品的物品名单》和《保健食品禁用物品名单》（见附件），并规定如下：

一、申报保健食品中涉及的物品（或原料）是我国新研制、新发现、新引进的无食用习惯或仅在个别地区有食用习惯的，按照《新资源食品卫生管理办法》的有关规定执行。

二、申报保健食品中涉及食品添加剂的，按照《食品添加剂卫生管理办法》的有关规定执行。

三、申报保健食品中涉及真菌、益生菌等物品（或原料）的，按照我部印发的《卫生部关于印发真菌类和益生菌类保健食品评审规定的通知》（卫法监发〔2001〕84 号）执行。

四、申报保健食品中涉及国家保护动植物等物品（或原料）的，按照我部印发的《卫生部关于限制以野生动植物及其产品为原料生产保健食品的通知》（卫法监发〔2001〕160 号）、《卫生部关于限制以甘草、麻黄草、苁蓉和雪莲及其产品为原料生产保健食品的通知》（卫法监发〔2001〕188 号）、《卫生部关于不再审批以熊胆粉和肌酸为原料生产的保健食品的通告》（卫法监发〔2001〕267 号）等文件执行。

五、申报保健食品中含有动植物物品(或原料)的,动植物物品(或原料)总个数不得超过 14 个。如使用附件 1 之外的动植物物品(或原料),个数不得超过 4 个;使用附件 1 和附件 2 之外的动植物物品(或原料),个数不得超过 1 个,且该物品(或原料)应参照《食品安全性毒理学评价程序》(GB 15193.1—1994)中对食品新资源和新资源食品的有关要求进行安全性毒理学评价。

以普通食品作为原料生产保健食品的,不受本条规定的限制。

六、以往公布的与本通知规定不一致的,以本通知为准。

附件:1. 既是食品又是药品的物品名单
　　　2. 可用于保健食品的物品名单
　　　3. 保健食品禁用物品名单

中华人民共和国卫生部
二〇〇二年二月二十八日

附件 1

既是食品又是药品的物品名单
（按笔画顺序排列）

丁香、八角茴香、刀豆、小茴香、小蓟、山药、山楂、马齿苋、乌梢蛇、乌梅、木瓜、火麻仁、代代花、玉竹、甘草、白芷、白果、白扁豆、白扁豆花、龙眼肉(桂圆)、决明子、百合、肉豆蔻、肉桂、余甘子、佛手、杏仁(甜、苦)、沙棘、牡蛎、芡实、花椒、赤小豆、阿胶、鸡内金、麦芽、昆布、枣(大枣、酸枣、黑枣)、罗汉果、郁李仁、金银花、青果、鱼腥草、姜(生姜、干姜)、枳椇子、枸杞子、栀子、砂仁、胖大海、茯苓、香橼、香薷、桃仁、桑叶、桑椹、橘红、桔梗、益智仁、荷叶、莱菔子、莲子、高良姜、淡竹叶、淡豆豉、菊花、菊苣、黄芥子、黄精、紫苏、紫苏籽、葛根、黑芝麻、黑胡椒、槐米、槐花、蒲公英、蜂蜜、榧子、酸枣仁、鲜白茅根、鲜芦根、蝮蛇、橘皮、薄荷、薏苡仁、薤白、覆盆子、藿香。

附件 2

可用于保健食品的物品名单
（按笔画顺序排列）

人参、人参叶、人参果、三七、土茯苓、大蓟、女贞子、山茱萸、川牛膝、川贝母、川芎、马鹿胎、马鹿茸、马鹿骨、丹参、五加皮、五味子、升麻、天门冬、天麻、太子参、巴戟天、木香、木贼、牛蒡子、牛蒡根、车前子、车前草、北沙参、平贝母、玄参、生地黄、生何首乌、白及、白术、白芍、白豆蔻、石决明、石斛(需提供可使用证明)、地骨皮、当归、竹茹、红花、红景天、西洋参、吴茱萸、怀牛膝、杜仲、杜仲叶、沙苑子、牡丹皮、芦荟、苍术、补骨脂、诃子、赤芍、远志、麦门冬、龟甲、佩兰、侧柏叶、制大黄、制何首乌、刺五加、刺玫果、泽兰、泽泻、玫瑰花、玫瑰茄、知母、罗布麻、苦丁茶、金荞麦、金樱子、青皮、厚朴、厚朴花、姜黄、枳壳、枳实、柏子仁、珍珠、绞股蓝、胡芦巴、茜草、荜茇、韭菜子、首乌藤、香附、骨碎补、党参、桑白皮、桑枝、浙贝母、益母草、积雪草、淫羊藿、菟丝子、野菊花、银杏叶、黄芪、湖北贝母、番泻叶、蛤蚧、越橘、槐实、蒲黄、蒺藜、蜂胶、酸角、墨旱莲、熟大黄、熟地黄、鳖甲。

附件3

保健食品禁用物品名单
（按笔画顺序排列）

八角莲、八里麻、千金子、土青木香、山莨菪、川乌、广防己、马桑叶、马钱子、六角莲、天仙子、巴豆、水银、长春花、甘遂、生天南星、生半夏、生白附子、生狼毒、白降丹、石蒜、关木通、农吉痢、夹竹桃、朱砂、米壳（罂粟壳）、红升丹、红豆杉、红茴香、红粉、羊角拗、羊踯躅、丽江山慈姑、京大戟、昆明山海棠、河豚、闹羊花、青娘虫、鱼藤、洋地黄、洋金花、牵牛子、砒石（白砒、红砒、砒霜）、草乌、香加皮（杠柳皮）、骆驼蓬、鬼臼、莽草、铁棒槌、铃兰、雪上一枝蒿、黄花夹竹桃、斑蝥、硫黄、雄黄、雷公藤、颠茄、藜芦、蟾酥。

关于党参等 9 种新增按照传统
既是食品又是中药材的物质公告

2023 年　第 9 号

根据《中华人民共和国食品安全法》及其实施条例、《按照传统既是食品又是中药材的物质目录管理规定》，经安全性评估及试点生产经营，现将党参、肉苁蓉（荒漠）、铁皮石斛、西洋参、黄芪、灵芝、山茱萸、天麻、杜仲叶等 9 种物质纳入按照传统既是食品又是中药材的物质目录。

特此公告。

附件:党参等 9 种新增按照传统既是食品又是中药材的物质目录

国家卫生健康委员会　国家市场监督管理总局
2023 年 11 月 9 日

中国禁限用农药清单

1. 禁用（停用）农药清单

禁用（停用）农药	公告
六六六、滴滴涕、毒杀芬、二溴氯丙烷、杀虫脒、二溴乙烷（EDB）、除草醚、艾氏剂、狄氏剂、汞制剂、砷、铅类、敌枯双、氟乙酰胺、甘氟、毒鼠强、氟乙酸钠、毒鼠硅（18种）	农业部第199号公告
含甲胺磷、对硫磷、甲基对硫磷、久效磷和磷胺5种高毒有机磷农药及其混配制剂	农业部第274号公告 农业部第322号公告
含氟虫腈成分的农药制剂（除卫生用、玉米等部分旱田种子包衣剂外）	农业部第1157号公告
苯线磷、地虫硫磷、甲基硫环磷、磷化钙、磷化镁、磷化锌、硫线磷、蝇毒磷、治螟磷、特丁硫磷（10种）	农业部第1586号公告
百草枯水剂	农业部工业和信息化部国家质量监督检验检疫总局公告第1745号
氯磺隆（包括原药、单剂和复配制剂）、胺苯磺隆（单剂和复配制剂）、甲磺隆（单剂和复配制剂）、福美胂和福美甲胂	农业部第2032号公告
三氯杀螨醇	农业部公告第2445号
溴甲烷（可用于"检疫熏蒸处理"）	农业部公告第2552号
硫丹	农业部公告第2552号 多部委联合公告2019年第10号
林丹	多部委联合公告2019年第10号

续表

禁用(停用)农药	公告
氟虫胺	农业农村部公告第 148 号
杀扑磷	禁限用农药名录
2,4-滴丁酯	禁限用农药名录
甲拌磷*、甲基异柳磷*、水胺硫磷*、灭线磷*	农业农村部公告第 536 号
氧乐果*、克百威*、灭多威*、涕灭威*	农业农村部公告第 736 号

注:甲拌磷、甲基异柳磷、水胺硫磷、灭线磷自 2024 年 9 月 1 日起禁止销售和使用。氧乐果、克百威、灭多威、涕灭威自 2026 年 6 月 1 日起禁止销售和使用。

2. 在部分范围禁止使用的农药

类型	禁用(停用)农药	公告
茶叶/茶树	甲拌磷、甲基异柳磷、内吸磷、克百威、涕灭威、灭线磷、硫环磷、氯唑磷、氰戊菊酯	农业部第 199 号公告
	灭多威	农业部第 1586 号公告
	乙酰甲胺磷、丁硫克百威、乐果	农业部公告第 2552 号
蔬菜	甲拌磷、甲基异柳磷、内吸磷、克百威、涕灭威、灭线磷、硫环磷、氯唑磷	农业部第 199 号公告
	毒死蜱和三唑磷	农业部第 2032 号公告
	灭多威(十字花科)	农业部第 1586 号公告
	氧乐果(甘蓝)	农业部第 194 号公告农发〔2010〕2 号
	乙酰甲胺磷、丁硫克百威、乐果	农业部公告第 2552 号
果树(含瓜果)	甲基异柳磷、涕灭威(苹果树)、克百威(柑橘树)、甲拌磷(柑橘树)	农业部第 194 号公告
	甲拌磷、甲基异柳磷、内吸磷、克百威、涕灭威、灭线磷、硫环磷、氯唑磷	农业部第 199 号公告
	灭多威(苹果树)	农业部第 1586 号公告
	水胺硫磷、氧乐果、灭多威(柑橘/柑橘树)	农业部第 1586 号公告
	乙酰甲胺磷、丁硫克百威、乐果	农业部公告第 2552 号
	杀扑磷(柑橘树)	农业部公告第 2289 号

续表

类型	禁用(停用)农药	公告
中草药	甲拌磷、甲基异柳磷、内吸磷、克百威、涕灭威、灭线磷、硫环磷、氯唑磷	农业部第 199 号公告
	乙酰甲胺磷、丁硫克百威、乐果	农业部公告第 2552 号
菌类作物	乙酰甲胺磷、丁硫克百威、乐果	农业部公告第 2552 号
其他作物	克百威、甲拌磷、甲基异柳磷(甘蔗作物)	农业部公告第 2445 号
	氟苯虫酰胺(水稻作物)	农业部公告第 2445 号
	丁酰肼(比久)(花生)	农业部第 274 号公告农发〔2010〕2 号

注:甲拌磷、甲基异柳磷、水胺硫磷、灭线磷自 2024 年 9 月 1 日起禁止销售和使用。氧乐果、克百威、灭多威、涕灭威自 2026 年 6 月 1 日起禁止销售和使用。

参 考 文 献

[1]国家药典委员会．中华人民共和国药典 2020 年版第一部．北京:中国医药科技
　　出版社,2020.

[2]郭巧生．药用植物栽培学．3 版．北京:高等教育出版社,2019.

[3]李世,苏淑欣．特种经济植物栽培技术．北京:中国三峡出版社,2009.

[4]谢晓亮,杨彦杰,杨太新．中药材无公害生产技术．石家庄:河北科学技术出版
　　社,2014.

[5]李世,苏淑欣．高效益药用植物栽培关键技术．北京:中国三峡出版社,2006.

[6]谢晓亮,杨太新．中药材栽培实用技术 500 问．北京:中国医药科技出版
　　社,2015.

[7]么厉,程惠珍,杨智．中药材规范化种植(养殖)技术指南．北京:中国农业出版
　　社,2006.

[8]朱圣和．现代中药商品学．北京:人民卫生出版社,2006.

[9]陈震,丁万隆,等．百种药用植物栽培答疑．北京:中国农业出版社,2003.

[10]陈瑛．实用中药种子技术手册．北京:人民卫生出版社,1999.